JN204719

日中電力産業の規制改革

競争政策からみた自由化への歩み

李 慧敏
Huimin Li

早稲田大学エウプラクシス叢書——014

早稲田大学出版部

Progress toward Liberalization in the Power Industry
Investigating the Relationship between Governmental Regulations and Competitive Policies

LI Huimin, PhD, is an assistant researcher at the Institutes of Science and Development, Chinese Academy of Sciences, China.

First published in 2018 by
Waseda University Press Co., Ltd.
1-9-12 Nishiwaseda
Shinjuku-ku, Tokyo 169-0051
www.waseda-up.co.jp

Supported by
the Chinese Fund for the Humanities and Social Sciences.

ISBN978-4-657-18804-5

Printed in Japan

まえがき

筆者は2011年3月11日の東日本大震災直後に来日し，早稲田大学大学院法学研究科博士後期課程に入学した。3・11東日本大震災の影響で，日本の電力産業に戦後最大の「電力危機」が発生した。原発の安全神話が崩壊したことから，日本の電力システムの安全性と供給の安定性に対する疑問が，しばしば指摘されている。国民の間で脱原発・再生可能エネルギーの導入の声が強まっていることから，政府は，一連の電力システム改革の試みを行っている。こうした現実を前にして電気事業法制の在り方が問われている。自由化された範囲の拡大により，電気事業法の規制内容と範囲も変化して，電気事業法においても，競争促進型の条項が設けられている。

しかし，実際には自家発電設備を保有する事業者から余剰電力を購入するなどの方法により産業需要家に小売販売する「新電力」は，現在まで数多く存在しているが，その供給シェアはまだ低い。託送料金が高額であることや新規参入者に対する事実上の妨害行為，送電線網へのアクセスの不公平な取扱いなどの競争制限行為が低調な参入の原因であるといわれる。電力産業を改革し，新規参入を拡大させ，電力市場を促進させるためには，送配電線網を所有する既存電力会社の競争制限行為に対する競争法規制が重要になっている。

したがって，日本の電力産業においては，事業規制法自体が進化し，かつ独占禁止法による規制が不可欠であることに対する認識が深まるにつれて，政府規制と競争政策の相互関係を如何に調整するかが課題となっている。

一方，中国は，1978年の改革開放政策の実施をきっかけに，従来の計画経済体制から社会主義市場経済体制への移行期に入ってから，電力産業においても一連の改革措置が行われた。特に，2002年に国務院が公表した電力体制改革の方案とする「5号文件」は，電力体制改革の基本目標を「独占体制を打破し，競争を導入して，効率を引き上げ，コストを低減させ，電気料金の形成の健全化，資源配分の改善など」として，電力産業における競争メカニズムの役割を重視し始めた。しかし，公表から10年以上も経った現在において，電力

改革は一定の成果を挙げたが，当初の目標を達成できたとはいえない。

　また，電力改革の進展および競争メカニズムの導入により，電力産業における従来の独占的な市場構造や市場支配的地位にある事業者の競争制限行為に伴う問題点の検討が課題になってきた。電力産業の事業規制法である「中華人民共和国電力法」を改正する声が高まるとともに，電力産業に対する競争法の適用が求められている。2008 年に「中華人民共和国反壟断法」（中国の独占禁止法であり，以下，「反壟断法」という）が実施されたことから，法体制からみれば，中国の競争法体系が既に完備されている。しかし，計画経済体制時期における政府規制の影響を受けている電力産業などの規制産業に対して，競争法の実効性が疑問視されている。競争法上規制されている競争制限行為が生じたにもかかわらず，競争法が実際に執行されなかった事例が少なくない。これらの規制産業に対して，競争法は「スローガン」的な存在であるとよくいわれている。その執行力がしばしば非難されている。今後，電力産業のような規制産業に，産業改革の目標を実現させるため，従来からの政府規制自体を見直す一方，競争法体系の実効性・権威性を強化することは重要な課題となっている。

　このような問題意識の下，本書では，電力産業に対する政府規制の根拠を再検討することから出発して，日中両国の電力産業の規制緩和・規制改革の歴史的経緯と現状を把握した上，独占禁止法と事業規制法の適用関係に関する諸学説を踏まえて，日本の電力産業における両法の相互補完関係について検討し，そこから翻って中国の電力産業への法適用の在り方，より具体的には反壟断法の適用可能性を強調する。また，本書の考察を通して，日本の電力産業の経験を参考に，中国の電力産業の今後の改革に多少とも役に立てることができれば幸いである。

　本書を世に出すことができたのは，恩師の土田和博先生（早稲田大学教授）と岡田外司博先生（早稲田大学教授）に丁寧なご指導をいただいてきたおかげである。両先生のご指導とご助言がなかったら，本書は生まれなかった。本書を両先生に捧げることにして，心からお礼を申し上げたい。また，本書の執筆過程において，早稲田大学法学研究科の経済法ゼミの先輩および同ゼミの方々には大変お世話になった。皆さんから力強い励ましの言葉をいただき，日本語の不的確な表現を指摘していただいた。ゼミの皆様にも感謝申し上げたい。

　最後に，本書の刊行にあたっては，早稲田大学学術研究書出版制度および中華社会科学基金の助成をいただいた。お世話になった皆様に厚くお礼申し上げる。

李　　慧　敏

目　次

まえがき　i

序　章▶本書の構成 ……………………………………………… 001

第1章▶電力産業に対する政府規制の法理と規制改革 …… 005
　第1節　電力産業の基本的特徴　006
　第2節　電力産業に対する伝統的な政府規制の法理　010
　第3節　規制緩和期における政府規制の再認識　022
　第4節　規制改革による政府規制の範囲の拡大　037
　第5節　小　　括　041

**第2章▶中国の電力産業における政府規制および
　　　　市場化改革の試み** ……………………………………… 043
　第1節　電力体制改革前の規制状況およびその特徴　044
　第2節　中央政府による完全独占体制から競争の導入へ　051
　第3節　中国の電力産業の改革後の現状　069
　第4節　移行期における電力産業に対する政府規制　087
　第5節　「市場化改革においては競争法の役割をより一層
　　　　　重視すべき」という主張　090

**第3章▶中国の電力産業への競争法の適用および
　　　　政府規制との衝突** ……………………………………… 093
　第1節　中国の電力産業への競争法の適用可能性　094
　第2節　電力産業における競争制限的行為　118
　第3節　中国の電力産業における事例の分析　126
　第4節　電力産業に対する競争法体系の運用への影響　152

序 章
本書の構成

　現在まで，日本と中国を含めて世界中のほとんどの国において，電力，ガス，電気通信，水道，鉄道などの産業に対して，料金規制・参入規制を中心とする政府規制が行われている。市場競争は，これらの規制産業にとって馴染まないものであるという認識が広がっていたため，当該産業への競争法の適用も除外されていた。しかし，1970年代になると，技術革新および需要の拡大につれて，経済分野の規制緩和が欧米諸国の潮流となった。日本においても，1980年代初頭の行政改革により，専売公社，電電公社，国鉄の3公社の民営化をはじめ，様々な分野で規制緩和が始まった。従来から事業規制法のみによって規制されていた産業は，「法的独占―移行期―競争」という流れで規制を緩和している。これらの産業に対する競争法の適用可能性が徐々に認められ始めた。こうした背景の下で，規制産業においては，固有の事業規制法が依然として重要な役割を持っているが，競争法のこれらの産業分野への適用が進んだ影響で，競争政策との相互関係が変化しつつある。両法の相互関係に対する検討は，政府規制が緩和され，競争法の適用が可能になった時から，重要な課題となっている。

　しかし，各産業により技術革新に対する依存度に差異があり，国や地域によって規制方式と範囲が異なり，または，企業や産業の歴史的在り方が必ずしも同一ではないので，規制緩和と規制改革の進行の程度に応じて，産業と地域によって政府規制と競争政策の関係性は異なるといえる。本書は，政府規制と競争政策の相互関係を特定の産業について具体的に考察するため，これらの規制産業から電力産業を選んで，検討の対象としている。

　本書は，「序章　本書の構成」「第1章　電力産業に対する政府規制の法理と規制改革」「第2章　中国の電力産業における政府規制および市場化改革の試み」「第3章　中国の電力産業への競争法の適用および政府規制との衝突」「第4章　日本の電力産業の規制状況および自由化改革」「第5章　日本の電力産業における競争法の適用状況」「第6章　電力産業における政府規制および競争政策の相互補完」から構成される。

　第1章では，本書で検討される問題の理論的基礎となる「政府規制の原理および規制緩和・改革の進展」を論じる。また，世界中のほとんどの国・地域で，電力・ガス・鉄道などの自然独占産業に対して政府規制を行う原因を検討する。電力産業の特殊性質および電力産業における規制原理について，全体的な認識を明確にする。また，1980年代から，先進国が規制緩和ないし規制改革を行ったことにより，伝統的な政府規制の根拠が変化しつつあるという実態および政府規制と競争法の運用との相互関係に与えた影響を検討する。第1章で検討する理論は，本書の中心論点を考察する土台となる。

　第2章では，中国の電力産業における政府規制の状況を考察する。まず，計画経済体制を実施していた時期の中国の電力産業における政府規制の歴史的在り方を紹介する。また，現在まで中国の電力産業で行われた4回の体制改革の歴史的経緯および現在の市場化改革の進行状況を考察する。伝統的な政府規制に代わって市場競争が導入されつつあるという移行期における中国の電力産業の特徴を検討して，改革後の政府規制の問題点を指摘する。

　第3章では，第2章において考察された内容を踏まえて，中国の電力産業における競争法体系の適用可能性および実際の適用状況を考察する。電力産業における政府規制が主導的な影響力を有しており，競争政策を十分に重視・運用するのは容易なことではないので，電力産業に対する競争法の適用は極めて消極的で，「政府規制優先主義」を採っているという現状を明確にする。

　第4章では，日本の電力産業の規制状況および自由化改革の進展，今後の動きを考察する。今まで行われた3回の自由化改革の主要な措置に触れながら，自由化改革後の規制状況を分析する。また，2013年11月に改正された電気事業法の施行により，今後日本の電力産業の自由化改革がさらに活発に進むと予想されるので，現在の政策および改革の進捗に鑑みながら，自由化改革にお

ける問題点を検討する。

　第5章では，中国の電力産業に対して何らかの示唆があるかを念頭に置きながら，日本の電力産業に対する独禁法の適用状況を検討する。日本における電力産業に対する独禁法の適用状況は，時代によって変化がある。昭和22 (1947) 年に制定された日本の原始独禁法の第6章には自然独占に固有な行為を独禁法の適用除外とする条項（旧21条）が設けられたが，平成12 (2000) 年の独禁法の改正において，旧21条が削除され，自然独占産業に対しても独禁法が適用されることになり，電力産業が事業規制法のみによって規制されていた状況から，事業規制法と独禁法の両方から規制される状況になった。したがって，本章では，日本の電力産業が政府規制を受けている状況の下での独禁法の適用状況を検討する。

　第6章では，日本の電力産業における政府規制と競争政策の衡量の在り方を検討して，中国の電力産業にどのような示唆を与えるかを検討する。まず，日本における政府規制と競争政策の相互関係に関する学説を考察し，電力産業における両法のそれぞれのデメリットと限界を分析して，競争制限行為に対する事業法と競争法の一方のみの規制では十分ではないので，両法を組み合わせて相互補完的に適用する必要があることを指摘した。また，両法の相互補完という主張の下で，電力産業における政府規制と競争政策の相互補完関係の具体的な在り方を検討する。また，日本の電力産業の規制の現状を踏まえて，中国の電力産業における競争法の実効性を如何に強化するか，政府規制と競争政策との相互関係を如何に再構築するかなどについて，日本からの示唆を検討する。

第 1 章

電力産業に対する政府規制の法理と規制改革

　電力産業に対する政府規制の根拠について，経済学では様々な議論が行われてきたが，法律学的な検討を進めるためには，基礎となる内容を再検討する必要がある。このような一般的な論理と対照することによって，日本および中国の電力産業における政府規制に関する特徴となる「特殊論」を見つけ出すことができると考えるからである。特に，1980 年代から規制緩和および規制改革が世界的な潮流となったが，地域ごとの発展程度がアンバランスで，歴史的な要因も異なっていたため，それぞれの国における電力産業の発展と改革へのアプローチも異なっていることから，欧米諸国のように規制緩和・規制改革の潮流の先頭に立っていた国と比べて，日本や中国の位置づけを明確にすることができる。

　また，本章のもう 1 つの重点は，規制産業における政府規制と競争政策との相互関係の変遷の検討である。その変遷は，主に規制産業に対する政府規制の発展を巡って進化しつつあるものである。国や地域，企業や産業の歴史的在り方や規制改革の進行の程度に応じて規制産業が「自然独占―移行期―競争」のどの局面に位置するかによって，事業法と競争法の関係の在り方は異なる[1]といわれるように，政府規制と競争政策との相互関係は，静態的なものではなく，動態的に捉えるべきである。したがって，本章では，「伝統的な政府規制時期」→「規制緩和時期」→「規制改革時期」という 3 つの時期に分けて，

　1）　土田和博「独禁法と事業法による公益事業規制のあり方に関する一考察」土田和博・須網隆夫編著『政府規制と経済法――規制改革時代の独禁法と事業法』162 頁（日本評論社，2006）。

時期ごとに政府規制と競争政策の相互関係を検討する。

第 *1* 節　電力産業の基本的特徴

　電力は社会の生産活動および人々の日常生活にとって非常に重要な不可欠な財であり，電力がなければすべての生産・取引・サービスなどをやめなければならない産業もある。現代社会において電力は，基本的な需要品として，国内生産物を構成するほぼすべての商品・サービスなどのコストの一環として避けられない中間投入財である[2]。社会の生産活動の川上にある電力の価格の変動は，社会の生産活動の川下の各産業に巨大な影響を与えるといえる。

1 「電気」という財の特殊性

　電力産業の最終生産物である「電気」は，一般的な財（goods）商品（commodity）と同じく，生産された後に，各段階の取引を通して消費者（または「需要家」[3]）に提供することを目標としている点で，一般的な財商品と異なるものではないが，以下のような特殊性を有している。

（1）　貯蔵不可能性

　現在の段階では，充電池のようなもので電力を貯めておく試みはあるが，技術的・経済的に多くの容量を貯めておくことは困難である。最終需要家と送配電ネットワークで結ばれていることに加え，瞬時に需給のバランスを図らない限り「停電」することになってしまう。こういう意味で，電力は一般的な財商品とは異質のものであり，外食産業等と異なる生活配慮（Daseinsvorsorge）ないし公役務（service public）としての「サービス」である[4]。

---

[2]　OECD 著 *The OECD report on regulatory reform*，1997（山本哲三・山田弘監訳）『世界の規制改革　上』215 頁（日本経済評論社，2000）。

[3]　「需要家」という言葉は日本語としてよく使われる言葉ではないが，電気・ガス・水道などの場合には，供給を受けて使用している者が「需要家」とよく呼ばれている。

[4]　藤原淳一郎「電力・ガスの規制改革と競争政策」日本経済法学会編『公益事業の規制改革と競争政策』第 23 号 18 頁（有斐閣，2002）。

（2）　効率性の犠牲

　一般的な財商品は，生産の際に事業者は当該商品を生産するコストと得られる利潤を比較しながら，最適な生産規模を選択することができる。だが，電力の場合，需給バランスを保障するために，供給上の安定性・安全性・即時性についての要求はより厳しい。電気が生産された後，時々刻々さらには日々および季節ごとに変化する需要に即応した同時的な生産・供給を必要とする不可欠財だからである[5]。需要家は，自分の需要に応じて電力を使いたいので，電力会社は瞬時瞬間に電力を生産してすぐに需要者に電力を供給しなければならない。最大需要を満たすことができるようにするため，需要の変動幅は大きいにもかかわらず，電力会社は，ピーク時の需要に対応できる設備容量にまで拡大しなければならない。そうすると，需要が下がる時に設備が遊休化し，効率的に稼働できないし，資源の浪費の可能性が生じる。したがって，供給の継続性を守るため，ピーク時への施設対応を行って効率を犠牲にして供給不足を回避することを余儀なくされる。需要が予想外に伸びて供給が足りない時に，在庫や供給増によって瞬時に対応することが難しいため，電力の需給調整には一定程度の不確実性・リスクを伴う。

（3）　供給の普遍性の要求

　電力の供給は一定の公益性を有している。供給の安定性・継続性のみを考慮するのではなく，供給するコストが非常に高い場所，人口の少ない地方や，送配電線網等の設備を設置するコストが高い場所など，および収入の低い階層の人々にも供給しなくてはならない。一般的な財商品より供給の普遍性に対する要求は高いといえる。

　こうした電気の特殊性が客観的存在の問題である以上，無視できない。電力産業の規制改革または自由化に伴い広域的な取引が促進されるため，系統の混雑がしばしば発生して，電力産業において良好に機能する市場の設計を行うことは容易ではない[6]という懸念もある。

---

5)　田島俊雄『現代中国の電力産業「不足の経済」と産業組織』1頁（昭和堂，2008）。
6)　矢島正之『電力政策再考』49頁（産経新聞出版，2012）。

2 電力産業における産業特性

　具体的な経営形式は国によって異なるが，経済学では，電力産業は，発電，送電，配電，小売という4つの分野によって構成されると考えられている。発電分野には，伝統的な火力発電，水力発電等の他に，効率性とリスクがともに存在している原子力発電，再生エネルギー（風力・太陽光・地熱など）を利用する等多様な発電方式が存在している。また，多くの発電所は設置箇所の安全性，燃料の運送の便益性，コストの節約および環境に対する考慮から，電力の需要地から離れている。したがって，生産された電気が需要者に供給されるために，送電線という施設は不可欠なものになる。そして，長距離電気輸送をする際に，送電ロスを減少するため，電気を高圧で輸送することが望ましいが，生産された高圧な電力を企業需要家と一般的な住民が使用できるような特別高圧・高圧，あるいは，低圧に下げる必要がある。これを達成するために，送電線以外に変電所と配電線も設置しなければならない。

　また，技術的および政策的理由等のため，電力産業の産業組織は各国ごとに異なるが，おおよそ次のようにまとめることができる[7]。

　(1)　部門独占ないし部門寡占：発電部門は1社ないし数社の巨大企業が全国市場のほとんどを占めており，これに対抗する少数ないし多数の企業が存在する。

　(2)　全国独占ないし高度寡占：送電部門は1社独占ないし数社による寡占である。

　(3)　地域独占：配電部門は，供給地域の大きさは別にして，地域独占が認められている国が多い。

　(4)　垂直一体化：現在，発電・送電・配電部門をあわせて，垂直的統合体制で電力産業を運営する国が多い。

---

7)　植草益『講座・公的規制と産業1　電力』4-5頁（NTT出版，1994）。

3　公的規制の存在

　周知のように，電力産業は，ガス事業，電気通信事業，運送産業などの諸産業と並ぶ代表的な規制産業である。これらの産業において，多くの商品・サービスが市場を通じて提供されているが，市場機能（メカニズム）が有効に機能しない（つまり，「市場の失敗」が存在する）場合があるので，政府ないし議会は企業に対し，参入，退出，価格，数量，品質，投資，財務等の経営上の意思決定に関し，許認可権限を持って直接的に関与すべきである[8]。これらの産業にとって公的規制は「市場の失敗」を補正して社会経済の発展や安定に貢献するものとして，市場機構を基礎とする社会経済では不可欠な制度である[9]。また，1988 年 12 月の「公的規制の緩和等に関する答申」によると，公的規制は，「一般に国や地方公共団体が企業・国民の活動に対して，特定の政策目的の実現のために関与・介入するものを指す」[10] とされている。いずれの定義および認識においても，規制産業に対して市場メカニズムのみに委ねるとすれば，様々な不足（規模経済性と範囲経済性の喪失，非効率性，政策目標の実施の困難性等が挙げられる）が生じるため，補充的な公的規制の必要性を肯定しているという共通点を示している。

　電力産業に対しては，いずれの国においてもその活動に政府や議会（時には裁判所）の規制が加わっている[11]。その理由としては経済的理由と非経済的理由の 2 つが挙げられる。経済的理由としては，電力産業の規模の経済性への対応，独占の弊害の排除，電力の安定供給の保障，電力産業の保護・育成，無駄な投資や不健全な財務などが挙げられる。一方，非経済的理由としては，電力産業が国にとって根幹的産業として，国家の安全保障に関わるとともに，国の環境保全政策および再生可能エネルギー源の積極導入などのエネルギー推進政策と密接な関わり合いがあるので，単に競争メカニズムで実現できないと解

---

8)　同上 1 頁。
9)　同上 2 頁。
10)　日本臨時行政改革推進審議会『公的規制の緩和等に関する答申』3 頁（臨時行政改革推進審議会，1988）。
11)　植草・前掲注 7) 6 頁。

され，慎重な配慮が求められることが挙げられる。これは，エネルギー産業における固有の「規制法理」を語る余地があるものと思われる[12]。また，法的独占として保護・規制を加えることには，各産業で提供される財・サービスの公益性を重視して，積極的に社会や利用者，消費者の利益を図ろうとする意図があるとも考えられる[13]。

第2節　電力産業に対する伝統的な政府規制の法理

1　政府規制の分類

(1)　経済的規制と社会的規制

　経済学者はよく規制目的の点から，政府規制を経済的規制と社会的規制に分けて論じている。経済的規制とは，自然独占性を有する分野や情報が偏在する分野において，資源配分の非効率性の発生の防止と利用者の公平な利用の確保を主な目的として，企業の参入・退出，価格，サービスの量と質，投資，財務・会計等の行動を許認可等の手段によって規制することをいう。電力産業においては，参入規制，料金規制（価格規制ともいえる）が典型的な経済的規制である。

　参入規制とは，当該事業への参入や事業の開始を許可・届出・登録等に係らしめるものであり，その内容は欠格事由のチェックや資格要件の設定にとどまるもの，需給調整要件により需給の不均衡をチェックして事業者の数を制限するもの，さらには地域独占等の法的独占を認めるものまで様々である。電力産業では，事業開始に際して規制機関の免許・許認可および届出などの方法で，電気事業者には独占性を付与し，需給適合原則から新規参入の自由が制限される措置が採られている。また，電力の供給市場における参入促進の一手段として，送電線利用による託送供給制度も参入規制の一部分だとする見解もある。

---

12)　友岡史仁『ネットワーク産業の規制とその法理』14頁（三和書籍，2012）。

13)　井澤裕司「自然独占の理論と電気事業──火力発電の費用関数」電力経済研究17号128頁（1983）。

料金規制とは，財・サービスの価格設定に制限を加えるものであり，料金の認可制や届出制がその典型である。電力企業が法的独占の地位を維持していることから，独占の弊害を防止するため行われる規制である。

　一方，社会的規制とは，外部性・公共財・非価値財・情報偏在等の「市場の失敗」に対応するため，労働者や消費者の安全・健康・衛生の確保，環境の保全，災害の防止等を目的として，財・サービスの質やその提供に伴う各種の活動に一定の基準を設定したり，特定行為の禁止・制限を加えたりする規制である。また，政府規制はその内容や規制方法は多岐にわたっているので，特定の行為の禁止や，財務状況，事業組織の形態，取引条件や広告・表示，営業の時間・方法など営業活動に対する制限を行うと同時に，資格制度，検査検定制度および基準・認定制度によって特定の行為の禁止や営業活動の制限を補完している。

(2)　事前規制と事後規制

　事前規制と事後規制とは何か。その区別を簡単に述べると，事前規制は一般的な問題の発生に備えて，関連する規制内容を事前に設ける規制方法であり，一方，事後規制は，「小さな政府」の理念の下で，主に事後の救済に重点を置き，経済活動への関与を最小限にする規制である。事業規制法と競争法の場合，事業規制法には事前規制の規定が多く，競争法には事後規制の規定が多いといわれている。ほとんどの国の電気事業法および関連する実施規則は，電力事業の参入条件および基準，電力事業者の供給義務等を事前に定めて，産業における行為規範を示している。

　しかし，このような区別は，必ずしも今の現実に相応しくない。特に，政府規制の緩和につれて，競争促進型の政府規制の中にも，事後規制が存在するようになっている。例えば，日本の旧電気事業法[14] 第 24 条の 6 では，一般電気事業者の託送供給に伴う禁止行為を定める一方，禁止行為の停止または変更命令を下すことができるとも規定している。その一方，競争法による排除措置命

---

14)　4 回目の電力自由化が実施されるとともに，2013 年 11 月・2014 年 6 月・2015 年 6 月に，日本の電気事業法が 3 回改正されたという事情があるため，改正前の電気事業法と区別するため，本書では，改正された電気事業法を新電気事業法と称し，改正前の電気事業法を旧電気事業法と称する。

令は，将来に向けての禁止命令において種々の遵守義務を課する場合に，実質上，事前規制の範疇に属する場合があり得る。

(3) 直接規制と間接規制

政府規制は「営業の自由」にどの程度干渉するか，競争秩序との関係によって，「直接規制」と「間接規制」の２つの態様に区別される。直接規制は，「営業の自由を直接的に規制し得るもの」であり，営業の事前抑制や内容規制が挙げられる。参入・退出規制，価格の認可制などの価格規制，健康・衛生の確保，安全の確保，公害防止・環境保全などの目的での資格制，認証制などが直接規制の例として挙げられ，これらの態様による経済（営業）規制がなされている場合，「競争の制限を直接に意図しており，その領域においては，競争的市場機構が成立しない」とされることになる。

一方，「間接規制」は営業の自由を直接に規制するわけではなく，内容中立的に「時・所・方法」を規制することによって「営業の自由を間接的に規制し得るもの」である。民法，商法，不当競争防止法等による「不公正な競争行為に対する規制」がここに分類でき，独占禁止法による「私的独占や不公正な取引方法に対する規制」もこの間接規制に位置づけられる。

(4) 競争制限型の規制，競争中立型の規制，競争促進型の規制

市場での競争に対応して関連させれば，政府規制は競争制限型の規制，競争促進型の規制および競争中立型の規制に分類することができる。

競争制限型とは，需給調整型の参入規制や，原価主義に基づく料金認可制など，独占や競争制限を内容とするものが典型であるが，それ以外に許可制なども，実質的に競争制限的な機能を果たすことがある。競争促進型とは，略奪的・差別的な料金の変更命令制度や，不可欠施設の利用を義務づける回線接続制度や電力託送制度など，独占禁止法と共通する競争促進を内容とする規制である。また，競争中立型とは，客観的な資格要件による許可制・登録制や，外部補助によるユニバーサル・サービス基金など市場メカニズムを歪曲させにくい競争適合的な内容の規制を指す。

規制と競争，または産業政策と競争政策については，従来から相対立する学

説に基づく 2 つの政策路線が存在する。古典的な自由放任政策と第 2 次世界大戦後に西独で展開されてきたドイツ自由主義経済学との対立がそれであり，今日の米国におけるハーバード学派の産業組織論とシカゴ学派理論の対立も類似の分岐を示している [15]。日本における独占禁止法の改正の歴史にもこの対立の影響を垣間見ることができる。特に，2000 年改正前独占禁止法第 21 条の「この法律の規定は，鉄道事業，電気事業，瓦斯事業その他のその性質上当然に独占となる事業を営む者の行う行為，販売または供給に関する行為であってその固有のものについてはこれを適用しない」との規定（自然独占に固有な行為の適用除外），および 1999 年改正前同法第 22 条 [16] の事業法令に基づく正当な行為の適用除外規定をみれば，これらの規定が存在していた時期は，産業政策が競争政策と異なる対応をしていたことが分かる。

2　電力産業に対する伝統的な政府規制の根拠

　政府が民間の経済活動に参入規制や価格規制等により介入する目的は，例えば，環境の保全や国民の健康・安定の確保など自由な経済活動では解決しえない社会的問題等への対応，自然独占の性質を持つ公益事業など市場メカニズムが有効に機能しない財・サービスについての資源配分の適正化，または国民生活に必要不可欠な財・サービスの安定供給の確保等である [17]。特定産業に対する規制目的として，（1）公益事業またはこれに準ずるもの，（2）安全衛生の確保，（3）財政上の必要性，（4）特定の事業の安定または健全な発展，（5）消費者，利用者の確保等が挙げられる [18]。

　電力産業における政府規制の根拠について経済学者および法律学者は，様々な検討をしていた。電力産業の発展史からみると，従来から，自然独占性，電

15)　小西唯雄・和田聡子『競争政策と経済政策』11 頁（晃洋書房，2003）。

16)　旧 22 条：この法律の規定は，特定の事業について特別の法律がある場合において，事業者又は事業者団体が，その法律又はその法律に基づく命令によって行う正当な行為には，これを適用しない。前項の特別の法律は，別に法律を以てこれを指定する。

17)　公正取引委員会事務局経済部経済法令調査室「競争政策の観点からの政府規制の問題点と見直しの方向——政府規制等と競争政策に関する研究会報告書の概要」公正取引 520 号 25 頁（1994）。

18)　丹宗昭信「政府規制産業と競争政策」『政府規制産業と競争政策』経済法学会年報第 2 号 8 頁（有斐閣，1981）。

気という財の必需性ないし公共性，大規模投資に伴う大きな事業リスク，国家の安全保障およびそれ以外の保安上の諸問題などといった広義の市場の失敗をもたらす諸要因の存在が公的規制の根拠と考えられてきた[19]。日本における電力産業の規制の根拠法となる「電気事業法」は，資源の有効利用と供給の安定性確保の観点から需給均衡原則を基本とする参入規制について明記する一方で，独占の弊害を回避すべく料金規制（供給約款），供給義務・退出規制等について事業運営の原則を規定している[20]。

(1) 自然独占性に基づく「法的独占」

経済学の研究によると，電力産業が一般の産業とは異なる公的規制を受けているのは，それが自然独占性（natural monopoly）という特別の技術的条件を備えていると考えられるからである[21]。自然独占性とは，ある産業の市場需要に見合った供給量の生産を考えたとき，その技術的特性から，ただ1企業のみによって生産される方が複数企業による場合よりも費用が安くなるという性質を指す[22]。

電力産業が自然独占産業と呼ばれる根拠は，経済学の「自然独占の理論」(the theory of natural monopoly) である。自然独占の理論は，端的にいえば，その産業で使用される生産技術が優れて「規模の経済性」(economies of scale)[23] を持つために私企業による自由競争が独占状態をもたらしやすく，その不都合を排除するための公権力の介入が正当なものであると主張するものである[24]。規模の経済が成立している場合には，他の企業よりシェアが大きい企業はそれだけ平均費用が少なく済み，そのため価格を低く設定することができるから，それを武器にシェアを奪い，最終的には独占を形成する[25]。電力供給の例では，他の企業が参入して新しく送電線を敷設しようとしても，最初の段階における平均費用が非常に大きいので，既存企業には価格の面で太刀打ちできない[26]。したがって，他企業は容易に電力産業に参入することはで

---

19) 伊藤成康「公的規制の意義と問題」植草益編『講座・公的規制と産業1 電力』125-126頁（NTT出版，1994）。
20) 同上126頁。
21) 植草・前掲注7) 65頁。
22) 同上。

きなくなった。

　また，巨額の設備投資が利潤を回収するまで，長期のリードタイムが伴い，複数の企業による無断参入を認めれば，固定費用がそれぞれの企業にとって必要となるため非効率的となる一方，資源の無駄遣いになるリスクも高いので，1 つの企業が市場を独占した方が総費用が小さく効率的な生産となる。

　このような経済的特性の下では，独占状態がもたらされやすく，競争原理が妥当しないと考えられたので，その不都合を排除するため，公権力の介入による参入規制が正当なものであると主張する[27]。電力産業に対して，結局，政府は，このような経済的要因を考慮して，非効率な競争を回避するため，参入規制を行うことになり，法的に既存の電力事業者に独占的地位を保障していることから，「法的独占」とも呼ばれている。

(2)　競争に対するユニバーサル・サービス確保の優先性

　政府規制に関する伝統的な理論によると，電力産業・ガス産業・電気通信産業などに対する規制のもう 1 つの根拠としては，公益の保護が挙げられる。これらの産業の共通点は，社会生産および国民の日常生活に不可欠な商品・サービスを提供している点である。つまり，これらの商品・サービスは地理条件，利用者層と関係なく，社会全体の公平性を守るため，誰でも，どこでも，

---

23)　規模の経済性が強く働く市場で，企業の生産およびサービスを提供するには，巨大な固定費用が必要となる。しかし，企業の規模の拡大につれて，長期平均費用が下がることになる。これに対して，企業がサービスを提供する限界費用が相対的に小さい。その結果，生産量の拡大は単位費用の一層の低下をきたすことから，自ずと生産を拡大する誘因が働く（塩見英治『現代公益事業──ネットワーク産業の新展開』5 頁（有斐閣，2011））。また，当該理論の筋道は，次のようになる。「規模の経済性が存在する産業では，平均費用が限界費用を上回っているために，競争市場で成立するような限界費用に等しい価格の下では生産を行うことによって企業が損失を蒙る。このため，生存競争のための際限のない価格引下げ競争（減滅的競争）が，一企業のみが生き残り独占的な利益を享受しうるような状態になるまで続けられるであろう。このような減滅的競争は資源の浪費であり，他方，独占的利益の発生は効率，分配双方の観点から望ましくない。よって独占の弊害を除去し，且つ社会が規模の経済性による利益を享受するためには，公権力が独占的状態を保証する一方で，不当な独占的利益が発生しないような規制を加えるべきである。」以上，井澤裕司「自然独占の理論と電気事業──火力発電の費用関数」電力経済研究 17 号 128 頁以下（1983）から引用されたものである。

24)　井澤・前掲注 23) 128 頁。

25)　八田達夫『ミクロ経済学 I』207 頁（東洋経済新報社，2008）。

26)　同上。

27)　井澤・前掲注 23) 128 頁。

均一な料金で平等に受益すべきものである。その基本理念は，「ユニバーサル・サービス」[28]「全国均質サービス」，または「普遍的役務」と呼ばれ，生活に必要不可欠なサービスで，利用者の居住地にかかわらず公平な条件で利用可能であることが確保されるべきサービスである[29]。また，電力産業は，公益事業として，巨大な電力の消費量が必要な企業でも，一般消費者でも，誰でも消費することが可能な準公共財[30]といえる。公的規制機関によりサービスの供給を最終的に保障するための公益事業規制が欠かせないものになってきた。

よく使われている規制手段としては，規制当局は提供主体に独占を認める代わりに，サービスを遍く公平に提供する義務を課している[31]。このとき，地理的および利用者層別に，費用や需要構造の差異から採算性に格差が存在する場合であっても，利用者に対しては平準化した料金でサービスが提供されてきた[32]。日本の旧電気事業法第18条は，「一般電気事業者は，正当な理由がなければ，その供給区域における一般の需要（事業開始地点における需要および特定規模需要を除く。）に応ずる電気の供給を拒んではならない。」また，「特定電気事業者は，正当な理由がなければ，その供給地点における需要に応ずる電気の供給を拒んではならない。」と規定して，電力事業者の電力供給義務を定めている。また，中国においても中華人民共和国電力法第26条は，「供電営業区においての供電営業機関（つまり電力供給会社）は，当該営業区においての顧客に対して，国家の規定に基づいて電力供給義務がある。国家の規定に違反して電力供給を拒絶してはならない。」[33]と規定し，電力供給者の供給義務を定めている。

電力事業者は，この義務を達成するため，一般的に，自社内の内部相互補助

---

28) 滝川敏明「規制改革と競争政策」山本哲三・佐藤英善編著『ネットワーク産業の規制改革——欧米の経験から何を学ぶか』218-219頁（日本評論社，2001）。
29) 塩見英治『現代公益事業——ネットワーク産業の新展開』28頁（有斐閣，2011）。
30) 矢島正之『電力政策再考』（産経新聞出版，2012）。公共財は，多くの人々が同時に同じ財を消費することは可能であり，特定の人々をその消費から除くことが技術的に不可能な財である。電力の信頼度は，それに対して支払いを行わないものを排除することは完全にはできないという準公共財的な性格を有している。
31) 塩見・前掲注29) 28頁。
32) 同上。
33) 中華人民共和国電力法の第26条の原文には，「供電営業区内的供電営業機構，対本営業区内的用戸有按照国家規定供電的義務；不得違反国家規定対其営業区内申請用電的単位和个人拒絶供電。」と規定している。

により都市部からコストの高い農村部に利益移転を行っており，これによって，消費者の利益を保護し，国民全体の福祉を保障し，地域ごとの格差を減少してサービスを全国に均一な料金で提供することが可能になっている。例えば，都市部と離れている農村部への基本的な電力供給を保証するために，電力事業者が経営上の利益だけを考えるのではなく，都市部で得た利益で農村部に電力供給する際の損失を補填している。このような公益目的のため，電力産業に対する競争政策とは異なる視点から公的規制を実施する必要があるといえる。

　また，電力産業は一般的な産業より非常に優越的な地位に置かれている。競争政策の実施が公益を保護するために犠牲とされた。もし，公益事業に競争が導入されたら，新規参入事業者はビジネス上の利益が見込める都市部に限定して参入することになる可能性が高いので，ユニバーサル・サービスの保障と競争の実施を比較衡量して，公益事業のユニバーサル・サービスを維持しようとする場合には，市場競争の進展を抑制しなければならないという結論に至った[34]。

(3)　ネットワーク産業としての特性の考慮

　電力産業は「ネットワーク産業」[35]とも呼ばれる。「ネットワーク産業」には，「ネットワーク施設」が存在するという共通点がある。「ネットワーク構造をその重要な要件として持つ産業分野」である[36]。鉄道産業，電力産業，電気通信産業，道路運送産業などの産業における不可欠な物理的設備とする鉄道網，送電線網，地域固定電話網・光ファイバ網などは「ネットワーク施設」である。また，インフラストラクチャー（社会基盤施設）そのものだけではなく，それを利用したサービス提供の手段を指す[37]。

34)　滝川敏明「規制改革と競争政策」山本哲三・佐藤英善編著『ネットワーク産業の規制改革——欧米の経験から何を学ぶか』218-219頁（日本評論社，2001）。

35)　「ネットワーク」の定義が多様である。代表的なものとしては，「ネットワークはノードをつなぐリングから構成されるもの」，「ネットワークとは経済，社会主体としてのノードとヒト・モノ・カネ・情報の交流の導管としてのアークの集合体である」などの定義である（江副憲昭『ネットワーク産業の経済分析』4頁（勁草書房，2003））。「ネットワーク」のイメージを基に，無数の点と点相互間において目には見えない「網」によって取引が構築されている分野を一括りにする捉え方として，経済学において共通に認識されているように思われる（友岡史仁『ネットワーク産業の規制とその法理』5頁（三和書籍，2012））。

36)　江副・前掲注35）3頁。

37)　友岡・前掲注35）2頁。

　また，「自然独占産業」と同様に，ネットワーク産業においては，巨額投資が必要となる物理的施設の存在が，破滅的競争や二重投資の防止の必要性，費用の下方硬直性，規模・範囲の経済性といった経済的特性をもたらす[38]。したがって，ネットワーク施設の自然独占性を維持する必要がある。規制当局は，このネットワーク設備から生じる多額の固定費用の存在を根拠に，提供主体を1社または少数の企業に限定し，その提供主体に対し，独占力行使を防ぐための規制や監視を行ってきた[39]。日本でも1980年代以降，「ネットワーク産業」に競争が導入されるようになったが，サービス提供に大規模なネットワーク設備が必要であることに変わりはない[40]。しかし，競争を導入する際に，ネットワーク施設を開放する一方，アクセス規制も必要になりつつある。例えば，電力産業への競争導入につれて，新規参入者に送配電線網を使用させるのは重要な規制内容となる。その場合に，託送の程度，公正性，および託送料金の設定が課題になる。

　さらに，ネットワーク産業に特有な「ネットワーク外部効果（externalities）」が存在する[41]。これは，ネットワーク加入者の相互依存関係によって生じる経済的な効果である。電力産業の場合を例にすると，その外部効果は，送配電線網（ネットワーク施設として）に加入する人数の増加により規模の経済性が生じる場合に示される[42]。つまり，他の需要家のそれぞれが加入する行為は客観的に他の需要家が料金低下などの間接的な利益を受けるという効果である。

　したがって，これらの特性を法的な枠組みに当てはめようとするとき，上流から下流までを一事業者が行う「垂直統合的」な事業構造の下，「地域独占」を維持することを狙いとした法制度（およびその運用）が認められることとなったのである[43]。

---

38) 同上。
39) 塩見・前掲注29) 21頁。
40) 同上。
41) 江副・前掲注35) 9-15頁。
42) 同上13頁。
43) 友岡・前掲注35) 2頁。

(4)　公企業のメリットの重視論

ア.　公企業の法的性格

　政府規制を実現するため使われた主な規制手段は，行政庁あるいは行政機関により実施された行政行為である。その規制手段を行政法的側面からみれば，主に，(1) 法令等に基づく規制および行政処分などの公権力の介入，(2) 行政指導による規制および行政契約による介入という非公権力の介入，(3) 公企業 (公的所有形態) による介入という 3 つの方式が分類される[44]。伝統的な政府規制のうちの参入規制，価格規制および供給義務付き規制などのために公権力の介入・非公権力の介入という方法がよく用いられるが，ここでは公企業に対する規制方法を中心に検討する。

　公益事業と公企業は，概念と範囲においては同義ではないが，公企業によって公益事業を経営する方法がよくみられる。政府規制は様々な形で行われるが，最も直接的な方式は政府が所有する公企業という形をとって規制産業を経営することである。また，日本の法学では，公益事業とされている諸事業は従前から行政法上,「公企業」としての法的性格付けをされていたものである[45]。実定法上，公益事業という概念を真正面から捉えて定義し公益事業の規制の在り方を体系的に示した法律または法律規定はない[46]。公益事業の概念そのものではないが,公益事業に関連する概念を用いるものとして「地方公営企業」[47] (地方公営企業法・地方公営企業労働関係法) および「自然独占事業」[48] (独占禁止法旧 21 条) がある[49]。また, 中国の法律「公用企業による競争制限行為の禁止に関する規定」(「関与禁止公用企業限制競争行為的若干規定」国家工商行政管理局公布, 1993 年 12 月 24 日実施) は，「水，電気，熱，ガス，郵便，電信，交通運輸等の事業者」を「公用企業」と定義している。

---

44)　丹宗昭信「政府規制産業と競争政策」『政府規制産業と競争政策』経済法学会年報第 2 号 13 頁 (有斐閣, 1981)。

45)　舟田正之「公共企業法における規制原理——運送事業法令を中心として」『政府規制産業と競争政策』経済法学会年報第 2 号 53 頁 (有斐閣, 1981)。

46)　根岸哲「公益事業規制の背景」林敏彦編『公益事業と規制緩和』1 頁 (東洋経済新報社, 1990)。

47)　鉄道事業, 軌道事業, 自動車運送事業, 電気事業, 瓦斯事業, 水道事業および工業用水道事業を指す。

48)　鉄道事業, 電気事業およびガス事業などが列挙されていた。

49)　根岸・前掲 46) 2 頁。

また，伝統的な行政法学において，公企業とは，狭義では，資本主義体制下において何等かの公共目的の実現手段として国または地方公共団体の所有・経営の下に置かれている企業[50]，あるいは，「国（若しくはこれと同一体と見るべき公共企業体，公団等）又は地方公共団体（若しくはこれと同一体と見るべき独立法人）が，直接に社会公共の利益のために自ら経営する非権力的な事業」を指す[51]。

また，これらの公益事業を，「公企業」としてだけではなく，「特許企業」として観念する場合もある[52]。ここでいう特許企業とは，法律上，国家的事業として経営権を国に留保し（企業の国家的独占），これを前提として，特定の場合にその経営権の全部又は一部を他の者に付与し，その者にその経営の義務を負わしめることがある企業を指す[53]。また，公企業の特許行為に基づいて，いわば「延ばされた国家の手」としての役割を果たすべきものであることから，一般の私企業の有しない特権を付与される反面，特別の義務と負担を負うともいえる[54]。

イ．公企業のメリット

ア）　安定供給および健全な発展の目的：公益事業が提供する生産品は，社会全体または国民生活に対して不可欠なサービスなので，供給の継続性および安定性に対する要求が厳しいのは当然である。国家または政府は，インフラ整備に巨大な資金を提供して，商品・サービスの安定供給を保障できるので，公益事業は政府が運営する場合が多い。例えば，日本において，公益事業のインフラストラクチャーは，1905年から戦後までの持続的経済成長の基盤となってきた。これらの公益事業が確立された1930年代以降は，国家統制，または，強い公的規制下で運営されている時期があった。中国においても，建国以来，水，電気，熱，ガス，郵便，交通運輸等の公益事業は政府あるいは国有企業によって経営される一般的な方法である。

イ）　非経済的な要因：公益事業が公企業によって運営される要因は，以上

50）　塩見・前掲注29）8頁。
51）　舟田・前掲注45）53頁。
52）　来生新「公益事業の規制改革と競争政策」『公益事業の規制改革と競争政策』日本経済法学会年報第23号4頁（有斐閣，2002）。
53）　舟田・前掲注45）53頁。
54）　成田頼明ほか『現代行政法』266頁（有斐閣，1973）。

のような経済的な要因のほか，非経済的な要因も考えられる。公益事業は，国家経済の安全に関わる根幹産業であるので，公企業が運営することは，国家経済の安定・安全を守ること，国家財政を増加すること，大企業を育成してその国際競争力を増強すること，などの面で利点があると認識されている。また，公企業は政府の規制機関との関係が緊密であるので，政府が実施する物価安定，環境保全，資源配分，投資などの産業政策をよりスムーズに実施するための「政策的政府規制」でもある。

　日本では公益事業を規制ではなく保護育成するという考え方が戦前からあるが[55]，中国において国有企業が数多く存在し重視されているのは，社会主義の根本的な経済制度（公有制の主導的な地位）を維持することともつながっている。また，改革開放以来，経済形態が急速に多様化している中で，国有企業，とりわけ国有大中型企業は，経済における地位や国家財政への貢献，または社会・経済の安定維持といった点からみて，依然として国民経済の重要な柱であり，支配的な役割を担っている[56]。非国有経済が出現し拡大しているものの，国有企業は依然として国民経済の基礎である。

3　伝統的な政府規制の主な特徴

　この時期における政府規制は，企業の独占地位が法的に認められる場合や，規制目的のため競争を行わせない産業において実施されたものである。したがって，これらの産業に対して競争法は執行されない。この時期は，政府規制と競争政策の分野の棲み分けがなされた平和的共存の時代といえる[57]。

　具体的には，まず，政府規制と競争政策のいずれも，独占を規制対象としているが，双方の規制趣旨，内容および手段の面においては，大きく異なるものである。伝統的な政府規制の下で，事業規制法が，「競争排除システム」を採用して，制度的に競争が生じない仕組みを採り，政策的判断により競争させな

55)　厚谷襄児「独占禁止政策と公共料金」ジュリスト 335 号 43 頁（1965. 12）。
56)　林毅夫・蔡昉・李周著（関志雄・李粋蓉訳）『中国の国有企業改革——市場原理によるコーポレート・ガバナンスの構築』2 頁（日本評論社，1999）。
57)　栗田誠「規制当局と競争当局の関係——米国との比較を中心に」岸井大太郎・鳥居昭夫編『公益事業の規制改革と競争政策』95 頁（法政大学出版局，2005）。

いようにした[58]。つまり，伝統的な政府規制は，様々な原因で（以上分析したように）競争メカニズムに馴染まないことから独占を認めること，競争を回避して独占を保護することを前提に，独占の下で生じる弊害（独占利益の追求，需要家利益の損失等）を補完する機能を発揮している。一方，競争政策は，独占が原則的に認められないことを前提として，独占によって生じる弊害を抑止する機能を持っている。

また，規制機関の仕組み，規制法制度，規制産業の範囲においても，政府規制と競争政策は明らかに異なっている。特定の産業に対する規制立法が成立すると，政府またはその1部門が規制機関として専門的な法律に基づいて規制を行うことになり，競争政策の執行機関と区別されてきた。双方が独自の規制の仕組みを有し，両立している。特に，規制産業を競争法の適用除外とすることは，政府規制と競争政策を区別し対立させる最も極端な場合であるといえるであろう。

政府規制と競争政策は，究極目標からすれば，いずれも産業発展の効率性，需要家の利益の保護等を最大の目的としているので，最終的に同じ方向へ進むべきである。この時期には，双方がお互いの相違点のみを重視しすぎていた。特に，伝統的な政府規制が競争に対する理解がまだ乏しい時に成立したこと，または規制産業の特殊性および政府規制のメリットを過大視したため，競争政策に対する考慮がほとんどなされず，政府規制と競争政策が2つに分立された状態が長く続いた。

第3節　規制緩和期における政府規制の再認識

1　国際的背景

第2次世界大戦後，資本主義諸国では，戦後社会経済の不況を克服するため，ケインズ政策が採用され，政府規制により経済・福祉・行政などの面に積極的

---

58)　同上86頁。

に介入していた。しかし，その後，政府による経済活動への過度な介入は，政府の財政状況の悪化，民間企業の参入の阻害などの「政府の失敗」をもたらすおそれがあると認識されるようになった。1979 年の「OECD 勧告」では，加盟国に対して規制緩和政策を推進するよう強く勧告した。その基本的思考は，「政府規制は，その導入当時に一定の根拠があったものの，今日では逆に有害化しているケースが少なくない。要らざる規制を廃棄，ないし大幅緩和すべきだ」というものである[59]。また，当該報告書は，政府規制のコストには，「規制を実施するための直接的コスト」の他，「不回避な時間的遅延および弾力性の喪失によって生ずる損失，コスト削減や技術革新に対する適当な誘因がないことによる損失および不安全なデータと仮定に基づく決定に従わざるを得ないことによって生ずる損失など」や「本来有効競争が期待しうる経済的条件の下にある産業分野において規制をすれば，経済的資源の配分を誤らせることとなる」ことによって生じる損失が含まれると指摘した[60]。英国および米国などの先進国は，経済分野の規制緩和を行った。英国は，1986 年にサッチャー首相が証券制度の大改革を開始し，1980 年代から 1990 年代にかけて非効率的と考えられた国有企業，すなわち航空，石油，自動車，電気通信，ガス，電気，鉄道などを民営化するとともに，競争導入を行った[61]。米国は，1975 年ニューヨーク証券取引所の手数料を完全自由化したのをはじめ，1980 年代にかけてレーガン大統領が大型減税と規制緩和による競争原理を導入し，航空，運送，鉄道，銀行，電気通信，ガスなどで規制緩和を行った[62]。

　また，1970 年代の後半以降に，国際化に伴う各国間における国際競争が激しくなりつつある。政府規制を通して国内の経済活動に関与して，国内企業を保護することが，国内企業の国際競争力を削減した。また，グローバリゼーションの影響の下で，1 国の国内市場だけを閉鎖・維持するのは困難なことになった。企業は生き残るためには，市場メカニズムに依存し，競争力を高めるほかにない。規制緩和に徐々に注目が集まり始めた。日本では，1980 年代初

---

59)　小西唯雄・和田聡子『競争政策と経済政策』59 頁（晃洋書房，2003）。
60)　生駒賢治「規制産業における競争政策——OECD 制限的商慣行委員会報告書の概要紹介」公正取引 344 号 5 頁（1979）。
61)　矢島正之『電力政策再考』15 頁（産経新聞出版，2012）。
62)　同上。

頭における行財政改革により規制緩和が始まった[63]。専売公社，電電公社，国鉄の民営化をはじめ，金融自由化（1980年代），大店法の廃止（2000年6月1日），株式売買委託手数料の自由化（1999年10月），電力小売の自由化（2000年3月），航空料金の自由化（2000年2月），保険の自由化（1998年7月），酒類の販売緩和（1989年），医療品のカテゴリーの見直し（1999年）などによって，幅広い経済分野にわたって規制緩和を行った。

電力産業の自由化進展は，世界における経済分野の規制緩和の一環として推進されてきた[64]。1982年のチリが，世界で初めて電力自由化に踏み切った国である[65]。また，先進国で初めて電力自由化に踏み切った英国では，1990年4月1日より国有電気事業が再編・民営化され，イングランド・ウェールズでは，発・送・配電の垂直統合の構造分離と「電力プール」に特徴づけられる電力供給体制が形成されるとともに，発電部門と小売部門に競争が導入された。その後，ノルウェー（1991年），アルゼンチン（1992年），ニュージーランド（1993年），オーストラリア（1994年）と，次々に電力自由化に踏み切る国が増え，2000年代にかけて電力自由化は世界的潮流となった[66]。

2 政府規制の根拠の再認識

現在，自然独占産業または公益事業は，大きな変動期を経て，変容しつつあると考えられる。従来，自明のものと考えられてきた事業の独占性が，技術革新や規制緩和の進展のもとで揺らぎ，情報化と相まって，ネットワークの開放やサービスの融合・多様化によって，そのサービス供給体制も変容をきたすようになっている[67]。政府規制の根拠に対する認識も，近年の市場環境の変化に伴い，変容している。

---

63) 同上。
64) 同上。
65) 同上。
66) 矢島・前掲注61) 15頁。
67) 塩見・前掲注29) 3頁。

(1)　サービスの特性に対する認識の変容

　伝統的な政府規制の根拠の 1 つは，公益事業のサービスの必需性および不可欠性である。しかし，こうした公益事業の「特別論」を必要以上に重視するのが適切かについては疑問が提起されていた。例えば，必需性および不可欠性を有する商品やサービスを提供するのは，電力産業のような公益事業だけではないから，規範的ないし政策的含意を伴う価値判断によってその選択がなされているともいえる [68]。また，サービスの必需性と不可欠性についての判断は余り正確ではない場合がある。技術革新の進展および消費者の価値観の変化に伴い，従来，公益事業しか提供できない商品・サービスが，新たな代替商品・サービスの出現によって，その必需性と不可欠性が低くなった場合もある。

　また，サービスの在庫不可能性と即時性について，近年では，この問題の緩和のために，需要の規模を可能な限り適正に管理する需要管理政策や，ピーク時に料金を高くし，ピーク時以外に料金を安くして需要の平準化を図るピーク・ロード料金の適用がなされている [69]。今の段階で規制産業に対して実施されている政府規制を撤廃するわけではないが，以前のようにサービスの特性という政府規制の根拠が緩くなりつつあったというのが実情である。

(2)　自然独占性の再認識

　前述のように，経済学の観点からは，電力産業に対して政府規制を最も重視するのは自然独占理論である。しかし，自然独占性を根拠に電力産業に対する政府規制を正当化するという考え方は，経済学者たちの間で変化し，自然独占性が成立する場合であっても，その程度，技術進歩等による変化の見通し，および独占の社会的費用や規制の社会的費用の相対的大きさ，などの条件次第では，ただちに従来型の規制が正当化されるとは限らないという見方も登場している [70]。

　また，従来，電力産業が自然独占性を有する根拠として，埋没費用（退出時に回収不可能な固定費用を指す）が大きいことが論じられていたが，コンテスタ

---

68)　同上 4-5 頁。
69)　同上。
70)　伊藤・前掲注 19) 127 頁。

ブル・マーケット理論[71] (theory of contestable markets) によれば，市場で1つしか企業が存在しない場合でも，埋没費用が十分小さく，潜在的な新規参入の可能性が高ければ，既存企業は，当該新規参入企業の脅威から競争的な価格および条件を設定することを余儀なくされる。したがって，規制がなくとも，競争的な価格および条件が維持される可能性が示されるようになった。例えば，電力産業における技術革新により，電力と熱を同時に供給できるコジェネレーションを利用する場合，発電分野における設備投資が大幅に縮小されるようになった。このように，新規参入が以前より容易になったため，参入・退出規制がなくとも，独占の弊害を回避することが可能になった。そこで，コンテスタブル・マーケット理論の立場から，伝統的な政府規制の必要性について再検討すべきという主張が現れた。もちろん，この理論に対する疑問も存在しているが，電力産業が自然独占性を有することを規制する根拠を希薄化させていることは評価できるであろう。

. さらに，多くの国では，電力産業は発送電を垂直一体化して経営されているが，電力産業の自然独占性について再検討する際に，垂直統合の経済性についても論じていた。自然独占の一括組織，垂直的統合は，包括的な経営資源の活用，リスクの分散，取引費用の節約，規模の経済性や範囲の経済性の発揮などのメリットがあるが，一方，規模の経済性や範囲の経済性の制約，組織が肥大化し企業の費用水準が上昇する非効率になる弊害，既得権擁護のためにレント・シーキングによる資源の浪費などのデメリットが指摘される[72]。また，自然独占理論自体の進化につれて，電力産業におけるすべての分野には規模の経済性が発生するわけではないと認識されるようになり始めた。発電分野における自然独占性が消失するにつれて，電力産業に対する組織改革による自然独占分野と競争分野の分離も国際的に進展している。

要するに，電力産業における競争，また自然独占理論について再認識されるにつれて，競争メカニズムの役割が徐々に重視され，政府規制の根拠も少しずつ希薄化されつつある。こうした点も，多くの国で規制緩和ないし廃止および電力改革が提唱された契機の1つであると思われる。

---

71) 1982 年前後に，Baumol, Panzar and Willig によって提唱された。
72) 友岡・前掲注 35) 24 頁。

(3)　公益の保護（ユニバーサル・サービスの確保）という根拠の希薄化

ア．根拠に対する再認識

　国民全体により利用できるような商品・サービスをより低い料金で提供する，つまりユニバーサル・サービスを維持するために，電力産業の独占的な経営体制を認めた。しかし，独占的体制と産業の公益性との間にどれほどのつながりがあるかについて疑問が提起されるようになった。公益事業が当初「独占」的であったが，市場原理の導入によって，独占はもとより生活必需性の概念自体も当てはまりにくくなっており，旧来型のアプローチには変容が求められてきた[73]。

　電力産業は，誰にでも公平な供給を確保する必要があるので，独占を容認して内部補助（農村部への補助費用等）によりそのコストを賄う手法がよく使われる。しかし，このことから，直ちに政策的内部補助が是認されることが適切かどうかには大きな疑問が残されており，内部補助のデメリットにも注意する必要がある。例えば，配分の補正を名目とした内部補助を認めれば，当該措置の目的が達成された後も，利益集団によって既得権の維持が図られ，長期にわたって資源配分に歪みが生ずるおそれがある[74]。また，公益保護のための政府規制が，本来の目的と異なり，規制対象である産業の利益のためになっていることが指摘された場合もある[75]。客観的で透明性の高い個別原価配分原則に則った料金形成が行われ，内部補助による歪みは最小限に食い止められてきたものと考えられるが，「あまねく公平な供給」という大義名分は，時として我々を内部補助の迷路に陥れる危険な一面を持っていることにも十分注意すべきである[76]。

　そもそも，公益または公共の利益という概念は抽象的で，その内容および範囲についての認識が曖昧な部分もあるので，「公益の保護」という規制根拠に対する規制手段として適切かの判定についても様々な不明点が残されている。例えば，公益を保護するための手段として競争政策の実施を回避する方法しか

---

73)　同上 25 頁。
74)　伊藤・前掲注 19) 130 頁。
75)　川本明「日本の規制改革──展望と課題」山本哲三・佐藤英善編著『ネットワーク産業の規制改革──欧米の経験から何を学ぶか』48 頁（日本評論社，2001）。
76)　伊藤・前掲注 19) 129 頁。

ないか，公益規制と競争政策とは必ず対立するか，公益規制と競争政策の目的が完全に対立しない場合に公益規制を存続させつつ競争政策と両立させる対策があるのか等は必ずしも明らかになっていない。

イ．解決案としての検討

以上の分析によると，規制産業のユニバーサル・サービスの保障と競争政策とは必ずしも対立するわけではない。両者を両立させる方法が存在すれば，ユニバーサル・サービスの保障自体は，規制産業が競争政策の実施を排除する根拠に当たらなくなる。この点について，学者たちも様々な解決案を検討している。

ユニバーサル・サービスを維持しようとすれば，鍵となるのは内部補助の問題である。この問題の解決策として，いわゆる外部補助の制度設計[77]が考えられる。1つは，競争政策と両立させるため，この費用は政府の直接支出により負担すべきであるという見解である[78]。つまり，公益事業における回避できないユニバーサル・サービスの保障責任を政府に負わせるという方法である。しかし，この費用は巨額なので，この方法では，政府からの財源確保の問題に加え，補助を受ける企業が効率性を維持するようなシステムを設計する必要性が生じる[79]。例えば，中国において電力産業を経営している企業のほとんどは国有企業である。しかし，電力産業のユニバーサル・サービスの提供を保障するため，政府が巨額な資金の補助を提供しているが，経営企業と規制機関との間に情報の非対称性が存在するので，政府により提供された資金がどの程度合理的であるかが問題となる。提供された資金がユニバーサル・サービスを保障するために運用されるだけではなく，企業の利潤を保証することになると，企業が自ら積極的に効率性を改善するインセンティブが低くなると予想される。

もう1つは，業界企業から公平にユニバーサル・サービス費用を徴収する方法である[80]。政府が直接支出により負担する方法が国民から徴収した税金の使用と関わるので，新規参入企業を含めた産業内でユニバーサル・サービスを

---

77) 塩見・前掲注29) 29頁。
78) 滝川敏明「規制改革と競争政策」山本哲三・佐藤英善編著『ネットワーク産業の規制改革――欧米の経験から何を学ぶか』231頁（日本評論社，2001）。
79) 塩見・前掲注29) 29頁。
80) 滝川・前掲注78) 231頁。

維持するための仕組みを構築する方法は，次善の策として，検討すべきである[81]。具体的には，市場でサービスを提供する企業からの拠出金で基金を設立し，その基金からユニバーサル・サービスを提供する企業に補助金を支給する仕組みである[82]。また，この方法は既存の公益会社だけにユニバーサル・サービスを負担させることに比べて，競争政策上望ましい制度である[83]。

(4)　公企業に対する認識の新展開

　前述のように，伝統的な政府規制の根拠である公企業のメリットを重視する学説がある。しかし，公企業には，効率性が低い，技術革新をするインセンティブが欠乏している，政府財政の負担が増加するなどの欠点も存在している。また，公企業より高い効率性を有する民間企業が登場し拡大したことから，政府からの財政の補助および政策上の優遇を受けている公企業の存在がこれらの民間企業の参入を困難にさせるというデメリットが生じている。さらに，一定の独占力を持つ国有企業は自然独占産業などの公益事業を独占しているだけではなく，利益が見込める競争的産業にまで参入する例も多くみられた[84]。民間企業は，独占分野に参入できない上，競争分野への参入も困難になってしまう。

　したがって，中国においては，国有企業の存在の意義およびその機能を見直し，国有企業のメリットを客観的に評価すべきであるとの声が増えるようになった。非公有制経済を発展させ，民営企業の育成を促進するべきかどうかを巡って，「国進民退」（国有企業のシェア拡大，民営企業のシェア縮小する政策）と「国退民進」（「国進民退」と反対の政策）についての論争が始まった[85]。その中に

---

81)　塩見・前掲注 29)　29 頁。
82)　同上。
83)　滝川・前掲注 78)　231 頁。
84)　2009 年 4 月に改正郵政法が公布（10 月施行）されたが，この法律は国有企業である中国郵政集団公司にとって極めて有利なものとなったからである。改正法第 3 条によればユニバーサル・サービスは郵政企業（中国郵政集団公司）の独占とし，第 15 条では単位重量が 5 キログラムを超えない印刷物，単位重量が 10 キログラムを超えない小包の集配，郵便為替としている。改正郵政法の当初草案では印刷物について 500 グラム以下を専営とし，これが民営集配企業からの批判により 350 グラム以下に，改訂第 8 稿では 150 グラム以下となった。それにもかかわらず最後には 5 キログラムになってしまった。また，EMS（快速配達業務）に経営許可制が導入されたため，多くの民営 EMS 業者は交通運輸部の出した業務許可管理弁法に基づく厳しい許可条件をクリアしなければならなくなり，廃業する企業もみられる（（財）日中経済協会「日中経済交流 2009 年」第 5 節：産業政策とその他の政策・制度環境の変化，22 頁（2009））。
85)　日中経済協会・前掲注 84)　22-23 頁。

は,「国進民退」を批判する論調が増えたのは,

①　大型減税による内需刺激政策による余剰が国有企業に独占されている分野に多く配分されていること,

②　国有企業がその業務を拡大するため,大型の企業買収案件で民間企業を買収する例が目立ったこと,

③　産業振興策など政府の政策が国際競争力のある大企業育成を目指しており金融・財政・税制も国有企業に有利である一方,中小企業育成といってもその多くは地方の財政に依存するため資金が十分ではないので,民営企業の資金難が競争の公平性の問題として指摘されていること,

④　過剰生産・過剰能力の淘汰のため投資計画が認可されず,参入条件は引き上げられること,

⑤　民営企業が成長しようとすれば大手国有企業の資本参加を受けるなど傘下に入り間接的にでも国の支持を得なければならないこと,などが挙げられる[86]。

　以上のような公企業のデメリットについての認識を踏まえて,これを解決するため,2009年「経済体制改革工作の深化に関する意見」(2009年5月) は石油・鉄道・電力・電信・公共施設(上水道・下水処理など)への民間資本の参入を研究・奨励するとし,さらに,国家発展改革委員会は民間投資の健全な発展を奨励し導くことに関する意見を研究・起草し始めた[87]。電力の場合にも,国務院が「民間投資の健全な発展の奨励と誘導に関する若干の意見」(「国務院関与鼓励和引導民間投資健康発展的若干意見」)を公布した後,2012年6月14日に電力監管委員会が起草した「電力監管を強化し電力業界への民間資本の投資を支持する実施意見」(「加強電力監管支持民間資本投資電力的実施意見」)を発布して電力業界へのさらなる民間投資を奨励する一連の措置の概要を発表した。再生可能エネルギーの開発許可を求めるすべての投資家を平等に扱うとともに,民間電力プロジェクトの契約・所有権を保護し,送電線への接続も差別のないようにする方針を示した。

---

86)　同上。
87)　同上。

(5)　非経済的な要因との整合とバランス

　規制産業に対する競争政策の排除が必要な根拠として，すでに述べた非経済的要因も認識されていた。しかし，競争政策の排除によって非経済的な目標を実現できるという期待に対しては疑問が残された。政府の過剰規制によって，当初の目標を実現できないばかりか，逆に非効率的な結果をもたらす場合もある。例えば，電力産業のような社会安全と関連する産業に対して，非常に厳しい参入条件を定めて，高い基準を満たす個別的な独占企業のみの参入を認めるとすると，短期的にみれば電力の安定供給・環境保全に対して役に立つと思われるが，参入基準が厳し過ぎると，民間企業の参入が困難になるので，長期的な観点からみると，産業の効率性にも影響を与える。産業の非効率性によって生じた電気料金の高さ，サービスの悪さなどの問題が，結局，社会の安定に悪影響をもたらすことになる。

　一方，こうした非経済的な要因は，必ずしも競争政策と対立すべきではない。非経済的な要因に一定の合理性を認めるが，これらは，特定の産業形態ないしは産業組織としか整合的でないという性格のものではないので，そうした要請と矛盾しない，様々なタイプの参入，料金，供給義務等に関する経済的規制，もしくは，規制緩和が可能なことである[88]。

3　規制緩和期における政府規制の特徴
──競争政策との対立から接近へ

　規制産業における規制緩和の動きが徐々に注目されるにつれて，従前は競争に馴染まないとされていた産業にも競争の導入が検討されるようになり，学問的にも，従来の伝統的な政府規制について様々な観点から再検討が始まった。特に，伝統的な政府規制の存在の意義と必要性，および競争法適用除外について，再検討すべきとの声が強まった。

---

88)　伊藤・前掲注 19) 131 頁。

(1) 競争政策の観点からの政府規制の再認識

　一般的な認識としては，「市場の失敗」が生じた場合，競争法に基づく市場競争を維持・促進することができなくなるので，事業規制法に頼る他ない。要するに，規制産業とは，特定目的のために，競争法上は認められない競争制限行為を，特定の法令に基づいて正当化し，政府が公的に関与するというものである。競争政策の観点からいえば，政府規制は，政府など公的機関による競争制限を，特定の法令に基づいて行うものであり，競争制限を助長する方向を志向する[89]。また，政府規制は，政府が特定業種に対して，市場参入，設備，製品，数量，価格等に対する競争制限措置とその代償措置を併せ含むものである。ここで競争制限措置は，特定目的のために，市場参入，価格等に対して競争秩序維持に反する行為を，特定法令に基づいて行うものである。一方，競争制限措置の代償措置とは，独占形成に対して，その濫用を防止し，独占利益の社会的実現のために行う料金規制，供給義務付けなどの措置である。つまり，公益産業に対して参入規制などにより1つまたは複数の公益企業の独占地位が認められるが，その反面，これらの企業がその独占力を濫用し，需要家を不当に害することによって，独占利潤が発生することは効率性，公平な分配双方の観点から望ましくないので，そのような独占の弊害を除去することを目的とする独占濫用を防止する公権力の介入が採られていた[90]。

　この考え方は，伝統的な政府規制についての考え方に比べて，競争政策の観点から，政府規制の存在意義を分析し始めた点に特徴がある。政府規制と競争政策を分離して検討するのではなく，競争政策上の役割も考慮して政府規制について再認識するようになった。

(2) 政府規制と競争政策との関係の再認識

　技術的進歩および競争的環境の進展により，自然独占の概念が部分的に陳腐化し，政府規制の緩和ないし競争政策の導入が可能かどうかにつき，電力産業を含めて自然独占産業の全体を巡る規制と競争の役割の再検討が行われた[91]。

89)　丹宗昭信「政府規制産業と競争政策」『政府規制産業と競争政策』経済法学会年報第2号14頁（有斐閣，1981）。
90)　井澤・前掲注23）128頁。
91)　佐々木弘「1980年代と公益事業研究」公益事業研究32巻3号43頁（1981）。

ア．政府規制と競争政策の目的の一致性

　政府規制が緩和される時期に，競争法の目的が検討され，政府規制と競争政策の関係が一層明確になった。

　丹宗教授によると，独占禁止法の目的は，第 1 次的目的と究極目的に分かれる。つまり，公正かつ自由な競争秩序の維持が独禁法の第 1 次的目的であり，公正かつ自由な競争（競争の結果企業の創意工夫が行われ，良質廉価の商品が供給されること）の結果もたらされる一般消費者の利益保護，国民経済の民主的で健全な発展（資源の最適配分，国民経済の効率性）ということが独禁法の究極目的である。一方，政府規制は，独占の弊害を防ぐ，国民経済の効率性，資源の最適配分，消費者の利益保護などの公共目的の達成をもその目的としている。両者の目的から分析すると，政府規制と競争政策は，究極目的は一致する。

　しかしながら，自然独占産業に対する政府規制が，政府による競争制限措置であるのに対して，独占禁止政策は，私企業による競争制限に対する公取委の禁止・抑制措置である。よって，両政策は，競争制限に関する点で共通であるが，規制手段という側面からみる限り，政府規制は，独禁法の競争維持とは反対方向を志向する[92]。したがって，自然独占産業に対する政府規制は，効率的資源配分，消費者利益保護という競争政策と同一の目的を達成するための異なる手段であるとされている[93]。

　「両者は同じ究極目的を実現するための異なる手段である」という考え方の趣旨によると，伝統的な政府規制は，競争政策と同じく，いわゆる独禁法の究極目的を実現するのである。ただ，独占を容認し，その対象措置として価格規制などを行っているという手段を採っている。規制産業に対する競争政策の実施は一般消費者に利益をもたらさず，かつ国民経済的にも不利益となるので，政府規制が競争政策の代替措置として取り入れられたと考えられるわけである[94]。丹宗教授は，政府規制の目的は，競争政策的観点からの評価を踏まえるべきであり，政府規制の最初の目的（競争政策と同じ究極目的）および期待された効果が得られなかった場合には，自然独占は常に当然適法なものと考える安

---

92)　丹宗・前掲注 89) 12 頁。
93)　同上 18 頁。
94)　同上 24 頁。

易な姿勢を反省し，政府規制の適否についても，経済の実体や規制手段の適否等を真摯に検討する必要があるとした[95]。

イ．競争の代用ないし代替物としての政府規制

前述の「政府規制と競争政策の目的の一致性」という考え方をより一層明確に競争政策の観点から指摘するのは，政府規制は「競争の代用ないし代替物である」という認識である。つまり，従来の公共企業規制は，競争の代替機能を果たすべく意図された「法的に容認された独占」企業に対する規制として把え直すことが必要である[96]。このような認識を踏まえて，立法化された競争制限・合理的な独占という性質を持つ政府規制が，その確立された時に期待していたものは何であるか，本来の目的および意義が何であるかといった問題について，再検討が始まった。

規制立法の制定時点においては，自然独占産業に対する政府規制は，その産業の独占的地位を認める一方，独占の弊害および非効率性を回避するためのものであるといえる。つまり，それらの産業は競争に馴染まないから，競争メカニズムと異なる手段による規制が必要だとされたのである。競争を実施することに比べて，政府規制を選択する方がより合理性があると考えられたため，政府規制そのものの存在の必要性が認められたのである。こうした政府規制は，規模の経済の見地から産出量に対して最も効率的な事業者を確保するような参入および投資規制であっても，投資に対する正常な報酬を支払うに足るだけの会計上の利潤を与える競争的な水準の料金規制であっても，企業の内部効率の最適性を確保する経営管理規制であっても，その目標は，「競争に対する満足のゆく代替機能を果たすべき」ことにあるので，競争の代用ないし代替物たりうるのである[97]。あるいは，こうした政府規制は競争政策の補完ないし代替措置であるともいえる。政府規制は，競争政策を補完して，市場構造に適しないものを競争政策の目的に諮って，全体として国民経済の効率的観点から運用しようとするものである。政府規制の実質とは，競争政策の観点からは競争政策の代替措置であり，国民経済の観点からは，市場構造の補完措置と解される[98]。

95) 同上。
96) 根岸哲「公的独占と独占禁止政策」『独占禁止法講座2』208頁（商事法務研究会，1976）。
97) 同上 220-221頁。
98) 丹宗・前掲注89）18頁。

　当初の規制目的が十分達成されるため，伝統的な政府規制のような手段を選択することに至った。しかし，規制の存在が，現実には，期待された目的と大きくかけ離れたものとなっていることや，規制産業は一般に非規制産業よりも経済的成果が劣ること等が明白になれば，独占容認の代償措置として採られた措置は当然，緩和されるか撤廃されて，競争政策に戻されるということにならざるを得ない[99]。また，もし市場における競争が十分に機能し，資源の最適配分，消費者の利益保護が達成される場合には，政府規制は不必要であり，市場競争に委ねる方がベターである[100]。つまり，そのような場合には，原点に戻って，競争メカニズムに委ねるべきである。

　政府規制が競争政策の代替物であるという位置づけが明確になれば，政府規制が果たすべき機能がより明確になると思われる。政府規制が競争政策の代替ないし補完措置としての機能を喪失した場合，それは単なる事業者の市場支配を擁護する機能に転化し，国民経済の健全な発展の観点からも消費者の利益保護の観点からも，その存在意義を失ったことになるからである[101]。元々，政府規制というのは，自然独占産業（公益事業）の独占（寡占）状態に事業者の独占力が濫用されないようにするためのもので，単に規制対象を保護育成するためのものではない[102]。

（3）　ま　と　め

ア．競争法の重視

　政府規制が緩和されるようになると，規制産業の経済実態などの変化によって，従来は競争法が適用できなかった分野にも，部分的に競争が導入され，競争法の適用が可能になる。従来競争法の適用除外として認識されていた規制産業における競争の果たす役割の重要性が認識されつつあり，競争法が以前より重視されてきたといえるであろう。

イ．政府規制に対する反省

　従来，素朴に「自然独占」産業であるとされてきた事業分野の商品・役務の

---

99)　同上 15 頁。
100)　同上 18 頁。
101)　同上 16 頁。
102)　厚谷襄児「独占禁止政策と公共料金」ジュリスト 335 号 42 頁（1965.12）。

供給事業が自然独占の要件を備えていると明確に認定することが困難な例が多くなりつつあり，自然独占に関する経済学上の理論および法制度の妥当性・有効性に関する再検討がなされつつある[103]。そのため，規制産業における政府規制について，競争政策の観点からの再検討が迫られ，自然独占は常に当然適法なものと考える安易な姿勢を改め，政府規制の適否についても，経済の実体や規制手段の妥当性等を真摯に検討する必要性があることが認識された。

ウ．政府規制は競争政策に親和力を示すこと

　競争の存在が認識されなかった時代には，そもそも政府規制と競争政策との関係が問題となる余地はなかった。しかし，市場原理導入の結果，既存事業者と新規参入者の規模の違いといった競争法の適用に当たり基本的な問題が認識されるようになった[104]。政府規制の再認識および競争政策が重視されるようになるにつれて，競争政策の実施を回避する要因は希薄化した。競争政策的観点から政府規制の存在の意義が見直されるようになり，政府規制が競争政策と対立するものではなく，政府規制と競争政策とに親和性を持たせる方向を指向するようになった。

　学界では，以前のように政府規制と競争政策を分けて考察するのではなく，両方の相互関係を重視するようになった。競争政策の観点から，政府の過剰規制を見直し，市場機能の強化を重視し，政府の産業活動への介入が許容されるのは，政府介入が行われていなければ資源配分・所得分配に歪みが生じる場合に限定されるべきであって，そうでない場合には自由な市場に委ねていくのが望ましいといえる[105]。経済社会の中で，競争政策および競争促進の考え方の重要性が強調されるようになり始めた。

---

103)　舟田・前掲注 45) 55 頁。
104)　友岡・前掲注 35) 20 頁。
105)　鶴田俊正「政府規制と競争政策——関係依存型社会からルール型社会への転換」公正取引 520 号 4-5 頁（1994)。

第4節　規制改革による政府規制の範囲の拡大

1　規制緩和から規制改革への進化

　現在では，政府規制においても，競争の重要性が重視されるようになった。従来は政府規制によって守られていた規制産業は，扉を開けて競争の嵐を受け入れなければならないことになった。規制緩和を通して，政府規制の重要性および必要性に対する疑問が生じたので，伝統的な政府規制の範囲が縮小する傾向がみられるようになった。しかし，政府規制が緩和されたのにとどまらず，様々な改革によって競争政策の観点から実施される措置も増加することになった。

　1980年代に登場した「規制緩和」という概念は，1990年代以降「規制改革」に次第に置き換えられつつある[106]。日本では，行政改革推進本部規制委員会が，1999年4月から，規制改革委員会と名称変更された。これをきっかけとして，規制改革という呼び方は，一般化した。新たな委員会の任務は，「規制改革，すなわち，規制の緩和，撤廃および事前規制型行政から事後チェック型行政に転換していくことに伴う新たなルールの創設，規制緩和の推進などに併せた競争政策の積極的な展開等について調査審議していくこと」と整理されている[107]。

　また，規制改革と規制緩和の違いは，① 規制改革が規制緩和より積極的に，規制の撤廃を視野に入れていること，② その結果として生ずる事後チェック型行政への転換に伴う新たなルール設定という形での，積極的な立法論を許容するものであること，③ 競争政策との結びつきがより一層強く意識されていること，の3点にあると整理される[108]。すなわち，「規制緩和」という用語は，

---

106)　川本明「日本の規制改革──展望と課題」山本哲三・佐藤英善編著『ネットワーク産業の規制改革──欧米の経験から何を学ぶか』44頁（日本評論社，2001）。
107)　来生新「公益事業の規制改革と競争改革」『公益事業の規制改革と競争政策』日本経済法学会年報第23号7頁（有斐閣，2002）。
108)　同上。

元々の政府規制の措置を緩和し，競争メカニズムに譲ることに力点を置く概念である。つまり，政府規制の役割を単に縮小するだけでよいことになる。これに対して，規制改革の方は，規制緩和より積極的な方向へ進む意味を含めて，競争政策の観点が働く傾向がある。政府改革は，合理性の乏しい参入規制・価格規制などの経済的規制を廃止することだけではなく，本来の規制ルールの中にある競争政策と相応しくない規定を改正したり，その中にも競争促進の理念を入れ，新たな規定を加えたりすることによって，積極的に規制産業により一層競争を促進させ，少なくとも活発な競争が実現するまでの間は競争法や事業法によって競争を促進する役割を担うことになった[109]。また，規制緩和の側面だけをみれば，政府の規模が小さくなるが，規制緩和から規制改革へ進化すると，増加された競争政策等に対応するため，市場を監視するための人員予算の割り当てなどが行われるので，必ずしも政府の規模が縮小するとは限らない[110]。とりわけ，「競争促進型の政府規制」という政府規制の登場によって，政府規制と競争法の関係が一層複雑になるといえる。

2 競争促進型の政府規制

伝統的な政府規制は，競争政策と無関係に競争政策分野へ進出したが，規制改革によって，政府規制は競争政策へ接近して，競争促進的規制も導入された。伝統的な政府規制と異なり，その内容についての区分も変わってきた。岸井教授の学説によると，政府規制は，市場の競争に対する関与の仕方に着目すれば，競争制限型の規制，競争促進型の規制および競争中立型の規制に区分することができる[111]。

具体的には，図1-1に示すように，競争制限型とは，需給調整型の参入規制や，原価主義に基づく料金認可制など，独占や競争制限を内容とするものが典型であるが，それ以外に許可制なども，実質的に競争制限的な機能を果たすことがある。競争促進型とは，略奪的・差別的な料金の変更命令制度や，不可欠

---

109) 川本・前掲注106）45頁。
110) 同上。
111) 岸井大太郎「政府規制と独占禁止法」『経済法講座2 独禁法の理論と展開1』372頁（三省堂，2002）。

図 1-1 政府規制

競争制限型	競争促進型	競争中立型
・参入規制 ・料金認可制 　など	・変更命令制 　度 ・不可欠施設 　の利用義務 　など	・資格要件の 　許可制・登 　録制 ・外部補助 　など

(出所) 岸井大太郎「政府規制と独占禁止法」『独禁法の理論と展開1』(三省堂, 2002) によって筆者作成。

施設の利用を義務づける回線接続制度や電力託送制度など，独禁法と共通する競争促進を内容とする規制である。また，競争中立型とは，客観的な資格要件による許可制・登録制や，外部補助によるユニバーサル・サービス基金など市場メカニズムを歪曲しにくい競争適合的な内容の規制を指す。

この説によると，政府規制は，以前のように単に競争制限措置とその代償措置とする位置づけにとどまるわけではなく，競争中立型ないし競争促進型の規制内容も取り入れたことになる。現状からみれば，政府規制は絶えず進化しているとみることができる。電力産業に対する政府規制の場合，競争法適用除外との位置づけから，規制緩和により除外条項が削除され，さらに競争政策の考え方から電力自由化・規制改革が行われるというように，規制目的および規制手法の両面で徐々に競争政策の領域に立ち入る方向に進化した。

3 「領域特定規制」

政府規制と競争政策の関係を検討する際に，よく検討される概念として，前述した「競争促進型の政府規制」の他に，「領域特定規制」(sector-specific regulation) もある。政府規制が規制改革と競争促進政策に転換するに伴い，政府規制の範囲および内容が変化し，競争促進型の政府規制と類似の概念として，「領域特定規制」が提出された[112]。領域特定規制とは，競争の促進と独占

112) OECD の競争法・競争政策委員会の報告書 (1999) で使われた。岸井大太郎「公益事業の規制改革と競争政策——領域特定規制と独占禁止法・公正取引委員会」日本経済法学会年報第 23 号 33 頁 (有斐閣, 2002)。

力の濫用抑止を目的とする，特定の事業領域に限定された特別規制を指す[113]。つまり，領域特定規制は明確に「競争の促進と独占力の濫用抑止を目的」としている。しかし，領域特定規制は，特定の規制分野に限る特別の規制ルールであるので，競争法のような領域横断的な規制と異なっている。また，競争法と比べて，領域特定規制は，主に，特定の規制産業における競争促進を目的としているが，消費者利益の保護などの社会的目的および技術面での規制なども定める場合もある[114]。ネットワークないし不可欠施設へのアクセスに関する規制，変更命令制度などによる料金・約款の規制，不可欠な施設部分の組織・機能の分離する構造的規制，事業者の市場での地位に着目した特別の行為規制が挙げられる[115]。

4 政府規制における事後規制手段の増加

従来，政府規制は事前規制を主な規制手段とする競争制限的事前規制体制であったが，現在，少なくとも一部では競争中立的ないし競争維持・促進的事後規制手段も用いられるようになった。電気事業法においては，電力産業の参入条件，技術標準に対して様々な事前規制を定めているが，料金・約款に関する事後的な変更命令制度が設けられている。この変更命令は，個々の事業者に対して事後的に発動される仕組みがとられている。

確かに，規制緩和ないし規制改革の進展につれて，以前のように政府がより幅広い経済活動に対して直接関与をする場面は減少した。事後の評価と監視を重視することで，不合理な政府規制を減少させる一方で，不利益を得た者に対して事後の救済を保障することもできると思われる。しかし，現在の政府規制において，とりわけ「競争促進」を目標とする事後的な政府規制の増加によって生じた「競争法との競合適用」の問題は無視できない。競争法は主に事後規制なので，同一の競争制限行為に対して，競争法が競争促進を目標とする政府規制とともに運用される場合が多くなる。例えば，日本の旧電気事業法第24

---

113) 同上。
114) 同上。
115) 同上38頁。

条の 3 の 5 に規制されている託送拒絶行為に対しては，独禁法上も私的独占または不公正な取引方法（単独の取引拒絶）の禁止に違反するものとして，排除措置を命じることができる。

第 5 節　小　　括

　以上述べたように，伝統的な政府規制は，規制緩和，規制改革を通して，政府規制と競争政策の規制の目的・内容や規制手法が競合ないし並行する側面が多くみられる。政府規制自体は，競争促進がその目的に加えられ，規制の内容および手段が少しずつ変化しつつある。したがって，競争政策と政府規制の二重規制が問題になり，これを調整するメカニズムが必要になってきているが，こうしたメカニズムの創設は容易なことではない。個々の規制産業の規制特性に基づいてケースバイケースで検討するほかない。

　また，競争促進的な規制内容を新設することの必要性および限界に対する疑問も生じる。例えば，領域特定規制については，これを設ける必要性自体を否定する考え方もある。しかし，一般競争法だけで競争促進を図ることは困難である場合，これを補完して競争の促進をするために，何らかの特別の規制を設けることが必要だとする点では，広範な一致がある [116]。また，両法が競合ないし並行適用があるという現実の下で，一方の存在の必要性があるか否かを検討する意義は乏しいであろう。むしろ，両法の相互関係を巡って生じる問題の解決を通じて，両法のそれぞれのメリットを発揮することが重要である。

　競争法の趣旨からすれば，規制機関と競争法の執行機関の役割分担，相互協力という問題を検討しなければならない。一般的な認識では，規制機関が，技術的側面や会計では専門性を有しているので，規制産業に対してより精細に規制することができる。しかし，競争促進のための新たな政府規制において，競争に対する影響の分析なども必要になるが，元の規制機関は，そのような経験を持っているとは限らない。さらに，規制機関と規制産業との密接な関係から

---

116)　同上 39 頁。

みれば，公平性・透明性の高いルールの設定と執行ができるのか等重要な課題がある。

　また，規制機関が新たな規制措置を設置する前に，法体系の整合性を守るため，競争法の執行機関の意見を参考にしながら，その規制の必要性と実施範囲などを検討すべきである。規制の中には，産業の競争を促進するために合理性が認められるものもあるが，当該規制の存続・拡大こそが規制産業自身の利益になるという側面はないわけではないであろう。本来必要ではない規制が行われたり，既得権維持のため必要な限度を超えた規制が意図的に実施されるおそれがある。したがって，その規制内容を常にチェックし，不要な規制を速やかに撤廃するための仕組みを組み込む必要があると思われる。

第2章
中国の電力産業における政府規制および市場化改革の試み

　中華人民共和国の建国以来，中国の電力産業は国家の基幹産業として，国家または政府によって完全に独占され，経営されていた。しかし，市場経済の発展を促進する政策が確立され，国内経済が急速に発展し，電力需要が増加するにつれて，電力産業に対する伝統的な経営モデルに対しては効率が低い等の弱点への批判が強まった。電力産業は国家の全体的な発展および国民の基本的な生活と非常に密接な関係があるため，電力産業の問題は経済問題だけではなく，様々な社会問題も誘発しうる。したがって，従来の電力産業の経営，または規制の体制は，いくつかの段階を経て，中国政府による電力産業の体制改革が始まった。また，当時イギリスなどの先進国で行われた電力産業の市場化改革が，非常に成功した例として参考にされた。

　本章では，まず，中国の電力産業の体制改革の背景および改革前の電力産業の発展状況を紹介して，電力産業の体制改革の歴史的経緯および市場化改革の進行状況を考察する。また，現在の中国の電力産業の市場参入状況，電力産業に対する政府規制の状況および事業規制法の規制体系を考察する。最後に，改革後の中国の電力産業における政府規制の問題点を指摘する上で，電力産業の市場化改革は，政府規制のみでは実現できないので，今後競争法をより一層重視すべきであるという私見を述べる。

第1節 電力体制改革前の規制状況およびその特徴

　中国の電力事業の起源は，清朝末期にまで遡ることができる。1882年7月26日に，外国資本が上海の共同租界に設立した上海電光公司が設置した「乍浦路火電廠」は中国初の火力発電所で，中国の電力工業の起源とされている。その後，イギリス，ベルギー，フランス，ドイツ，ロシア，日本などによって，天津，武漢，広州，青島，九龍，および東北の各地に，次々と多数の電力企業が設立された[117]。北京においても，1888年から1907年の約20年間に，西苑，頤和園，寧寿宮の3箇所に発電機3台（総容量50kW）が設置された[118]。しかし，全体的にみれば，この時期の電力産業の発展は極めて緩やかであった。中華人民共和国の建国（1949年）まで，つまり旧中国において電力産業は，地理的分布が不合理で東北地区および沿海にある少数の省・市に偏在し，発電速度は遅く，経営が分散していて，工業用電力の比重が極めて小さく，設備が古く技術が遅れているなどの重大な欠陥があった[119]といわれる。建国後，国民経済回復期に入ると，中国政府は電力産業の回復と改革の動きを強め，産業の潜在力を発揮し，給電活動の安全性を高めて，旧中国における電力工業の欠陥を克服するために一連の措置をとった[120]。本章では，中華人民共和国建国以後の電力産業の回復および発展の状況を，電力産業の経営方式および規制体制を基に，大きく3つの時期に分けて紹介する。

1　計画経済体制下の電力産業（1949 ～ 1978年）

　「改革開放」以前の中国は，旧ソ連から学んだ高度に集約的な計画経済を実行してきた。この計画経済体制の下で，中国の電力産業は主に以下のような4

---

117)　中華人民共和国国家統計局工業統計司（アジア経済研究所訳編）『中国の電力・石炭・紡織・製紙工業』1頁（1964）。
118)　海外電力調査会編著『中国の電力産業──大国の変貌する電力事情』40頁（オーム社，2006）。
119)　中華人民共和国国家統計局工業統計司・前掲注117）6-11頁。
120)　同上12頁。

つの時期を経て，戦争で混乱した状態から徐々に回復していった。

（1）　経済回復期の軍事統制の時期

1949 年中華人民共和国の建国後，中央政府には，貧困，インフレ，国家の生産減退，食糧不足など戦後の深刻な経済問題が立ちはだかったので，経済を回復することが国家の第 1 目標となった。当時の電力産業の経営者は国内資本家，外国資本など多様であったが，中央政府は，電力産業の国有化に向けた動きを開始した。

まず，官僚資本が所有していた電力企業を没収し，帝国主義列強が経営していた電力企業については国家（政府）による軍事管理が行われた [121]。また，中央政府の指導命令に基づき，電力産業・石炭産業・石油産業を一体化して統一管理・規制を行う燃料工業部を創設した。しかし，全国的にみれば，当時の電力産業において，政府の規制機関によって直接に管理されていた公司はまだ少なく，華北電業公司およびその傘下に属する北京・天津・唐山・察中分公司（「支店」を意味する），石家庄電灯公司，並びに太原電力公司の 3 つの電力公司だけであった。より広い地域における他の電力公司は各地に置かれる軍事管制委員会によって管理されていた。したがって，この時期には，電力産業を軍事統制するのが主な規制方法であった。

（2）　国営企業の形成および「政企合一」[122] の発端

1949 ～ 1952 年まで，各地の軍事管制委員会が管理していた電力公司が徐々に燃料工業部に移管された。さらに，燃料工業部は，設立された当初は主に石炭産業・石油産業の規制を所轄していたが，1950 年に電力産業に対する専門的な規制を行うために電力管理総局を設けた。電力管理総局は，全国に火力発電所，送変電設備を建設して，発電・送配電・小売のすべてを直接運営することになった。また，水力発電を発展させるため，電力管理総局と別に，水力発電工程局が設立された。さらに，全国を東北・華北・中南・西南・西北の

---

121)　同上。
122)　簡単にいうと，「政企合一」とは政府が行政機能と企業の経営活動を混合して行うことである。特に国有企業の場合に，政府は行政規制の機能を実施するとともに，国有企業の経営活動に対しても関与する。

5つの区域に区分して，相前後して電力産業管理局（「電業局」と略称する場合がある）が設立された。これらの広域の電力産業管理局は，中央レベルの電力管理総局に所属し，ここが統一管理していた。

電業局と電力管理総局は電力産業を監督・管理する行政機能を持つ一方，電力設備の所有・運転，電力の販売，電力産業に係る資産の管理等の企業機能も有する。つまり，この時期は，電力産業に対して，政府は「政企合一」と呼ばれる規制体制をとっていた。それに加え，電力産業における発電分野から小売分野に至るすべての分野が，国営事業として，完全に中央および各区域の政府規制機関によって，独占的かつ垂直一体的に運営されることになった。こうした経営方式・規制体系を維持するため，規制機関は，厳格な参入規制を行い，民間企業の参入活動を禁止していた。

一方，当時は，こうした規制体制の下で，電力産業の発展成果が注目されていた。ほとんどは工業生産と工業建設に向けられる電力供給であったが，1952年の電力供給量は，建国当初の1949年と比較して80％増加した[123]。また，1949～1952年の4年間に，供給された有効電力は200億kWh（電力工業の実家消費と損失電力を除く）であった[124]。中国政府が，建国以来，国家経済を1日でも早く回復するため，重工業を優先的に発展させる国策を採っていたことに関連すると考えられる。

(3) 電力需要量が急増する時代

中国は「第1次5カ年計画期（1953～1957年）」[125]において，国力を強めるため，重工業に重点を置いた経済発展政策を行ったため，電力需要量が急増した。しかし，厳格な参入規制が実施されていたため，国営企業が独占していた電力産業は，政府自身による発電所および電線網への投資に依存するほかなかった。このため，この時期においては，新たに増設された発電設備の容量中，公用発電所（電力工業に付属する一部の企業を含む）の容量は94.3％を占めたが，

---

123)　中華人民共和国国家統計局工業統計司・前掲注117) 16頁。
124)　同上。
125)　「5カ年計画」とは，中国の国家経済計画の一部分である。主に全国の重大な建設プロジェクト・生産性の分布と国民経済の発展の目的や方向などを計画する。中国では，1949～1952年の回復期と1963～1965年の国民経済の調整期間を除き，1953年から始められた第1次5カ年計画から現在まで第13次の5カ年改革期を迎えた。

企業の自家発電所の容量は 5.7 % に過ぎなかった [126]。公用発電所の容量中，中央発電所（電力工業部系統の発電所）の容量は 90 % を占めたが，地方の発電所の容量は 10 % にも達しなかった [127]。その結果，電力不足によって重大な停電事故が相次いで起こった。

　また，この時期に電力産業の規制機関に対しては，様々な変更が行われた。

ア．中央レベルの規制機関の調整

　1955 年 7 月に，第 1 期第 2 回全国人民代表大会の決議により，燃料工業部は廃止され，電力産業，石炭産業および石油産業の規制機関として，それぞれ電力工業部，石炭工業部，石油工業部が設立された。電力工業部は，燃料工業部の規制機能を受け継ぎ，相前後して電力設計局，基建工程管理局を設立した。また，水力発電建設総局が設立され，元水力発電工程局の機能を受け継いだ。

イ．中央レベルと地方レベルの規制機関の権限の調整

　電力産業を規制する権限の配分を巡って，中央政府と地方政府が様々な調整を行った。まず，電力管理総局とこれに所属する 5 つの区域電力産業管理局が廃止され，地方レベルのすべての電力工業が，新設された電力工業部（中央レベルの規制機関）によって，直接に管理されることになった。しかし，このように規制機関を中央レベルに集中させる規制の状態は，極めて特殊な規制体制と認識されていたので，1956 年までの一時的なものであった。その後，地方の省レベル（市，自治区を含める）の電力規制機関が徐々に完備され，中央政府が電力産業の規制を主導し，中央レベルと地方レベルの政府規制機関が共同して規制するシステムが形成されていった。

　また，1958 年，中国共産党は南寧会議で，電力産業における「水主火輔」（水力発電を主たる発電方式として，火力発電を従たる発電方式とすること）という長期的な建設方針を決定した。そして，水力発電をより一層発展させるため，水利部と電力工業部を統合して水利電力部を設立し，共同して電力産業を規制することになった。水利電力部は，省（市・自治区）を跨ぐ電網を有する京津唐電網と遼寧・吉林電網のみを管理して，省内に属する電力産業の規制は各省の政府規制機関に委ねた。各省内では，依然として垂直一体的な規制体制で

126）　中華人民共和国国家統計局工業統計司・前掲注 117) 26 頁。
127）　同上。

あった。

　しかしながら，各省が一定程度独自に規制する体制に対しては，省間の調整コストが高く，電力産業を全体的に統一して管理することが難しくなり，供給の安定性に対する懸念が生じるなどの様々な欠点が指摘された。こうした指摘を考慮して，中央政府は電力産業に対する規制権限を再度取り戻し，中央政府により統一して規制する体制を復活させた。

　また，1961年から1965年までの5年間で，東北・華東・中原・西北という4つの省を跨ぐ電業管理局が設置され，山西・内モンゴル・広東・四川・貴州・雲南・邯峰安などの省（市・自治区）レベルの電業管理局が設置された。全国に，京津唐・東北・華北・中原・西北の5つの電網管理システムが形成された。

　要するに，この時期の電力産業に対する規制の特徴は，規制の権限が中央政府に集中する状態から，地方各省の規制機関に分散する状態に変化したが，再度中央政府に集中する状態に戻るというように，地方政府と中央政府の間で往復したことである。

(4)　軍隊管理，権力下放から中央集権へ

　1966年から1977年にかけては「文化大革命」の時期であった。この時期は，電力産業に対する規制権限が，地方政府と中央政府の間で転々とした。

　1967年7月から水利電力部が軍隊によって所管され，すべての規制権限が地方政府に移管されることになった。また，電力管理局・電業局等の規制機関の権限が地方に移管されたこともあった。さらに，電力産業の設計院，研究機関なども地方政府の管理に委ねる状態になった。しかし，政府規制の混乱の下で，電力設備が破壊されたり，停電するような突発的事故が頻発したり，電力が不足するなどの事態が生じた。電力産業は深刻な状態に陥った。

　1975年頃になると，規制の混乱状態を治めるため，中央政府は省間を跨ぐ広域的な電網の管理権および広域的な電網の所在する各省の管理権を取り戻した。地方政府に分散する規制体制より，中央政府による区域ごとの統一規制の方が，電力産業の供給の安定性を保障するメリットがあると判断された。

2　改革前の電力産業における主な特徴と問題点

(1)　「政企合一」による規制機能と経営機能の混同

　元々，旧中国には私人が経営する民間電力企業および外資系の電力企業が存在していたが，中国政府は，中華人民共和国の建国初期から，政治的手段などを利用して，これらの電力企業の所有権を奪い，電力企業の所有者または経営者になった。また，中国政府はすべての電力企業に対して統一的な電力価格を設定し，統一の送電網を設立した。こうして電力会社は国営・公私合営化されて，政府主導の一元的管理体制が実現した。「政企合一」による政府の規制機能と企業の経営機能は区別されずに，政府は規制機関として監督・管理機能を実施しながら，経営者として電力産業を経営していた。

　政府により電力産業を経営し，自ら監督・管理するするモデルを選択した理由として，以下のようなものが挙げられている。戦後の回復期において，先進国にキャッチアップするため，重工業を優先的に発展させるという成長戦略が採られていたので，政府主導で電力産業に対する規制を行うことが当然とされていた。当時は，中国共産党機関紙『人民日報』（1968 年 1 月 11 日号）に掲載された「"自由市場"は人を殺して血を流すところを見せない包丁である」[128] という文章に象徴されるように，「自由市場」を徹底的に排斥・批判・恐怖する時期であった。とりわけ，高度な技術と巨額の資金が必要であり，社会経済の安定および安全に密接な関係を持つ電力産業を，市場に任せることなど想像できないことであった。したがって，電力産業に対して，中国政府は，発電，送電，配電および小売のすべての分野に直接投資し，独占的に経営するモデルを選択したのである。

(2)　問　題　点

　電力産業は，完全な国営事業であり，その成長は中央政府の財政支出に依存していた。「全面的国有化」および「国家独占」の下で垂直一体化という経営

---

128)　原文は，「自由市場是杀人不见血的屠刀」である。

　方式は，建国後の経済要因と政治要因を考慮に入れれば，ある程度，合理性と優越性があると認識されていたので，電力産業の発電・送配電・小売分野のすべてが政府によって経営されていた。政府の資金を基礎の薄弱な電力産業に対して投資することは，電力産業の発展の促進に効果的であった。一方，こうした規制・経営モデルが採られた結果，以下のような問題が生じた。

　①　「政企合一」の規制体制の下，電力企業の建設・企業管理者の選任・企業の運営資金の調達と運用・電気料金の設定・企業の利潤などが，政府によって統一的に実施されていた。電力企業が経営の自主性を失い，効率性が低く，技術革新のインセンティブが乏しかった。

　②　その一方，電力企業の投資，経営のリスクと損失も政府財政が負担していたので，民間の投資が進まず投資不足が生じた。その結果，電力供給の不足および電網施設への投資不足という問題が深刻になり，国家の経済の発展および国民の生活に大きな影響を与えた。

　③　自由市場を重視せず，政府介入に基づき，または直接政府によって経営が行われた結果，電力企業は市場において独占的な地位を得て，独占利潤を取得できることになった。電力産業と規制機関の間に緊密な関係が成立した。このような規制モデルは，電力産業のような国有企業のみで行われたのではなく，計画経済時期には，すべての企業は，独立の経営決定権を持っていない状況であったが，規制機関が規制者と経営者を兼ねるモデルは，後に電力産業において顕在化した「行政独占」の問題につながっていった。

　また，電力企業の規制機関は，電力産業を管理・規制する行政職能を行使しながら，一方で企業としての経営職能も有し，行政権限の行使を通じて直接企業をコントロールしていた。このような規制体制の下では，企業と規制機関の利益が一致し，規制機関が公平かつ有効に規制機能を実現できなくなることから，厳密にいえば真の「規制」とはいえない[129]という批判がある。

---

129)　楊鳳『経済転軌与中国電力監管体制建構』121頁（中国社会科学出版社，2009）。

第 2 節　中央政府による完全独占体制から競争の導入へ

　計画経済が行われていた時期は，電力産業の参入に厳しい規制がなされていたため，電力産業の設備および送配電線への投資は政府のみが行って，地方政府，民間資本および外国資本が電力産業に参入することは極めて困難であった。ところが中央政府の資金不足などが原因で，電力の低効率・供給不足が深刻化し，国民経済と国民生活に大きな影響を与えた。一方で，1978 年中国共産党の第 11 期三中全会以降，「改革開放」政策が確立され，自由市場に対する認識が変化し，経済が急成長したことから電力の需要も急激な伸びをみせた。このような背景の下で，中国の電力産業の従来の規制体制を改革しなければならないという声が次第に強くなっていた。

1　第 1 回電力体制改革（1978 〜 1985 年）

(1)　主な改革措置

　この時期は，広東，内モンゴルおよびチベットの 3 つの省（自治区）[130] の電力産業が地方政府によって規制されていたが，それ以外の省（直轄市・自治区）では，中央政府による統一した規制が行われていた。発電分野への投資主体の多元化を促進し，全国の発電規模を拡大するため，第 1 回電力体制改革が始まった。1985 年から，政府は国民から投資資金を募集することを重視するようになり，これを基に電力事業を発展させる政策を打ち出した。

　まず，「発電所は皆が，電線は国家が所有」という指導方針を公表した。厳しい参入禁止規制が行われた時期に比べて，発電分野は一定の範囲で開放された。中央政府は，地方政府および所属部門，国内外の事業者が，積極的に発電分野に投資することを奨励し，発電分野に対する投資主体の多元化を促進した [131]。1985 年，中国初の中央政府（水電部）と地方政府の共同投資による発

---

[130]　1988 年 4 月に海南省が成立されたことから，以上の 3 つの省（自治区）に加えて全国では地方政府によって電力産業を規制している省（自治区）は 4 つになった。

電所である「山東省龍口発電所」[132) が発電事業を開始した。これが中国の電
力産業における投資体制の改革第一歩といわれている[133)。また，1984 年に，
広東省政府と深圳市政府は，香港の Hopewell Holding Limited（香港合和電
力公司）との共同出資により，中国最初の合資 IPP 発電所――「沙角 B 電廠」
（火力発電工場）を建設し，1987 年から発電所を稼働した。

　また，地方政府，政府部門および民間企業が発電所を建設するインセンティ
ブを促進するため，規制機関は電気料金規制に対しても様々な調整を行った。
1985 年 5 月に，国家経済委員会・国家計画委員会・水利電力部・国家物価局
により制定された「発電投資を奨励し多様な電気料金を実施することに関する
暫定規定」[134) は，従来の単一的な電気料金を決定する方式に代えて，発電燃料
の種類と価格または，電線網の使用のピーク期とアイドル期，水力発電の豊水
期と枯水期など，異なる発電状況に応じて電気料金を設定できることにした。
また，共同出資または外資を利用する場合，利息をつけて元金を返済する方法
で投資のインセンティブを高めた。

(2) 改革の成果とその問題点

　発電分野の投資主体が多元化した結果，地方政府，民間または外国から様々
な資金を調達できるようになり，電力不足の緩和の対策として有効であった。
また，電力産業に対する規制機関および規制権限については，各省（自治区・
直轄市）の所管内の発電分野の参入に対する規制権限を中央政府および中央レ
ベルの各部・委のみが有する体制に代えて，各省（自治区・直轄市）の地方政
府（および所属部門）に「下放」した。中央政府および中央レベルの各部・委
が中心となって，各レベルの地方政府とともに全国の電力産業を規制する体制
になった。

---

131)　『中国基礎施設産業政府監管体制改革研究報告』58 頁（中国財政経済出版社，2002）。
132)　当時，龍口発電所を建設するために，水電部は 0.6 億元の発電設備を投資して，地方政
　　　府は 1.45 億元の工程建設を投資した。現在は，「山東省百年電力発展股份有限公司」に名前
　　　が変わった。中国が国有企業に対する公司体制改革を行ったことにより，2000 年 10 月 30
　　　日に，新たに登録された企業である。
133)　黄少中「中国電価改革回顧与展望――献給改革開放三十周年」価格理論与実践第 5 期
　　　11 頁（2009）。
134)　「国務院批転国家経委等部門《関于鼓励集資弁電和実行多種電価的暫行規定》的通知」
　　　中華人民共和国国務院公報第 17 期 531-534 頁（1985）。

　しかし，電力産業の発電分野だけではなく，電力産業全体での投資主体と経営主体は，依然として電網地域・省の電力規制機関である電力局であった。このことは，「政企合一」のような規制権限と経営権限が混在している方式は変わっていなかったことを意味する。また，発電分野の参入規制権限が地方政府に下放されたので，地方政府は一定の規制権限を有することになった。電力不足を解決するため，中央政府と地方政府および政府部門が主導して様々な「行政性公司」が設立された。

　「行政性公司」とは，政府等が特定の産業分野において設立した「事業経営機能」と「事業規制（行政管理）機能」を一体化して実施している公司（会社）のことを意味して [135]，「政企合一」の時期に多数存在していた。これらの行政性公司は，政府と企業のそれぞれの機能を曖昧にして，一般的な私人の事業者と比べて，規制機関と緊密なつながりを持っているので，規制機関の具体的な規制命令・指示を左右したり，行政的な特権を与えられたりすることがある。中国では行政性公司が反壟断法で禁止されている「業種独占」にあたるとして，広く批判されている。

　また，この時期に行われた電力改革のきっかけは電力産業の供給の不足を解決することであった。改革の措置は，電力の供給不足を解決するための手段にとどまって，電力市場に競争を導入して，独占体制を打破することを目標としていたわけではなかった [136]。

2　第2回電力体制改革（1987 〜 2002 年）

(1)　主な改革措置——「政企分離」[137]

　「政企合一」の経営方式の下で，電力事業者は実際には規制機関の行政権力を利用して経営を続けていた。しかし，事業者と規制機関の区分が明確とはいえないので，規制機関が事業法を通して当該産業あるいは産業部門の利益を優

---

135)　王暁曄『反壟断法』288 頁（法律出版社，2011）。
136)　唐昭霞『中国電力市場結構規制改革研究』110 頁（西南財経大学出版社，2011）。
137)　「政企分離」といえば，主に2つの種類の分離を含めている。「政府と企業の職能の分離」と「政府と企業の組織体制の分離」である。葉栄泗「電力行業政企分開之路」中国電力報（第4版）（2009.1）。

遇する場合が多く，結局，産業保護の下で全国の電力産業が効率性を欠く状態に陥った。中国政府は，「政企合一」の経営方式を見直す必要があると認識した。これを解決するために，1987 年 7 月に，国務院が全国電力体制改革会議において「政・企分離，省が主体¹³⁸⁾，電網融合，統一調達，投資集中」¹³⁹⁾という電力改革の方針を示した。第 1 回電力改革と比べて，今回の改革には政府は電力産業の「政企合一」の規制体制を改革することに重点を置いた。

この方針の下，主に以下のような改革措置が行われた。

① 1993 年 1 月，国務院の承認の下，能源部は電力聯合公司を「電力集団公司」に再編して，全国において華北，東北，華東，華中，西北という「5 つの電力集団公司」を設立した。

② 1996 年，国務院が行政規制機関から独立する「国家電力公司」を設立することを決定した。国家電力公司は，政府の授権によって設立された投資主体および資金を運営する機関であり，区域を跨ぐ送配電線網を経営する事業者であり，かつ統一して国家電網を管理する企業法人であって，行政規制の権限は持たないものと位置付けられた。

③ 1998 年 3 月 10 日に，第 9 期全国人民代表大会第 1 回会議で国務院の「機構改革方案」¹⁴⁰⁾が承認されたため，1993 年に設立された電力工業部が廃止された。そして，電力工業部の職能を分離して，「電力産業に対する規制の行政職能」を「国家経済貿易委員会」に，「電力業界の事業者に対する管理する職能」を「中国電力企業聯合会」¹⁴¹⁾に，「電力企業の経営権」を「国家電力公司」にそれぞれ移管した。その結果，規制機関が直接電力事業を経営する体制（「政企合一」）には終止符が打たれた。これにより少なくとも中央レベルでは「政企分離」¹⁴²⁾が達成されたといえる。

---

138) つまり，中央政府が唯一の規制機関とする規制の仕組みに変わって，統一的な規制権限を分解して，各省（自治区，直轄市）が所管内の電力産業に対する規制権限を持つことになった。
139) 中国語では，「政企分開，省為主体，聯合電網，統一調度，集資弁電」である。
140) 「第 9 届全国人民代表大会第 1 次会議関与国務院機構改革方案的決定」中華人民共和国国務院公報第 9 期 404-407 頁（1998）。
141) 中国電力企業聯合会は，1988 年国務院の承認を得て設立された全国電力事業者の連盟であり，非営利的な経済団体である。
142) 「政企合一」の欠陥を改善するために，国有企業に対する政府規制機関の行政機能と企業自体の経営活動に対する関与を分離することである。

④　その後，「政企分離」を一層推進して，徹底的に実現させるため，1999年から，政府は省を跨ぐ広域的な電力管理局および省レベルの電力工業局の廃止を呼びかけた。2002 年 6 月に，最後の広域的な電力管理局——「華中電力局」が廃止されたことによって，広域的な規制レベルの「政企合一」の問題は基本的に解決された。

(2)　残された問題

国家電力公司は，従来の「行政性公司」のような規制機関と直接につながる性質を脱却し，「政企分離」により市場競争の原理を導入する第一歩を踏み出したとされている（図2-1）。しかしながら，国家電力公司と規制機関との関係は依然として緊密なままであるといわれている。国家電力公司を「国有企業」（中央政府に直属する企業「中央企業」のこと）とする性質は変わっていない。国家電力公司の企業の経営権は企業自身にあるが，企業の所有権は政府に所属している。したがって，国家電力公司が従来の「行政性公司」から現在の「国有企業」に変化したことによって，規制機関との「親子関係」が完全に断絶されたとはいえない。規制の独立性には依然として問題が存在している。

さらに，国家電力公司は，従来電力工業部が管理した電力企業および地方の電力企業をすべて受け継ぎ，全国の発電能力の半分以上と大部分の送電，配電線網を有する巨大な中央の独占企業になった。電力市場を垂直一体化した国有企業が独占していることが依然として深刻な問題となっている。例えば，1997 年末には，従来問題となっていた電力の供給不足が解消し，供給が需要を上回るところも出てきた。発電分野に参入することが促進されたので，各種の発電事業者は，積極的に発電している。しかし，垂直一体化の国家電力公司は，実際には自己の系列の発電事業者との取引を優先して，発電事業者間で差別をする場合もあった。

図 2-1　電力産業の「政企分離」（中央レベル）

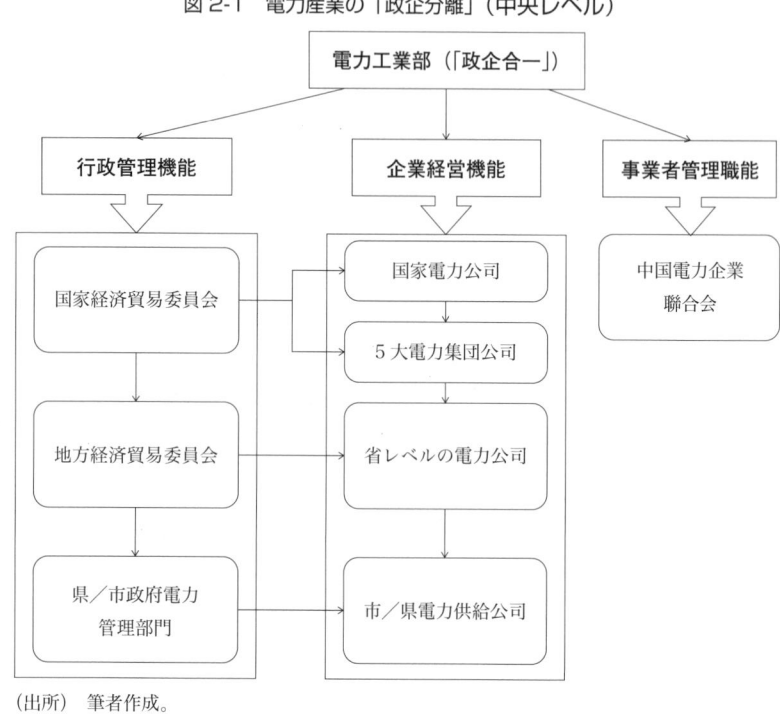

（出所）　筆者作成。

3　第 3 回電力体制改革（2002 ～ 2014 年）

　2001 ～ 2005 年の 5 年間の国家目標を定める「第 10 次 5 カ年計画」では，電力産業の発展を促進し，国民経済全体の競争力を高めるため，電力改革のさらなる加速と社会主義における市場経済に対応した体制が強調され，電力産業における市場メカニズムの機能が重視され始めた。

　2002 年 3 月に，国務院は，国家発展計画委員会により提出された「電力体制改革方案[143]」[144]（国発［2002］5 号，「5 号文件」と通称される）を採択した。

---

[143]　ここでの「方案」は，法案ではない。法レベルのものではなく，電力改革の方向および政府の考え方を示す一種の指針・政策である。
[144]　当該方案の原文については，「国務院関与印発電力体制改革方案的通知」『中国水利』B 刊 80-82 頁（2003.10）を参照。1998 年 12 月から当該電力体制改革方案を検討し始めた。

当該方案では，当時中国の電力産業においては，主に「独占的経営体制」「省際における市場の閉鎖」および「規制の不合理性」という 3 つの問題が生じていると分析されている [145]。

こうした問題点を解決するため，今回の電力体制改革の基本的な目標として，「独占体制を打破し，競争を導入して，効率を引き上げ，コストを低減させ，電気料金の形成の健全化，資源配分の改善，電力産業を促進して，全国範囲での融通を促進して，政府規制の下での政企分離，開放的かつ順序よく・順調に発展する電力市場体系を構築する」[146] ことが掲げられた。また，改革の主要な任務は「発電と送電を分離し，発電企業と電網企業を再編すること，競価上網 [147] を行って，電力市場運行規則と政府監管体系を確立し，競争・開放的な区域電力市場を設け，新たな電気料金規制を実行すること，発電する際の排出物の価格を適正に評価して，再生エネルギーを発展させる新体制を形成すること，発電企業が大口需要家に直接に売電する実験を展開して，電網企業が独占的に電力を購入する現状を改善すること，引き続いて農村における電力管理体制の改革を推進すること」[148] と策定されている。

前回の電力改革と比べて，今回の電力体制改革の特徴は，独占の弊害を重視しながら，自由かつ開放的な電力市場を育成することを目指すことである。中国の電力体制改革が，市場化の方向に向かって新たな段階に入った。

---

145)　「電力体制改革方案」第 1 (2)。
146)　「電力体制改革方案」第 2 (5) によると，「改革的総体目標是：打破壟断，引入競争，提高効率，降低成本，健全電価机制，優化資源配置，促進電力発展，推進全国聯網，構建政府監管下的政企分開，公平競争，開放有序，健康発展的電力市場体系」。
147)　競争価格で電網会社に電力を卸売りするということである。
148)　「電力体制改革方案」第 2 (6) によると，「改革的主要任務是：実施廠網分開，重組発電和電網企業；実行競価上網，建立電力市場運行規則和政府監管体系，初歩建立競争，開放的区域電力市場，実行新的電価机制；制定発電排放的環保折价標準，形成激励清潔電源発展的新机制；開展発電企業向大用戸直接供電的試点工作，改変電網企業独家購買電力的格局；継続推進農村電力管理体制的改革」。

(1)　主な改革措置

ア．発送電分離および独占企業の解体

当該改革方案によって，従来から発・送・配・小売分野を垂直一体で経営していた国家電力公司を，5つの国有発電会社[149]（華能・大唐・華電・国電・電力投資集団公司）と，2つの国有電網会社（国家電網公司・南方電網公司）に解体した。当時，5つの発電会社は全発電設備容量の約50%を占めていた[150]が，改革方案によると，各発電企業は，各自の電力市場における市場シェアが原則として20%を超えてはならないとされている。このような人為的に競争主体を制限する措置は，5社による競争が可能なメカニズムを構築することを目指すものである。

一方，送電部門の2つの電網会社は，全国をいくつかの区域に分割して，子会社（全額出資子会社・国有独資会社）を設立した。具体的には，国家電網公司の傘下として，華北（北京，天津，河北，山西，内モンゴル（一部），山東を含む），東北（遼寧，吉林，黒龍江，内モンゴル東部を含む），西北（陝西，甘粛，青海，寧夏，新疆），華東（上海，江蘇，浙江，安徽，福建を含む），華中（江西，河南，湖北，湖南，重慶，四川を含む）という5つの区域電網公司が設立された。また，チベット電網については国家電網公司が代行管理することになった。南方電網公司の管轄区域は，国家電力公司の管轄外であった広東省，海南省，雲南省，貴州省，広西チワン自治区を含む区域内の電線網を経営する。

そのうち，国家電網公司は，主に各区域電力網間の電力融通・取引，調達指令および区域を跨ぐ電網への投資・建設を担当する。国家電網公司の傘下の区域電網公司は，地方における多くの省，市または区に，自己が所属する分公司（法人格のない支社）または子会社を設立している。すなわち，中央から地方への3つのレベルの「分権的管理」を行っている。各区域電網公司は，自己の区域内の電網設備を管理して，電力の安定供給の保障，区域電力網の拡充計画，区域電力市場の育成，電力指令取引センターの管理，市場規則に応じた給電指

---

149)　これらの5社の発電集団が設立された際に，2000年の財務決算状況を根拠として，各社が持っている資産の質と規模は大きな差はなかったといわれている。また，各区域の電力市場における市場シェアが20%を超えてはいけないという原則を定めている。

150)　残る発電設備は，省の電力会社，外資および自家発電者等によって所有される。

図 2-2　発送電分離後の仕組み

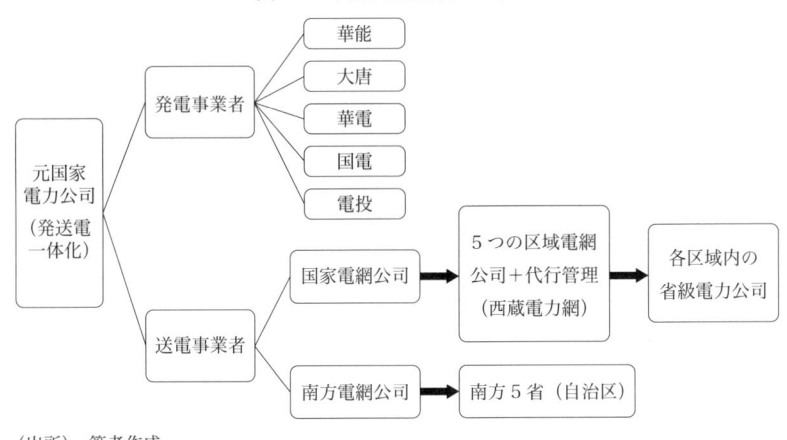

（出所）　筆者作成。

令を主な職務とする[151]。したがって，1 社独占していた国家電力公司が，発送電分離された後，図 2-2 のようになった。なお，分解されてきた発電，送電会社の所有権は依然として中国政府に属する。これらの国有公司の資産の運営および投資活動などが，国務院に所属する国有資産監督管理委員会によって管理，監督されている。

イ．主業と補助事業[152] の分離

2002 年から始まった電力体制改革の当初には，「主業と補助事業の分離」の改革，すなわち，国家電力公司の傘下における発電所の設計，建設，修理工事などの補助事業を，送配電企業と分離し，これらの補助事業を経営する会社を別に設立して，市場競争を導入することを目指すことが明確にされていた。

「主業と補助事業の分離」の改革は現在まで 2 つの段階を経たといえる。具

---

151)　海外電力調査会『中国の電力産業——大国の変貌する電力事情』50 頁（オーム社，2006）。

152)　「電力体制改革方案」の 3 （13）によると，電網企業における主業事業は，電網経営業務であるが，補助企業は主に電力設計，建設，工事などを行う企業である。しかし，補助業務を区分する基準については利害関係者と学者の間に見解の相違がある。例えば，国家電網公司は「技術性と専門性の高い，主業に従属する送配電企業および電力設計院などが電網企業に保留されるべきである。他の技術性と専門性の低い，市場で当該役務をもらえる業務を電網公司から分離することができる」と主張したが，厦門大学中国能源経済研究中心主任林柏強教授は電網企業の補助業務が独占を生じるかどうかによって主業と補助事業を区分すべきであるとしている。呉杰・薛飛「電網主補分離破氷前行」国企第 3 期 82 頁（2011）。

体的には，第1段階では，国家電力公司に直属する補助事業が中国水利水電建設集団公司（ダム・発電所の建設工事を受け持つ会社），中国水電工程顧問集団公司（水力発電所の設計関係業務を担当する会社），中国葛洲壩集団公司（長江中流部にある葛洲壩発電所の管理・運営を行う会社），中国電力工程顧問集団公司（火力発電所の設計関係業務を行う会社）という4つの補助事業会社（国有企業）に再編成された。第1段階では，主業と補助事業の分離がまだ徹底されていなかった。その後，分離作業が一時中断した。

8年後に電力産業の主補分離についての改革が再開された。具体的な分離方案は2004年から2010年まで2度にわたり先送り[153]をされた後，2011年の年初に，国務院に認められ，第2段階の主補分離が始まった。2011年9月29日に，第1段階で電網会社から分離された4つの補助事業会社は，電力設計・工事を経営していた国有企業の4社と「中国電力建設集団有限公司」と「中国能源建設集団有限公司」に統合された。

しかしながら，専門家の間や学界では，今回の分離改革にはあまり肯定的でない見解が有力である。具体的には，補助事業市場が，統合された補助事業を経営する2社の寡占状態に陥る可能性があるという問題がある。そして，2社の寡占状態となった場合，送配電企業の独占という問題が依然として残るとともに，新たに設立された大規模な補助事業グループによる寡占という別の問題が生じる可能性があるという懸念がある。以上のような改革措置は2002年に確定された「独占体制を打破，競争を導入する」という電力改革の目的と一致していないのではないかという評価がある[154]。

ウ．小売分野における大口需要家の直接購入の試み

2002年の「電力体制改革方案」（5号文件）においては，電気料金の旧体制を改革するため，一定の条件を満たす地域で，発電事業者と一部の高圧需要家または大量の電力を使用する需要家および配電事業者が発電事業者と直接に電

---

153) 2004年，国家電力改革リーダーチームが主補分離改革方案を提出したが，当時中国における「電荒」（電力不足）状況が深刻なので，方案の通過が先送りにされた。2007年国務院国有資本監督管理委員会が新たに改革方案を作成したが，2008年に突然な豪雨と大雪災害が発生したため，2大電網会社（国家電網会社と南方電網会社）は補助事業の範囲を再画定すべきだと主張した。したがって，この方案は再度先送りとなった。呉ほか・前掲注152) 81頁。

154) 「経済観察報」第1版（2011.6.6）。廈門大学中国能源経済研究中心主任林柏強教授。

力取引を行う目標が掲げられている。また,「電気料金改革方案」[155]（「電価改革方案」国弁発［2003］62 号」）の 2 の (4) には，条件を満たす区域に合理的な送配電料金を設定する上で，一部の高圧需要家または大量の電気を使う需要家が発電事業者から直接に電力を購入する仕組みを試行することを電気料金改革の目標の 1 つとして掲げている。さらに，競争メカニズムを小売分野に導入するため，2004 年 4 月に，電力監管委員会は,「電力需要家の発電企業からの電力直接購入試点暫定弁法[156]」[157]（電監輸電［2004］17 号）を公布した。当該弁法によると，一部の高圧需要家または大量の電力を使用する企業は「大口需要家」として，発電会社から電力を直接に購入できることになった。また，2009 年，国家電力監管委員会，国家発展改革委員会および国家能源局は共同で「電力需要家の発電企業と直接取引試点に関する問題の通知」（電監市場［2009］20 号）を公布して，大口需要家に対する直接購入制度の試行について詳しい事項を規定している。その内容は以下のとおりである。

　まず,「大口需要家」の範囲を確定する内容である。こうした改革措置はまだ試行の段階にとどまり，全面的に展開されていないので，当初は,「大口需要家」について明確かつ統一的な定義または基準は定められていなかった。一般的な基準としては，皮相電力が 315kVA 以上かつ需要家の受電電圧が 10kV 以上の企業は「大口需要家」（独立的な配電事業者も含んでいる）に該当するとされていた[158]。しかし，2009 年，国家電力監管委員会，国家発展改革委員会および国家能源局は共同で「電力需要家の発電企業と直接取引試点に関する問題の通知」（電監市場［2009］20 号）を公布し，これにより，試行に参加できる大口需要家は充電電圧 110kV（中国の東北地方 66kV）以上でかつ国家産業政策に合致するという基準が暫定的に決められた[159]。

---

155)　方案の原文は「電価改革方案」小水電第 5 期 1-4 頁（2003）で掲載されている。

156)　中国法の「弁法」は日本語では「規則」と訳される場合が多いが，中国法にも「規則」という用語が存在し，「弁法」と「規則」はニュアンスが多少異なるので，混乱を避けるため，そのまま「弁法」と訳した。ここでの「弁法」とは，国務院の部門と委員会による発布した規則を意味する。

157)　「電監会印発電力用戸向発電企業直接購電試点暫行弁法」広西電業第 6 期 10-11 頁（2004）。

158)　『電力監管年度報告』7 頁（2011 年）。丁楽群・黄興・柳艶青・路暁明「大用戸直購電中大用戸的概念及範囲界定」華中電力第 20 巻第 3 期 29 頁（2007）。

159)　「電力需要家の発電企業と直接取引試点に関する問題の通知」（電監市場［2009］20 号）第 1 条市場準入条件（市場参入条件のこと）の (2)。

　また，参加者間の相互関係は相対契約の締結を通して定められる。試行を行う大口需要家は，発電事業者と電網事業者とそれぞれ「直接購入契約」および「託送契約」を締結して，供給条件，供給量，電気料金，争議の解決方法等を合意することができる。その際に，送配電会社は，発電会社から大口需要家に電力を送る媒介物としての役割を果たしている。

　さらに，送配電企業に対する規制と送配電企業の託送義務を定めている。送配電事業者は電網を開放して，送電線網の輸送能力，輸送方式および安全性の要求を満たす場合，託送供給を提供するよう義務付けられている[160]。また，託送料金（送配電ネットワーク利用料ともいえる）は算定方法[161]に基づき，政府価格規制部門（国家発展改革委員会）によって規制されている。

　こうした試行制度は，これまでの送配電会社が独占してきた小売市場に，市場競争原理を導入することを狙っている。吉林，広東両省では2005年から試験的に導入されており，今後は試行地域を拡大する方針で，2011年末まで，全国5つの省・自治区・直轄市の総計15社（中鋼集団吉林炭素股份有限公司，遼寧撫順アルミ工場，安徽銅陵有色金属集団控股有限公司，広東台山市の6社，福建省の6社[162]）が名乗りを上げた。

工．電力監管委員会の設立

　電力産業の改革により，電力規制機関は「政企分離」の実施を通して，電力産業の経営機能を分離した。しかし，改革後の電力産業における事業者の大半は国有企業であるので，企業の経営活動，投資・建設計画，または人事の選任などに従来の規制機関が関与している。多くの国有系の電力産業は，従来の規制機関との間で緊密な関係を維持しているため，規制の独立性と透明性が乏しいといわれている。したがって，「政企分離」にとどまるのではなく，「政監分離」（従来の規制機関の行政管理機能と分離して，独立的な監管機関を設立することを指す）により，独立的な電力管理・監督機関を設立することが求められる。独立の規制機関の設立が電力産業の改革のもう1つの重要な改革措置として

160）「電力需要家の発電企業からの電力直接購入試点暫定弁法」（電監輸電［2004］17号）第9条。

161）　託送料金の具体的な算定方法は「電力需要家の発電企業からの電力直接購入試点暫定弁法」（電監輸電［2004］17号）の11および「電力需要家の発電企業と直接取引試点に関する問題の通知」（電監市場［2009］20号）の2（3）2によって規定されている。

162）　電力監管年度報告55頁（2011）。

行われた。

　電力監管委員会の設立は，2002年4月の国務院の「5号文件」によって決定された。2003年3月より委員会は正式に規制職務を開始した。また，2003年2月24日に国務院が公布した「国家電力監管委員会の職能の設置および人員の編成の規定に関する通知」[163]（国弁発［2003］7号）および2005年に頒布された「電力監管条例」[164]（中華人民共和国国務院令第432号）によると，電力監管委員会は国務院に直属する事業規制機関であり，独立して全国の電力産業を垂直的に規制する権限を有する。そうすると，電力産業の規制機関は，国家発展委員会の能源局と国家電力監管委員会とされた。国家発展委員会は電力政策の立案，大規模な発電所建設の認可，小売電気料金の認可，小売電気料金の執行状況等といった業務を担当している。一方，国家電力監管委員会は電力会社を直接監督する部署として，電気事業の営業許可書の発行，電力取引市場運営の監督，電力監督管理の法律・法規の制定，電力市場運営規則の制定，国家電力発展計画の制定への参与，電力技術，安全，質および量の基準の制定および監督検査への参与，市場の状況を踏まえた価格主管部門に対する電気料金に係る提案，法に基づく電力市場・電力企業の違法調査，電力のユニバーサル・サービスの実施・監督管理等を行っている。

　また，2012年12月31日に，国家電力監管委員会は2012年から2017年にかけて電力関係法律・規定について制定・改正する予定を「電力監督・管理立法規画（2012～2017年）」として作成した。これによって，今後，「電力監督・管理法」「電力市場監督・管理条例」「送配電監督・管理条例」「電力建設監督・管理条例」が制定されるほか，「電力法」「電力施設保護条例」「電網配置管理条例」「電力供給・使用条例」の改正が行われる予定であることが明らかにされた。しかし，2013年3月，国務院は国家能源局，国家電力監管委員会の職責を整理・統合して，国家能源局を新たに組織して国家発展改革委員会が管理することとし，国家電力監管委員会は存続させなかった。

163）「国務院弁公庁関与印発国家電力監管委員会職能配置内設機構和人員編制規定的通知」
　　国務院公報7-8頁（2003.9）。
164）原文は，中国政府のホームページ http://www.gov.cn/zwgk/2005-05/23/content_272.htm
　　で参照できる。

(2)　今回の電力改革の問題点

ア．発送電分離の不徹底性

　2002年3月から実施された電力体制改革は，発送電分離という改革措置を通して送配電網のみを有する電網公司の設立を主な目標としていた。しかし，改革の当初は，従来国家電力公司に属していた発電資産が5大発電集団に配分されたが，920万kWの発電資産が「主補分離」の実施のため留保され，2つの送配電公司によって管理されていた。また，国家電網公司に647万kWの発電資産を配分した。これらの発電資産は，一時，国家電網公司によって運営されていたので，発送電分離の不徹底であるという問題が残されていた。その後，2006年国家電力監管委員会は，「電力資産財務の移転に関する問題の通知」に基づき，帰属に関する争いがあった資産（346億元）の帰属の問題を解決した。また，2007年に，国家電網公司によって管理されていた920万kWおよび国家電網公司に配分された647万kWの発電資産を現金化して，発送電分野の分離が実現された。

　しかし現在，国家電網公司がピーク対応用の発電所，一時的に管理している発電所，および約1,500万kWの装機容量を有しているので，実際上は分離が不徹底であるという懸念が残されている[165]。国家電網公司は，これらの発電資産および装機容量を有しているので，発電市場で一定の市場シェアを占めて，独立経営の発電事業者の市場シェアを超える場合もある[166]。発電分野における発電事業者と送配電分野の電網企業との間に一定の資本関係があるので，発送電分野が完全に分離されているとはいえないであろう。

　また，現実には，電網企業は，十分な電力供給能力を有する場合に，独立経営の発電事業者ではなく，自己と緊密な関係を有する発電事業者の方から電力を購入することが起こり得る。また，電網企業は，独立経営の発電事業者に対して，自己と緊密な関係を有する発電事業者より高く購入価格を設定したり，より厳しい取引条件を設定したりするなどの差別的な取引を行う場合があ

---

165)　唐昭霞『中国電力市場結構規制改革研究』117頁（西南財経大学出版社，2011）。
166)　例えば，電力資源が豊かな陝西省においては，発電能力を有する事業者の50％以上は，電網事業者と直接な資産関係あるいは従属関係を有している。独立的な発電事業者の市場シェアはただ30％を占めている。唐・前掲注165) 118頁。

る[167]。したがって，電網企業と緊密な関係を有する発電事業者が存在する以上，如何に独立的な発電事業者，外資系の発電事業者などの発電事業者がこれらの発電事業者と同じく公平に送配電線網を使うことを保障するかが問題となっている。

イ．電網企業が発電分野へ参入するインセンティブ

発送電分離後，電網企業は，利潤を最大化するため，送配電分野だけではなく，発電分野へ参入する高いインセンティブを有している。省レベルの電網企業または企業の職員は発電企業の株を持ったり，新たな発電所に投資したり，発電設備を購入したりすることにより，発電分野へ参入する場合がある。前述のように，電網企業と緊密な資産関係を持っている発電企業の存在は「発送電分離」という電力改革の目標と乖離して，発電事業者間の競争の公平性を損なうおそれがある。

また，国有電網企業の職員が発電企業へ投資することによって生じた発電事業者間の不公平の問題を解決するため，2008 年 1 月に，国務院国有資産監督管理委員会・国家発展改革委員会・財政部・国家電力監管委員会は，「電網企業の職員による発電企業の投資に対する規範意見」[168]（国資発改革［2008］28号）を公布して，電網企業の職員が発電企業への投資行為を監督することになり，禁止される投資行為を定めた[169]。

ウ．送配電線網への投資のインセンティブの不足

発送電分離の実施により，電網企業の送配電線への投資のインセンティブが低下したので，送配電網の輸送能力が低下しつつある。2002 年に始まった電力体制改革以降，送配電網への投資の年平均成長率は緩やかである[170]。近年，長距離高圧送電線（750kV）への投資は活発で，建設も進んでいるが，220kV以下の送電網の発展は緩やかである[171]。地方における配電線網に対する投資が不足している。送配電線網への投資不足という問題は，電力の供給量を制約して，電力供給の不足につながる一方，送配電設備の老朽化に伴う停電事故の原

---

167)　同上。
168)　原文は中国政府のホームページ http://www.gov.cn/zwgk/2008-03/21/content_925499.htm で参照できる。
169)　唐・前掲注 165) 118 頁。
170)　同上 120 頁。
171)　同上。

表 2-1　2011 年中国全国における 220kV 以上の電網の成長状況

電圧レベル (kV)	変電容量		送電網の長さ	
	変電容量 (万 kVA)	成長率 (%)	長さ (km)	成長率 (%)
1,000	1,200	—	1	—
750	1,660	− 13.54	2,740	− 38.99
500	5,765	− 39.28	7,297	− 4.04
330	606	− 36.88	835	− 50.85
220	11,675	− 13.12	23,160	− 5.47
合　計	20,906	− 19.01	35,071	− 21.59

（出所）　国家電力監管委員会「電力監管年度報告」86 頁（2011）。

因になるので，電力供給の安定性にも影響を与えている。これまで電源開発に重点が置かれ，送配電網の整備が遅れ気味であったため，送電容量が不足し，最大負荷の上昇に伴う区域内・外の電力取引量の増大に対応できず，系統運用に支障が生じ，電力の品質と供給信頼度に影響を及ぼしている[172]。

　その原因について主に以下のようなものが挙げられる。発送電分離した後，送配電分野の事業者は，発電事業の喪失によって収益が減少するので，送配電網への投資資金が少なくなり，金融機関だけに依存しなければならなくなる。電線網を建設するのは，十分な資金が必要である。また，送配電分野の投資を促進する合理的なメカニズムまたは政策がないので，電線網を建設するインセンティブが少ない。一方，前述のように，電網事業者は，自らの発電所を持っている。しかし，これらの発電所の大半は，東部沿海地域にあり，豊かな発電資源を有する広い西部地域における発電所より発電コストが高い。西部地域から安い電気を輸送して，東部地域に供給できればよいが，電網事業者は，東部地域の発電所の利益を守るため，西部地域の安い電気を排除して，自らの高い電気の独占市場を維持しようとしているので，結局，送配電線網を建設するインセンティブが失われた[173]（表 2-1 参照）。

---

172)　海外電力調査会編著『中国の電力産業——大国の変貌する電力事情』164 頁（オーム社，2006）。
173)　唐・前掲注 165) 123-124 頁。

4　第 4 回電力体制改革（2015 年〜現在）

　第 3 回電力改革は 2002 年始めてから様々な原因で 2013 年，2014 年になると一時停止の状態となってしまった。しかし，国内および国際形勢の変化につれ，電力産業は料金が高く，利用効率が低下し，環境汚染が深刻なことなど一系列な課題に面している。これらを解決するために，中国政府は 2014 年末から再び電力産業の市場化改革を検討し始めた。2015 年 3 月，中央政府の国務院は「電力体制改革の一層の深化に関する若干の意見」（中発［2015］9 号，「9 号文件」と通称される）[174] を公表し，電力産業の 4 回目の体制改革を始動させた。

　2002 年に公表された「5 号文件」に比べて，「9 号文件」は改革の方向に共通点があるが，今回の改革は電力産業における参入規制と価格規制および発電計画の緩和を通し，競争的な電力取引市場を創設することを主な目標としている。「三開放」「一独立」「三強化」とまとめられている。「三開放」とは，今まで推進されてきた「政企分離」「発送電分離」「主業と補助事業分離」をより一層補完させる上に，発電分野と売電分野の参入規制緩和，売電価格の規制緩和，公益性のあるピーク調整以外の発電計画の規制緩和である。「一独立」とは，公平，透明，効率的な運営規範を策定して，中立性の高い電力取引機構を創設することである。「三強化」とは，政府の監督機能のさらなる強化，開発発展の統一計画の強化，安全運営の強化である。すなわち，電力産業の発電分野と小売分野についての政府規制を緩和する一方，送配電分野の政府規制を強化する改革方針である。

　また，2015 年の「9 号文件」の改革方針を実行するため，同年 11 月 30 日に国家発展改革委員会国家能源局が「電力体制改革に関する附属文書」[175] として 6 つの具体的な附属文書を公表した。それは「送配電価格改革の推進に関する実施意見」[176]「電力市場建設に関する実施意見」[177]「電力取引機構の設

174)　中国語：中共中央　国務院「关于進一步深化電力体制改革的若干意見」（中発［2015］9 号）。
175)　中国語：国家発展改革委　国家能源局「关于印発電力体制改革配套文件的通知」（発改経体［2015］2752 号）。

立および規範化運営に関する実施意見」[178]「発電と電力需要計画の秩序ある自由化に関する実施意見」[179]「小売側改革の推進に関する実施意見」[180]「石炭自家発電所に対する監督管理の強化と規範化に関する指導意見」[181] である。これらの附属文書によると，今後中国の電力産業は以下のような改革措置を行う予定である。

送配電分野における料金規制を改革する。電網事業者の送配電料金は「事業者コスト＋収益」の原則に基づき算定される。そのうち事業者コストは，国家発展委員会が公表した「送配電定価コスト監審弁法」（発改価格［2015］1347号）に定める会計規則に基づき算定される。また，電網事業者の託送業務を考えて，託送料金を送配電料金と同じ原則で政府の規制によって設定すると定めている。

発電分野における電量供給バランスを維持するため，漸進的に従来の計画手段を変え，相対取引および電力取引市場を利用することに転換する。相対取引においては，一定の条件を満たす小売事業者・地方電網事業者が大口需要家と1年以上の契約を通して取引料金を決めることができる。また，発電市場の取引市場の創設について，現段階では，まずいくつかの地域で試行した上，電力供給バランスをとりながら，新たな取引方法と規則を模索していく方針である。しかし，居民・農業・重要な公共事業など公益性のある電力需要を保障するため，政府は引き続き計画の手段で調整する。また，再生エネルギー発電の市場参入を促進するため，規制機関は決定価格または入札価格で再生エネルギー発電の買取制度を設けている。

小売分野については，まず小売分野の参入規制を漸進的に緩和する。小売分野に対する投資主体の多元化を促進するため，電力取引市場の事業参加者は政府からの許可を要することなく，一定の資産条件を満たせば，電力取引センター（北京電力取引センターと広州電力取引センター）に認可されると，公示または信用承諾によって認められる。また，自ら送電線を持っていない小売事業

176) 「関与推進輸配電価改革的実施意見」。
177) 「関与推進電力市場建設的実施意見」。
178) 「関与電力交易機構組建和規範運行的実施意見」。
179) 「関与有序放開発用電計画的実施意見」。
180) 「関与售側改革的実施意見」。
181) 「関与加強和規范燃煤自備電厂監督管理的指導意見」。

者が公平に市場に参加できるようにするため，政府は電網事業者に対し，最低保障義務，無差別の電網開放などの義務を負わせる。

　要するに，今後中国の電力産業の改革は，計画手段と市場手段の組み合わせを通して，電力産業の両端たる発電分野と小売分野における規制を緩和させ，徐々に市場競争システムを導入する一方で，送配電分野における価格規制を強化する方向へと漸進的に進むものである。

第3節　中国の電力産業の改革後の現状

1　改革後の産業構造

　中国の電力産業は，前述の4回の改革を通して，その構造と仕組みが変化した。まず，図2-3に示されるように，2002年末には，発電部門と送電部門が分離され，国家電力公司は，送配電事業を営む国家電網公司と南方電網有限責任公司の2社と，発電事業を営む5大発電会社（中国華能集団公司，中国大唐集団公司，中国華電集団公司，中国国電集団公司，中国電力投資集団公司）に分割され，現在に至っている。発電事業者は，この5大発電会社のほかに，中央政府が管理する7社の国有企業（神華集団有限責任公司，中国長江三峡集団公司，華潤電力控股有限責任公司，国家開発投資公司，中国核電集団公司，中国広東核電有限責任公司，新力能源開発有限公司）や地方政府が保有する発電会社，民間，外資などの事業者がある。

　発電分野における電量供給バランスを維持するため，漸進的に従来の計画手段を変え，相対取引および電力取引市場を利用することに転換する。相対取引においては，一定の条件を満たす小売事業者・地方電網事業者が大口需要家と1年以上の契約を通して取引料金を決めることができる。発電市場の取引市場の創設について，今の段階は，まずいくつかの地域で試行を行った上で，電力供給バランスをとりながら，新たな取引方法と規則を模索していく方針である。しかし，居民・農業・重要な公共事業など公益性のある電力需要を保障するため，政府は引き続き計画の手段で調整する。また，再生エネルギー発電の市場

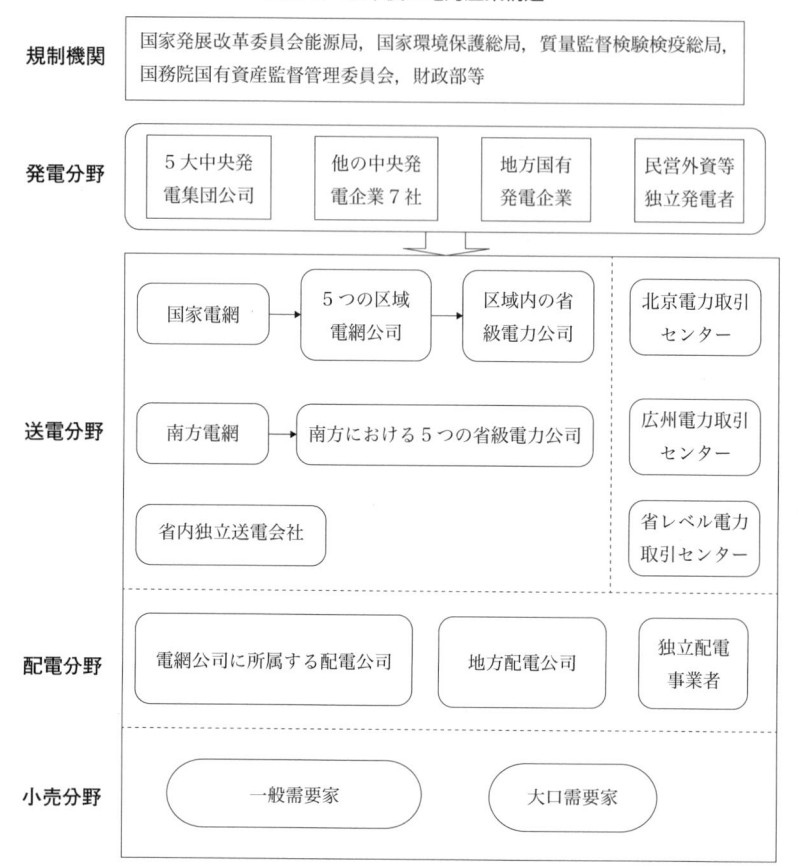

図 2-3　改革後の電力産業構造

(注)　現在中国における発電企業と送配電企業，および補助事業会社は，ごく一部の民間企業を除き，大半は「国有企業」であり，保有資産はすべて政府が管理している。しかし，国有企業には，「中央企業」と「地方国有企業」の区別がある。「中央企業」とは，国有資産監督管理委員会（国資委，国務院の直属特設機構である）によって直接管理され，中央政府が保有する国有企業である。「地方国有企業」は，省・自治区・市政府などの地方政府によって投資され，地方政府が所有する国有企業である。
(出所)　筆者作成。

参入を促進するため，規制機関は決定価格または入札価格で再生エネルギー発電の買取制度を設けている。

　送配電分野では，国家電網公司と南方電網有限責任公司の2社が地域割りで独占している。その他，内モンゴル電力集団有限責任公司などいくつかの省

レベルの電力会社（省内で独立的に経営を行っている送電会社）も存在している。最も大規模な国家電網公司は，地域を越える超大規模の送電会社として，26か省（自治区・直轄市）の広範囲で送電活動を展開している。一方，南方電網公司は，南方の5つの省（自治区）を越える広域的な送電会社として，送電事業を行っている。また，国家電網公司は，5つの区域電網公司がある。区域電網公司ごとに，いくつかの省レベルの電力公司からなっている。省レベルの電力公司は，発電公司から電力を購入し，それを省以下の市・県にある配電会社を通じて需要家へ供給する。また，省内においては，国家電網公司，南方電網公司に所属していない送配電網公司や地方政府が保有する送配電網公司がある。一方，送配電分野における電網事業者の送配電料金は「事業者コスト＋収益」の原則に基づき算定される。その中，事業者コストは国家発展委員会が公表した「送配電定価コスト監審弁法」（発改価格［2015］1347号）に定める会計規則に基づき算定される。また，電網事業者の託送業務を考えて，託送料金を送配電料金と同じ原則で政府の規制によって設定すると定めている。

　小売分野については，まず小売分野の参入規制を漸進的に緩和する。小売分野に対する投資主体の多元化を促進するため，電力取引市場の事業参加者は政府の許可を不要とし，一定の資産条件を満たすなら，電力取引センター（北京電力取引センターと広州電力取引センター）に認可されると，公示または信用承諾によって認められる。また，自ら送電線を持たない小売事業者が公平に市場に参加できるため，政府は電網事業者に最低保障義務，無差別に電網の開放などの義務を負わせる。

2　各分野における市場の状況と主な問題点

(1)　発電分野における寡占状態

　発電分野には発電事業者が多く存在している。国家電力監管委員会が2012年に公表した『電力監管年度報告（2011）』によると，2011年末までに，中国全国における発電許可を受けた発電企業は20,299社もあり，全国の装機容量は10.6億kWである。図2-4に示されるように[182]，そのうち，①中央政府に所属する発電企業である5大発電企業集団は，全国発電容量の48.75%を

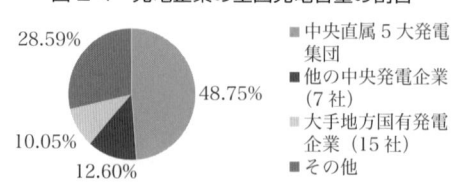

図 2-4　発電企業の全国発電容量の割合

- 中央直属 5 大発電集団
- 他の中央発電企業 (7 社)
- 大手地方国有発電企業 (15 社)
- その他

28.59%　48.75%　10.05%　12.60%

(出所)　『電力監管年度報告 (2011)』に基づき筆者作成。

占める。② 他の中央政府に所属している発電企業は全国電容量の 12.60％を占める。③ 大手の地方政府に所属している国有発電企業 (15 社) は全国発電容量の 10.05％を占める。以上の大手発電集団 27 社では，全国発電容量の 71.41％を有する。

　発電事業者の投資が多元化し，民間・外資によって建設された発電所も存在している。しかし，ここで特に注目されるのは，全国的にみればその大半は国有企業 (または政府を支配株主とする持株会社) である点である。国家 (中央政府と地方政府) が投資者として大半の発電企業の所有権を有している。特にいくつかの大規模の発電企業集団 (企業グループ) は政府の強い後押しを基に，全国の大部分の発電設備を有して，発電市場を寡占している状態を形成している。こうした経営方式は，計画経済体制から市場経済体制へ転換する過渡期の特徴の 1 つであると考えられる。また，これらの寡占者の間に一定の競争が生じているが，他の新規参入者を困難にしたり，独占価格を合意するなどの競争制限的な行為を行うことも考えられる。

(2)　送電分野における全国「聯網」に伴う独占行為

　2002 年の改革方案によると，広域的な電力市場を構築するという目標が明確になっている。したがって，国家電網公司の傘下に華北電網，東北電網，西北電網，華東電網，華中電網という 5 つの区域電網公司が設立された。しかし，近年，国家電網公司は，全国範囲内で「融通」を実現しようとしている。2011 年 5 月から 2011 年末にかけて，国家電網公司は，西北電網，華中電網，

---

182)　国家電力監管委員会『電力監管年度報告 (2011)』5 頁 (2012)。

華東電網，東北電網，華北電網の下でそれぞれに西北支社，華中支社，華東支社，東北支社，華北支社を新設した。2012年7月から，これらの5大支社は相次ぎ独立法人として登録し，区域電網公司に所属する資産が少しずつ5大支社に移転された。また，従来独立経営をしていた地方レベルの電網公司が区域電網公司に併入される[183]とともに，各区域電網公司間の「融通」[184]がより一層に強められた。2011年の末まで地方レベルの電網公司が相互に「融通」して，全国範囲での「聯網」が形成されている[185]。

　また，電力輸送能力を強化し，電力供給の安定性を確保し，効率的な電力供給体制を構築するため，国家電網公司は，「統一，強固，智能電網（スマートグリード）」の整備という戦略を打ち出して，2004年末から長距離，大容量，つまり高効率，低ロスの超高圧（UHV）（「特高圧」という）の技術開発や実用整備に着手した[186]。2015年までに華北，東北，華中にUHVによる基幹送電網を完成させ，全国「三縦三横一環（南北に3本，東西に3本，環状に1本）」の形状に建設するとしている[187]。

　全国「聯網」のメリットおよびデメリットについて，異なる意見が存在している。全国「聯網」という輸送システムがリスクを分散しにくいため，1か所の事故により全国範囲内での停電事故につながるという懸念が残されている[188]。また，国家電網公司が全国「聯網」を実現する過程において，その独占地位を形成または維持・強化するため，地方政府に建設された水力発電所など小規模の発電事業者，および一定の供給地域を有する地方電網公司または他の独立的電網公司に対して競争制限的な行為を行うおそれも考えられる。

---

183)　例えば，山東電網が華北電網に併入され，福建電網が華東電網に併入され，川渝電網が華中電網に併入された。
184)　電力の融通とは，電力会社の間で電力を取引することである。電力が足りない電力会社は，自社の電力需給バランスを保つため，他の電力が余っている電力会社から電力を購入する。
185)　劉振亜『中国電力与能源』153-154頁（中国電力出版社，2012）。
186)　金堅敏「超高圧（UHV）送電で世界をリードする中国」2011年1月14日。http://jp.fujitsu.com/group/fri/report/china-research/topics/2011/no-145.html
187)　同上。
188)　梁鐘栄「国家電網拆分巨難五大区域電網有名無実」中国貿易報（第7面）（2013.3.21），蒙定中氏に対するインタビューの内容である。

（3） 小売分野における供給状況について

　中国の現行の電力法第25条には，「一つの電力供給区域に一つの電力供給営業機構のみを設置することができる」という規定がある。送配電一体化している電力産業であるため，実際には，送電事業者に所属している配電事業者が供給するのが一般的である。電力監管委員会のデータによると，配電事業者の数が非常に多く，経営形式や所属も複雑である。全国地方市，県レベルの配電事業者は総計3,171社も存在している。そのうち，地方市レベルの配電事業者は431社があり，県レベルの配電事業者は2,740社である[189]。

　また，企業の所有権および経営権の所在からみると，中央国有企業・地方国有企業・私人経営企業など多種多様である。その他に，自家発電および「転供電」[190] といった特殊な経営形態もある。一方，小売市場に市場競争が導入されることを狙った大口需要家に対する直接供給が行われ，一部の大口需要家が既存の配電事業者ではなく，他の発電事業者から直接に電力を購入することができる。

　2017年3月，国家発展改革委員会・国家能源局により公布された「発電分野と小売分野における規制緩和に関する通知」[191] によると，今後，小売分野の全面自由化を漸進的に進めるという方針が明らかにされた。一定の条件を満たす特定の地域に限って，電圧のレベルにかかわらず，すべての需要家に対する小売事業を営むことが許可される。相対取引が行われない中小需要家は，小売電気事業者を通して相対取引が行われる。現在，全国各地で地方政府，国家電網など傘下の配電会社，発電会社，民間企業などが小売電気事業者を続々と設立しており，2015年12月末で146社が登録されている。

189）　国家電力監管委員会『電力監管年度報告（2011）』6頁（2012）。
190）　「転供電」とは，特定の地域での需要家に直接に電力を供給する条件が完備しない場合等の過渡的な配電方法として，配電会社が，当該地域の周辺の他の需要家の電源および設備を利用して，当該地域の需要家に対して電力を供給する方式である。しかし，規制が難しい場合や，電気料金の計算が難しい場合などに適用することはできない。
191）　「関与有序放開発用電計画的通知」（発改運行［2017］294号）。

3　電力産業における規制体系

(1)　規制機関

ア. 概　　観

中国の電力産業における規制機関は，燃料工業部（1949 ～ 1955 年）→電力工業部（1955 ～ 1958 年）→水利電力部（1958 ～ 1978 年）→電力工業部（1979 ～ 1982 年）→水利電力部（1982 ～ 1988 年）→能源部（1988 ～ 1993 年）[192] →電力工業部（1993 ～ 1998 年）と入れ替わっていった。しかし，電力産業における「政企合一」「政監合一」の管理モデルは変わらなかった。

その後，「政企分離」および 2003 年に電力監督管理委員会の設立という改革措置は，中国の電力産業の規制体制に対する重要な試みであるといえる[193]。電力産業の規制機関は，国家発展委員会の能源局と国家電力監管委員会とされた。しかし，2008 年 8 月，国家能源局が，国家発展改革委員会の傘下機関としてエネルギー分野に関する全般の政策を担うことになった。さらに，2013 年 3 月 10 日に明らかになった「国務院機構改革と機能転換の方案」[194] によると，電力監管委員会の職能と現在の国家能源局の権限を統合して，国家発展改革委員会に所属する国家能源局に再編することになり，電力監管委員会は廃止されることになった。現在，電力産業における中央レベルの規制機関には，表 2-2 のように主に国家発展改革委員会および能源局，国家環境保護総局，国家質量監督検験検疫総局，国務院国有資産監督管理委員会，財政部などがある。

イ. 独立的「電力監管委員会」の撤廃

2002 年 3 月に国務院により採択された「電力体制改革方案」においては，独占を打破し，競争を導入することを主な目的として，独立かつ専門的な電力規制機関である電力監管委員会を設立することを決定した。電力監管委員会の中核となる権限は，電力市場運営規則制定を通して，電力企業の市場参入規制および料金規制を専門的見地から行って，電力産業の市場化改革を推進させ，

---

192)　楊鳳『経済転軌与中国電力監管体制建構』119-120 頁（中国社会科学出版社，2009）。
193)　同上 121 頁。
194)　方案の原文について，中国政府の国営サイト「中国網」http://www.china.com.cn/news/2013lianghui/2013-03/14/content_28245220.htm が参考になる。

表2-2　電力産業における中央レベルの規制機関および主な権限

規制機関の名称	主な規制権限
国家発展改革委員会	電力政策の立案，大規模な発電所建設の認可；電気料金の認可，電気料金の執行状況等に対する監督
国家発展改革委員会の能源局	エネルギー開発に関する発展戦略，計画，産業政策の研究と策定；関連する体制改革についての提言；エネルギー固定資産への投資の認可；石油，天然ガス，石炭，電力等のエネルギーに対する管理；原子力発電の参入条件と技術基準の策定；国家石油備蓄の管理；国内新エネルギー開発，エネルギー・セキュリティ並びにエネルギー産業の省エネ対策や措置の制定；国際エネルギー協力の展開等；電力市場の運行に関する監督，電力市場秩序の維持，電気料金についての監督，ユニバーサル・サービス政策の研究等
国家環境保護総局	電力産業における環境保護に対する監督・管理（社会的規制）
国家質量監督検験検疫総局と国家発展改革委員会	電力産業における技術・品質標準などの制定および監督
国務院国有資産監督管理委員会	国有資産に対する監督・管理
財政部	電力企業の財務制度に対する監督

市場競争が導入できる政府規制の構築を目指すと思われる。

　しかし，電力監管委員会が設立されて以来，その権威性，執行の実効性が乏しいという懸念が絶えず持ち上がっていた。例えば，国家発展改革委員会が政府規制の主要な執行機関として，依然として電力産業に巨大な影響を与えている。規制内容のうち最も重要な参入規制と料金規制は国家発展改革委員会の権限とされて，電力監管委員会は電気料金変更の助言を行うだけで，実際的な決定権はなかった。国務院に直属している監督機関でありながら，電気料金，建設項目の認可など電力産業における中心的な規制権限を持っておらず，電力産業に対する監督権限が極めて不明確である[195]。これについて，国家発展改革委員会は，電気料金規制が国家のマクロ経済に関わるなどの理由で，自己の規制権限であると強く主張している[196]。

　また，表2-2に示されるように，中国の電力産業においては，規制機関が多数存在する一方，規制権限が分散し，かつ各規制機関の権限が明確に区分されていない。国有企業としての大手発電企業および電網企業に対する規制は，国

195)　国家発展改革委員会能源所元所長・中国能源研究会副理事長周大地氏より。http://www.cfi.net.cn/p20130311000114.html
196)　楊林「建立完善的電力監管体制」中国電力教育38頁（2008）。

務院国有資産監督管理委員会によって実施されている。電力産業に多数存在する国有企業が特別な存在として君臨していることから，電力監管委員会の国有企業に対する規制には一定の限界があった。

　結局，設立からたったの10年で，電力監管委員会は撤廃されることになり，その職権は国家発展改革委員会の能源局に統合された。能源局は，電力産業だけではなく，石炭産業，石油産業，天然ガス，再生可能エネルギーなどに対する規制権限を持っているので，エネルギー分野を大型省庁化するという改革の方向性が初めて明確になり，具体化した。しかし，能源局が行政機関である国家発展改革委員会に所属して，規制の独立性が低くなるため，「弱い規制，強い独占」[197] といわれる電力産業において，分散してかつ独立性の低い規制機関は独立かつ専門的な電力規制機関に比べて，独占力に対する実効性は非常に乏しいと思われる。

(2)　事業規制法の法体系
ア．「中華人民共和国電力法」および一連の施行細則

　中国の電力産業における最も重要な基本的な法律は，1985年から起草が始まり，1995年に成立し，1996年から正式的に施行された「中華人民共和国電力法」[198] である。電力事業が政府に垂直一体的に運営されていた時期に制定された法律として，電力法は，当時制定作業を担当している中国電力工業部が，日本を含め世界のおよそ30か国の電力関係法規を参考した上で制定したものであった。

　電力法は全10章，75条で構成され，主な内容は電力産業の建設，生産，管理などに関する電力行政管理機関の権限と電力事業者の義務である。第1条で，同法の目的は①電力事業の発展を保障・促進し，②電力投資者，事業者および需要家の合法の権益を守り，③電力の安全な運行を保障すると定められている。第6条で，電力産業の規制機関は国務院と省レベルの関連行政管理部門が電力産業の管理を担当すると定められている。第7条では，電力

---

197)　劉佳麗「自然独占行業政府監管機制，体制，制度功能藕合研究」吉林大学 163 頁（2013）。
198)　「電力法」の原文は以下を参照。http://www.npc.gov.cn/wxzl/gongbao/2000-12/05/content_5004652.htm

建設企業，電力生産企業および電網経営企業は法により自主的に経営を行い，損益について自ら責任を負うが，電力管理部門の監督を受けるべきである，と規定されている。

また，電力法に規定する条項の大半が基本理念などを定めているので，実効性を持たせるために，同法の施行細則として一連の行政法規と部門規章が相次いで公表された。例えば，「電力供給と使用条例」[199] (1996 年 4 月 17 日公布，国務院)；「電力供給と使用に関する監督管理弁法」[200] (1996 年 5 月 19 日公布，電力工業部)；「給電営業区の区画と管理に関する弁法」[201] (1996 年 5 月 19 日公布，電力工業部)；「用電検査管理弁法」[202] (1996 年 8 月 21 日公布，電力工業部)；「需要家の家庭用電化製品の損傷に関する処理弁法」[203] (1996 年 9 月 1 日公布，電力工業部)；「給電営業規則」[204] (1996 年 10 月 8 日公布，電力工業部) などである。

これにより，電力の供給側と需要側の責任関係を整理した上で，電力事業者および需要家双方の利益を保証するとともに，双方の行為について一定の規制を設け，電力事業に関する諸問題を法的に解決することを目指した[205]。

イ. 国家電力監管委員会によって公布された部門規章

2003 年に電力監管委員会が設置されて以降，電力産業に関する規制法の制定作業が一層重視され，いくつかの電力関連法規が公布された。特に，国家電力公司が 5 つの発電公司と 2 つの電網公司，4 つの補助事業公司に分離された後，区域電力市場の構築を明確にするために，「区域電力市場の建設に関する指導意見」[206] (2003 年 7 月 24 日公布)，「電力市場運営基本規則」[207] (2005 年 10 月 13 日公布)，「電力市場監管弁法」[208] (2005 年 10 月 13 日公布)，「電力市場運

199) 「電力供応与使用条例」の原文は以下を参照。http://www.nea.gov.cn/2012-01/04/c_131262798.htm
200) 「供用電監督管理弁法」の原文は以下を参照。http://www.nea.gov.cn/2012-01/04/c_131262717.htm
201) 「供電営業区划分及管理弁法」中華人民共和国国務院公報第 27 期 1079-1083 頁 (1996)。
202) 「用電検査管理弁法」中華人民共和国国務院公報第 27 期 1083-1089 頁 (1996)。
203) 「居民用戸家用電器損壊処理弁法」中華人民共和国国務院公報第 27 期 1089-1091 頁 (1996)。
204) 「供電営業規則」電力標準化与計量第 2 期 2-16 頁 (1997)。
205) 海外電力調査会『中国の電力産業——大国の変貌する電力事情』45 頁 (2006)。
206) 「関与区域電力市場建設的指導意見」中華人民共和国国務院公報第 3 期 33-35 頁 (2004)。
207) 「電力市場運営基本規則」中華人民共和国国務院公報第 27 期 38-40 頁 (2006)。
208) 「電力市場監管弁法」中華人民共和国国務院公報第 27 期 40-43 頁 (2006)。

営技術支持系統功能規範（試行）」[209]（2003 年 7 月 24 日公布）という 4 つの法規が公表された。また，省と区域電力市場の間に電力の取引を促進するために，2012 年 12 月 12 日に「省・区域を跨ぐ電力取引基本規則（試行）」[210] が公布された。

　そのうち，電力産業に市場メカニズムを導入し，電力産業の市場化運営システムを構築することを目的とする「電力市場運営基本規則」と「省・区域を跨ぐ電力取引基本規則」が最も重要な規則になっている。

　「電力市場運営基本規則」は，電力の取引を，相対取引，スポット取引，先物取引に分類し，電力の先物取引が可能になる見通しとなった。ここで，相対取引では，契約で売買が行われる。スポット取引では，市場を通して，翌日もしくは 24 時間先までの電力が売買される。先物取引では，取引所を通じて，将来の特定時期における想定価格に基づき，電力が売買される。また，送配電事業者に対して送配電線を公平に開放させると定められている。送電線の使用料金は国家によって規制され，電力監管委員会の監督を受けるべきものと規定されている。

　「省・区域を跨ぐ電力取引基本規則」においては，省・区を跨ぐ電力取引の主体を電力販売主体，送電主体および電力購入主体に分類した。そのうち，電力販売主体は，主に発電事業許可書を取得済みの発電企業および発電企業によって委託された電網企業からなる。送電主体は，送電事業許可書を取得済みの電網企業である。電力購入主体は，省レベルの電網公司および一定の条件に適合する独立配電売電企業および電力需要家である。また，同規則は，省・区域を跨ぐ電力取引は原則としてすべて市場取引の方式を採用しなければならないとしていること，および年度取引においては再生エネルギーの販売と利用を優先することを明らかにした。

ウ. 他の規制機関によって公布された部門規章・通達

　電気料金の規制は，国家発展改革委員会が担当している。国家発改委は，2005 年 3 月に「電網併入電気料金管理暫定弁法」（「上網電価管理暫行弁法」），

---

209)　「電力市場運営技術支持系統功能規範（試行）」『中華人民共和国国務院公報』第 3 期 43-47 頁（2004）。
210)　主要内容は以下の中国政府のホームページを参照。http://www.gov.cn/gzdt/2012-12/12/content_2289029.htm

「送配電料金管理暫定弁法」（「輸配電価管理暫定弁法」）および「小売電気料金管理暫定弁法」（「销售電価管理暫行弁法」）を制定した[211]。この3つの弁法は，電力産業における従来の料金規制に新たな料金決定制度を導入することを目指している。

　また，再生エネルギー発電の電気料金に関する規制制度を明確にするため，2006年1月4日に，「再生可能エネルギーの発電価格と費用分担に関する管理試行弁法」[212] に関する通知を公布した。同弁法の適用範囲は，風力発電，バイオマス発電（農林業廃棄物の直接燃焼とガス化発電，ごみ燃焼，ごみ埋立てによるガス発電，メタンガス発電を含む），太陽光発電，海洋エネルギー発電および地熱発電である。再生可能エネルギーの発電価格は政府決定価格と政府指導価格という2種類の形式を採ることになっている。政府指導価格とは入札により決定した落札価格である。

　さらに，すでに述べたように，2015年公表された「9号文件」の改革方針を実行するため，同年11月30日に国家発展改革委員会国家能源局が6つの具体的な附属文書を公表した。

（3）　規 制 内 容
ア．参 入 規 制

　第1回の改革によって発電分野への投資の多元化が実現され，2002年末の電力体制改革に発送電分離が実現され，電力産業への参入規制は徐々に緩和されたが，参入規制が完全に撤廃されたわけではなかった。事業者は発電・送電・配電・小売の各分野への参入をする前に，依然として繁雑な行政審査を経て，電力業務許可証を得なくてはならないままであった。

　2004年7月16日に公表された「国務院による投資体制改革に関する決定」（「国務院関与投資体制改革的決定」国発［2004］20号）の「政府の審査・許可による投資項目リスト」によって，電力産業へ参入するために必要な審査・許可の手続きが明確にされた（表2-3参照）。そのうち，主要河川に建設する項目ま

---

211)　新華網ホームページを参照。http://news.xinhuanet.com/zhengfu/2005-04/11/content_2813032.htm

212)　「可再生能源発電価格和費用分攤管理試行弁法」可再生能源第126期2-3頁（2006）。

表 2-3　電力産業における参入規制の内容

規制分野	参入規制の具体的な内容	規制機関（審査・許可制）
発電分野	主要河川に建設する項目又は総設備容量が 25 万 kW 以上の水力発電所	国務院投資主管部門，それ以外の場合は地方政府投資主管部門により審査・許可
	石炭燃焼での熱併給発電所	
	総設備容量が 5 万 kW 以上の風力発電所	
	揚水発電所	国務院投資主管部門
	火力発電所	
	原子力発電所	国務院
送配電分野	330kV 以上の電圧等級送電線	国務院投資主管部門，それ以外の場合は地方政府投資主管部門により審査・許可
小売分野	省・自治区・直轄市に供給区域の設立・変更	省・自治区・直轄市の政府により認可
	省・自治区・直轄市を跨ぐ供給区域の設立・変更	国務院の電力規制部門により認可

（出所）「国務院による投資体制改革に関する決定」（国発［2004］20 号）の「政府の審査・許可による投資項目リスト」および「電力法」に基づき筆者作成。

たは総設備容量が 25 万 kW 以上の水力発電所，揚水発電所，火力発電所，石炭燃焼での熱併給発電所，総設備容量が 5 万 kW 以上の風力発電所，330kV以上の電圧等級送電線への投資および原子力発電所への投資は，国務院投資主管部門の審査・許可が必要であり，それ以外の場合も，地方政府投資主管部門の審査・許可が必要とされている。

　また，小売分野への市場参入に対しても厳しい参入規制を行っている。電力法第 25 条によると，電力供給事業者は認可された供給区域内で供給事業を行うことができる。1 つの供給区域内には 1 つの供給事業者のみを設置することができる。省・自治区・直轄市に供給区域の設立・変更は，省・自治区・直轄市の政府によって認可され，省・自治区・直轄市を跨ぐ供給区域の設立・変更は国務院の電力規制部門によって認可されることとなっている。

イ．料金規制の改革

　計画経済の下で，発電送電配電分野のすべての料金は政府によって統制されていた。電力産業の改革の実施につれて，電力市場に競争メカニズムの導入を促進するため，中国政府は料金規制に対して様々な改革措置を打ち出した。まず，農村部の電力料金について改革が行われた。海外からの進出企業の投資環境整備，また中国の WTO 加盟に向けた国内制度改革，農村部における電気料

金引き下げによる家電製品の電力需要の喚起による国内の景気対策という背景
の下で，1998年から「両改一同価」政策（農村の電力組織に対する改革，電力
網の改造，都市部との料金と同一化する改革）が推進され，2002年12月末まで
に，国内の23省区で都市と農村の民生用料金が同じになった[213]。

　また，2003年7月に国務院弁公庁は，政府関係部門・電気事業者に対して
「電気料金改革方案」を示し，電気料金に関する改革の目標，原則および主要
な改革措置を明確にした。「電気料金改革方案」を実行するため，2005年3
月に国家発展改革委員会は「卸電気料金管理暫行弁法」「送配電料金暫行弁法」
および「小売電気料金暫行弁法」の3つの電気料金改革の具体的な実施方法
を公布した。これらの改革方案，改革弁法によると，今後中国電気料金の改革
は主に以下のような方向に沿って進められる。

　まず，電気料金改革の長期目標は，① 電気料金を卸電気料金・送電料金・
配電料金・小売電気料金に区分すること，② 卸電気料金・送電料金・配電料
金・小売電気料金の計算の分離，③ 卸電気料金と小売電気料金は市場競争を
通じて形成されること，および ④ 送電料金・配電料金が政府の規制機関によ
り決定されること，と定められた。短期目標は，① 発送電分離を基に区域的
な卸電力取引市場の導入による卸電気料金制度，② 送配電系統の発展を考慮
した送配電料金制度，③ 小売料金と卸電気料金の連動，および ④ 大口需要家
への直接供給（相対取引）の実現と掲げられている。

　また，電力産業の各分野の電気料金について具体的な改革措置は，以下のよ
うに行われる（図2-5参照）。

卸電気料金　① 「コスト補償原則」：卸電気料金には主に競争的な入札制度
の導入を目指している。しかし，競争入札制度導入前の過渡期には，規制機関
は「コスト補償原則」に基づき卸電気料金を決定していた。具体的にいえば，
電網企業が保有する発電所の場合，既に卸電気料金が規定されたときは，引き
続きその料金を適用する。規定されていない場合には，コスト補償原則に基づ
き設定する。独立的な発電所の卸電気料金は，政府規制機関によって設定され
る。

---

213) 『中国の電力産業――大国の変貌する電力事情』海外電力調査会，2006年，147頁。

図 2-5　電気料金に関する規制改革

☆料金改革後

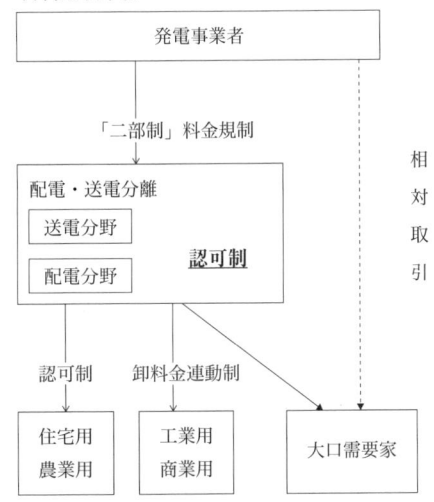

（出所）　海外電力調査会『中国の電力産業——大
国の変貌する電力事情』149 頁（2006）を基に
修正して筆者作成。

　こうした「政府決定料金」制度を行う際に，中国における発電所はその所有
権，設立時期，運営方式および発電コストが異なっているので，規制機関はそ
の計算基準について様々な試みを打ち出した。例えば，「利息付き元金返済料
金制度」「経営期料金制度」および「新設発電所に新料金・古い発電所に旧料
金制度」[214] などである。

　② 「ポール電気料金制度」：2004 年から石炭燃焼での発電所に対して
「ポール電気料金制度」を実施し始めた [215]。「ポール電気料金制度」とは，規制
機関が「経営期電気料金」の上で，新設された発電所に対して，区域または省
の平均コストに基づき統一的に卸電気料金を設定する制度である。さらに，
2013 年から国家発展改革委員会は，原子力発電への投資を規制するため，新
設された原子力発電所の卸電気料金に対しても「ポール電気料金制度」を実施

---

214)　つまり，新設された発電所と古い発電所に対して異なる卸電気料金を設定していた。規
　　制機関が卸電気料金を設定し，同一地区に同類の新設された発電所に対し，新たに同じ卸
　　電気料金を設定していた。
215)　張欽「有関我国電価改革的幾点探討」能源技術経済第 23 巻第 2 期 21 頁（2011）。

し始めた[216]。従来のような原子力発電所の卸電気料金に対する個別的な決定方式が変えられた。かつ,国家発展改革委員会は,全国の原子力発電の「ポール電気料金」を 0.43 元/kWh と評定している。

③ 「石炭価格と卸電気料金との連動制度」:石炭価格高騰による発電事業者の生産コスト増を軽減するため,政府は「石炭価格と卸電気料金との連動制度」を導入した。石炭価格が 5% 以上上昇した場合,発電事業者はそのコスト上昇分を卸電気料金に上乗せすることができる。したがって,上昇されたコストは最終的に消費者に転嫁されることになる。

④ 「再生エネルギー発電の買取制度」:再生可能エネルギー発電を促進するため,政府は「再生可能能源法」(「可再生能源法」[217])を公布した。2010 年 4 月 1 日から,送配電分野の事業者は再生可能エネルギーにより生産された電気を買い取るべきと定めている。再生可能エネルギーの電気料金に対して,「政府決定価格」と「政府指導価格」の 2 つの規制方法を実施している。政府決定価格は規制機関(国家発展改革委員会)によって決定するものである。政府指導価格は入札を通して決定された価格である。

⑤ 「2 部制の電気料金」:電力市場に競争入札制度を導入して以降,卸電気料金は「2 部制の電気料金」を実行する。すなわち,「容量料金[218]」は,現行の卸電気料金の規制と同様に,規制機関によって社会平均コストに照らして設定される。「従量料金[219]」は,市場競争によって決定される。容量料金は次第に市場競争で決まるようにする。

そのうち,「市場競争制の料金制度」については,1990 年代から浙江省・上海市・山東省および東北 3 省(遼寧省・吉林省・黒竜江省)で競争性の卸電気料金制度が試行された後,2000 年から実際の運用が開始した[220]。また,2004 年から東北と華北の区域的電力市場においても競争的な料金制度が試行され始めた[221]。しかし,現在まで市場競争的な料金制度の実施範囲はまだ限定的で

---

216) 「核電新建機組将実行統一標杆電価」中国証券報第 A06 版(2013.7.3)。
217) 中国政府のホームページ参照。http://www.gov.cn/ziliao/flfg/2005-06/21/content_8275. htm
218) 「容量料金」とは,設備投資などの建設に係るコストを反映させ,資本費の回収や将来の設備投資に充当する料金であり,政府により規制されている。
219) 「従量料金」とは,燃料費などの発電所運営コストを反映する料金である。
220) 胡恩同「上網電価形成機制与中国上網電価改革」復旦大学 18 頁(2006)。

あり，施行区域に行われている競争料金の実施方法も異なっている[222]。華東電力市場では，卸電気料金の一部が市場競争によって形成され，残された部分の発電量の卸電気料金は依然として規制機関の決定料金を実施している。また，東北電力市場では，「2部制の卸電気料金」制度を実施している。

送配電料金　過渡期においては，送配電分野を独占分野として，送配電料金は基本的に規制機関の認可制を維持している。現在送配電料金は，送配電分野における事業者の小売価格と卸電気料金との差によって決定されているが，今後政府によって「原価＋収益」の原則に基づき送配電料金を設定する。

また，接続料金（託送料金）は，接続施設を電網企業が投資・建設する場合に実施する。発電所が投資・建設する場合には，接続料金を実施しない。接続料金は，送配電料金の設定原則に基づき規制機関によって決定される。

小売料金　大口需要家が発電事業者との直接購入を実施している場合に，発電事業者と大口需要家が相対取引を通して小売料金を決定する。それ以外の場合には，小売料金は規制機関の認可によって決定されている。

小売料金は電気購入コスト，送配電のロス，送配電料金および政府基金からなって，規制機関によって需要家の類型と需要の要求に基づき区別して規制している[223]。2013年6月に国家発展改革委員会は需要家の種類について，従来の8つの類型（居民生活，非居民照明用，商業，非工業，一般工業，大工業，一般工商業その他，農業生産用電など）を3つの類型（居民生活，農業生産，工商業その他）に簡素化した[224]。規制機関は小売料金の構成要素に基づき平均的な小売料金を設定する。つまり，「居民生活」と「農業生産」の小売料金は，各電圧レベルの平均的な小売料金を基に需要家の負担能力を考慮しながら設定されて，安定性を守るべきである。「居民生活」と「農業生産」の小売料金が平均的な小売料金より低い場合に，その差額は「工商業その他」によって分担される。

また，小売料金に対して定期調整と連動調整を実施する。定期調整とは，料金規制機関が毎年コストの変化を考察し，小売料金に対してチェックすること

---

221)　同上。
222)　同上126頁。
223)　張欽「有関我国電価改革的幾点探討」能源技術経済第23巻第2期23頁（2011）。
224)　国家発展改革委員会のホームページを参照。http://www.ndrc.gov.cn/zwfwzx/zfdj/jggg/201306/t20130609_545127.html

である。連動調整は，その実施範囲が工商業その他の需要家に限定され，小売料金を卸電気料金と連動させることである。

料金規制における問題点　電気料金の改革は依然として難問である。最も重要な問題は，政府規制の料金制度により実施されている電気料金と，電力市場における需給関係の間に乖離が生じ，各分野の料金間のアンバランスをもたらして，結局，電力産業全体の料金規制を混乱させることであるといわれている[225]。

　例えば，発送電分離後，卸電気料金・送配電料金・小売料金との協調が問題となっているし，政府の料金規制制度の不合理性が顕著になっている。また，2009年9月14日に電力監管委員会が公布した「2008年度電気料金実施状況監管報告」においても，電気料金改革の問題点が「市場石炭」と「計画電力」との矛盾であると明確に指摘された。卸電気料金においては，「石炭料金と電気料金の連動制」[226]の実施によって，規制機関は，石炭の市場価格の変動に基づき卸電気料金を変更することができる。この制度は，石炭の市場価格が上昇する際に，発電事業者のコストの上昇分を下流市場ないし最終需要家に転嫁して，発電事業者の利益を保護することができる。しかし，卸電気料金・小売価格をどのように設定すれば合理的であるのかは，規制機関にとっては難問である。近年，国家発展改革委員会は石炭料金の上昇および電力不足の現状に対応するため，頻繁に発送電事業者の卸電気料金と小売料金（非居民用の小売料金）を値上げした[227]。しかし，送配電事業者は依然として赤字が出て，深刻な経営状態に置かれており，送配電事業者の経営の継続性に影響を与えている[228]。

---

225)　中国の学者のほとんどは現在中国電力産業の料金規制制度に対して批判的な姿勢を示している。呉麗壱「煤電之争的原因及対策分析」煤炭経済研究第32巻2期34頁（2012）。張・前掲注223）23頁など参照。

226)　国家発展改革委員会の能源局サイトを参照。http://www.nea.gov.cn/2011-08/17/c_131054427.htm

227)　例えば，国家発展改革委員会は2005年5月1日に第1回の「石炭と電気料金の連動制」を実施して，全国の小売料金を2.52分/kWh値上げした。その後，卸電気料金または小売料金（非居民用小売料金）に対して，何回かの値上げを実施した。2006年6月30日に，卸電気料金を1.174分/kWh値上げして，小売料金を2.5分/kWh値上げした。2008年7月1日に全国の小売料金を2.5分/kWh値上げした。同年の8月20日に，全国の火力発電事業者の卸電気料金を2分/kWh値上げした。しかし，こうした値上げの調整政策は即時性・合理性が乏しいので，送配電事業者は赤字が出てきた。2009年11月に国家発展改革委員会は全国の小売料金を2.8分/kWh値上げしたが，送配電事業者は赤字の経営状態を変えられなかった。呉麗壱「煤電之争的原因及対策分析」煤炭経済研究第32巻2期33頁（2012）。

第4節　移行期における電力産業に対する政府規制

中国の電力産業の改革は中国の経済体制改革という背景の下で行われているので，経済体制改革の特徴とその問題点が，電力産業の体制改革にも重要な影響を与えている。計画経済時期に行われた電力産業に対する伝統的な規制制度，つまり，行政権力により直接に市場に過剰介入し資源を配分して，「父権主義」に基づき産業を保護する傾向を持つ規制方式は電力産業の市場化改革とともに，緩やかに変わりつつある。

しかし，中国の経済体制改革とは，一気に従来の計画経済体制を新たな市場体制に転換することではない。従来の政治体制の下で政府による完全な支配・関与状態から，電力産業の市場化に達するまで，長期的な「移行期」が必要である。「移行期」において電力産業の供給と料金の安定性を守るため，政府は非常に保守的な姿勢を示している。電力産業についての改革の経験と教訓を探しながら，次の段階の改革の措置と目標を少しずつ調整する。こうした移行期は電力産業の市場化への「過渡期」であり，主に以下のような特徴があると考えられる。

1　電力産業における「政府規制」と「競争メカニズム」の併存

中国の電力体制改革の主な目標としては，競争的な電力市場を構築するということである。2009年10月に国家発展改革委員会と電力監管委員会が公布した「電気料金改革を推進することに関する若干意見」では，従来から確立された改革の方向，つまり，市場メカニズムと政府規制との調和が再度強調された。自然独占分野（送電分野・配電分野および系統調度）に対して，政府規制を重視すべきと主張される一方，非自然独占分野における電気料金は市場メカニズムに委ねることが強調された。また，市場メカニズムの構築および競争的な

---

228)　国家発展改革委員会国際協力センター国際能源研究所副所長白俊「市場の力で市場石炭と計画電力の矛盾を解決すべきである」。http://www.sohu.com/a/150421791_257724

電力市場体系を育成することが今後の改革の重要な任務とされた。したがって，政府規制の役割と競争メカニズムの役割を明確にしながら，電力産業における政府規制に積極的に競争メカニズムを導入して，競争可能な分野をできるだけ市場に委ねて，規制機関による経済活動に対する関与を減少することは重要な課題となっている。移行期の電力産業においては，伝統的な政府規制が依然として重要な役割を果たしているとともに，市場メカニズムの役割に対しても重視し始めたので，両者が併存する状態になっている。

ここまで行われた電力体制改革によって，電力産業は，政府独占産業ではなくなり，民間企業が参入できる競争的な発電分野や大口需要家の直接購入が形成されてきた。また，従来のような垂直的に一体化した状態はある程度解消され，電力産業には，競争的な発電分野と独占的な送配電分野との分離が実現された。さらに，卸電気料金に対する料金規制においては，伝統的な政府決定制以外に市場競争を導入して，市場競争により決定された卸電気料金も存在している。政府規制が依然として主導的な役割を果たしているが，政府規制を緩和したり，競争メカニズムに委ねる場合も出てきた。

しかし，政府規制と競争メカニズムが併存している現状においては，政府規制に対する要求が高くなると思われる。例えば，発送電分離後の電力産業には，「政府認可制」の料金（送配電料金，小売料金），市場競争的な料金（競争入札によって決定された卸電気料金）のいずれも存在しているので，規制機関が規制料金を決定する際に，政府規制料金と競争的料金の間をどのように協調して，小売事業者の利潤を保障し，経営を継続させるかは，規制機関にとって困難になっている。

2 移行期における政府規制に対する依存性とその必要性

電力産業は，競争メカニズムを導入し始めたが，長期間実施された伝統的な政策の影響は引き続き存在し，電力市場の構築と発展に影響を与えている。電力産業においては政府規制に対して惰性で依存していた。また，中央政府は電力産業のような国家の全体的な経済発展および社会安定に関する根幹産業に対して，非常に保守的な姿勢を示している。今までの電力体制改革の進展状況か

らみると，電力改革は，電力産業における自然独占性を有する送配電分野だけではなく，一定の競争可能性を有する発電分野に対しても完全に市場に委ねるわけではないという保守的な改革ペースで進んでいる。

　また，こうした保守的な改革ペースを採るのは，今の中国の電力産業に対しては，一定の必要性があるといわざるを得ないであろう。電力不足の深刻化に歯止めをかけたり，電力輸送能力を上昇させたり，電力のユニバーサル・サービス機能を実現することに対して，政府規制によって制度的な保障を提供する必要がある。十分な論証および試行を行わずに無分別に市場に委ねるなら，インフラ投資，供給の継続，電気料金の安定に対して一定のリスクをもたらすおそれがある。

　さらに，電力市場の形成は市場における潜在的参入者の数・潜在的な生産能力，市場参加に必要な生産・送配電設備の完備，取引市場を管理する通信技術の進歩などに依存するものであるので，これらの要素が未成熟である以上，政府規制を緩和して市場競争メカニズムを導入しようとする制度が整備されたとしても，当初の予想どおりに競争的な市場状態を得ることができず，少数の既存事業者が依然として市場を支配する場合もあると思われる。

3　政府規制の競争制限行為に対する適応の不足

　前述のように，移行期の電力産業に対しては，政府規制にまだ一定の合理性があると思われる。しかし，政府規制がどこまでその合理性を実現するかにはいつかの問題がある。つまり，そもそも，政府規制には，電力産業の安全性，公益性，国際競争力，規模の経済性を実現するなどの合理性があるが，規制機関の独立性や政府規制の実効性が問題となっている。特に，市場化への改革の過程において，政府規制の競争制限的行為に対する対応力には明らかに限界がある。

　とりわけ，中国の電力産業における既存の事業者の独占地位は，既に成熟した市場の下で一定の競争を通して形成されたものではなく，政府規制を主導とした制度の下で行政権力によって作られた独占である以上，これらの事業者は生まれた時から政府規制機関と緊密な関係を有する。伝統的な政府規制に依頼

している上で，規制機関と被規制事業者との「親子関係」は切っても切れない
ものである。したがって，中立性または独立性が乏しい政府規制体制の下で，
既存の独占事業者の競争制限行為に対する規制の実効性・公正性が保障し難い。
最悪の場合としては，規制機関は被規制事業者と共同的な利益団体を構成して，
被規制側の勢力に支配されてしまって，被規制事業者の「虜」にされると，本
来の政府規制の合理的な目的を達成することはできない上，他の政策（例えば，
競争政策）の実施を阻害するおそれがある。

第5節 「市場化改革においては競争法の役割を より一層重視すべき」という主張

　以上，中国の電力産業における政府規制の歴史的な変遷および規制の現状を
考察して，市場化への改革の進展と主な問題点を分析した。市場化改革後の中
国の電力産業でも，競争制限は依然として深刻である。その原因については
様々な視点から分析されるが，中国の経済法学者は，その根本的原因が「競争
法による規制の欠缺」である，と明確に指摘している[229]。自然独占産業の市場
化改革を達成するため，「有効な競争法規制が極めて必要なもの」である[230]。
中国の電力産業の市場化改革は，単に政府規制によっては市場化への改革を実
現できないものであるので，今後競争法の重要性をより一層重視すべきである。
　2008年に中国の独占禁止法「反壟断法」が施行されて以降，法制度の面か
らみれば，競争法体制が基本的には完備されている。これをきっかけに，電力
産業を含めた自然独占産業に対する競争政策の法運用が，注目されている。電
力産業に対する競争法の運用範囲，違法行為に対する判断基準・違法要件，お
よび実際の執行状況に対する考察が非常に興味深い研究課題になってきた。
　また，競争法の実施および電力産業の市場化に向けた改革の進展につれて，
電力産業における市場競争の運用に対する信任が上昇すれば，競争法の役割が
より重視・発揮されるようになり，政府規制の過剰な介入を制限することが期

---

229) 張占江「自然壟断行業的反壟断法適用——以電力行業為例」法学研究第6期53頁（2006）。
230) 同上。

待できる。競争制限的な政府規制を再認識して，その存在の合理性を考え直しながら，実施の公平性・透明性を向上させることも期待されている。

　しかし，現在の中国の電力産業がまだ移行期に置かれているので，改革の促進または競争的な市場の構築には，政府規制（または政府規制に基づく産業政策）が主導的な役割を発揮することが現実的である。競争政策の実施が政府規制との間に力関係の影響を受けるのは確かなことである。産業政策と比べて競争政策に対する重視度が低ければ，産業政策と衝突する競争法の規定が実施できなくなり，競争政策の実効性はなくなるおそれがある。したがって，電力産業に対する競争法規制の重要性を重視する一方，伝統的な産業政策に直面する際に，如何に競争法の実効性を確保するかが重要な課題となる。

第3章
中国の電力産業への競争法の適用
および政府規制との衝突

　第2章において考察したように，現在，中国の電力産業に対し，市場化の実現を目標とする体制改革が行われている。同時に，伝統的な政府規制も少しずつ変化している。2002年公布された電力体制改革方案においても，資源配分における市場の「決定的な」役割を果たすと強調している。さらに，2013年中国共産党第18期中央委員会第3回全体会議（「三中全会」）の閉幕に際し，資源配分で市場が「決定的な」役割を果たすと表明した。これまでの市場化改革の深化につれて，市場メカニズムに対する信頼性が以前より強くなってきた。電力産業の効率性を改善するため，競争的・開放的な電力市場を構築することが必然的な選択肢になる。しかし，電力産業に行われる体制改革が，従来の政府規制機関の主導の下で，「上から下へ」のベースで前に進まれているものであるので，中立性の乏しい規制機関は，改革の過程において電力産業における競争法体系の運用に対して，極めて保守的な態度をとっているのがみられる。単に政府規制によって競争的な電力市場を構築することは達成できないと思われる。したがって，電力産業に対する競争法体系のより実効的な執行が期待されることになった。

　しかしながら，計画経済体制から市場経済体制への移行期にある中国の電力産業においては，政府規制が主導的なコントロール力を有しており，競争政策が十分に重視・運用されるのは容易なことではない。それは，政府規制と衝突する場合に競争法の運用実態を考察すると，両者の相互関係がより一層明確になる。そこで本章においては，現在の中国の電力産業への競争法の適用可能性および適用状況についての考察を通して，両者の相互関係を検討する。

第*1*節　中国の電力産業への競争法の適用可能性

1　電力産業に関わる競争法の規制体系

　単に中国における競争法体系を紹介することは意味がないので，ここでは，中国の競争法体系の電力産業に関する規定を抽出して，電力産業に関わる競争法の規制体系を考察する。

(1)　「反不正当競争法」の規制体系

ア．規制体系の概観

　反不正当競争法の規制体系は，主に「反不正当競争法」，6つの関連規則および1つの司法解釈からなっている。

　そのうち，「反不正当競争法」（1993年9月に公布された）[231] は中国の改革開放政策が1978年から実施されて以来，中国が計画経済体制から市場経済体制に転換する時期において公布した初めての市場競争秩序の維持に関する法律である。転換期の経済活動に新たに登場した問題に対応し，公正競争を奨励，保護し，不正競争行為を制止することを主要な目的としている。

　「不正競争行為」とは，事業者が本法に違反してその他の事業者の合法的な権益を損害し社会経済秩序を撹乱する行為である（第2条2項）。同法には11種類の不正競争行為（① 商標・商品の不正使用などによる取引，② 公共企業[232] による購入強要行為，③ 行政権力の濫用による競争制限行為，④ 商業賄賂行為，⑤ 虚偽宣伝行為，⑥ 営業秘密の侵害行為，⑦ 不当廉売，⑧ 抱き合わせ販売，⑨ 不当な懸賞景品付販売行為，⑩ 競争相手の信用誹謗行為，⑪ 入札談合）が列挙されている。そうすると，同法は，単に不正競争行為だけを規制しているのではなく，商標・商品の不正使用などによる取引，虚偽宣伝行為，営業秘密の侵害行為，競

---

231)　原文は以下の政府サイトに掲載されている。http://www.gov.cn/banshi/2005-08/31/content_68766.htm

232)　中国語で「公用企業」という。

争相手の信用誹謗行為のような，日本の「不正競争防止法」に定める不正競争行為に相当する行為を規制している一方，不当廉売，抱き合わせ販売，入札談合といった日本の独占禁止法上の「不公正な取引方法」ないし「不当な取引制限」に相当する行為についても不正競争行為として規制している。したがって，同法は，不正競争行為と競争制限行為を混合して規制する法律である。

また，「反不正当競争法」の実施を具体化するため，国家工商行政管理総局は，同法に規制されている異なる行為類型に基づき，それぞれの実施規定を公布した。

①「懸賞景品付販売における不正競争の禁止に関する若干規定」[233]（1993 年12 月 24 日公布），②「公共企業による競争制限行為の禁止に関する若干規定」[234]（1993 年 12 月 24 日公布），③「著名商品の特有な名称・包装・デザインの盗用行為の禁止に関する若干規定」[235]（1995 年 7 月 6 日公布），④「営業秘密の侵害の禁止に関する若干規定」[236]（1995 年 11 月 23 日公布），⑤「商業賄賂行為の禁止に関する暫行規定」[237]（1996 年 11 月 15 日公布），⑥「入札談合行為の禁止に関する暫行規定」[238]（1998 年 1 月 6 日公布）の 6 つの規定が公布された。

さらに，「反不正当競争法」が実施されてから，人民法院（裁判所）によって審理された不正競争行為に関する案件が多くなった一方，同法における抽象的な原則規定に対する解釈が一致しない場合が多くなったので，解釈を統一するため，最高人民法院は 2007 年に同法の司法解釈「最高人民法院関与審理不正当競争民事案件応用法律若干問題的解釈」[239]（法釈［2007］2 号）を公布した[240]。同解釈は，主に「反不正当競争法」に規定する違法行為の具体的な判断基準を明確にし，特有な用語についての認定標準を明らかにする。

---

233)　同規定の原文：北京市工商行政管理局北京工商管理第 2 期 4 頁（1994）。
234)　同規定の原文は以下の政府サイトで掲載されている。http://www.people.com.cn/item/flfgk/gwyfg/1993/303101199313.html
235)　同規定の原文：国家工商行政管理総局工商行政管理第 15 期 4-5 頁（1995）。
236)　同規定の原文：工商行政管理第 21 期 6-7 頁（1996）。
237)　同規定の原文：工商行政管理第 24 期 4-5 頁（1996）。
238)　同規定の原文：工商行政管理第 3 期 16 頁（1998）。
239)　同解釈の原文：新法規第 1 期 103-108 頁（2007）。
240)　蒋志培・孔祥俊・王永昌「関与審理不正当競争民事案件応用法律若干問題的解釈的理解与適用」人民司法 26-33 頁（2007.3.5）。

イ．電力産業に関する規制条項

　「反不正当競争法」の立法当時は，市場経済が中国に導入されて間もない時期であり，市場経済はまだ未成熟な段階にあり，市場では国有企業を除き，有力な民間企業が存在せず，外国企業の投資行為も制限されていたので，民間企業による独占行為やカルテルなどの競争制限的行為は基本的に大きな問題とはならなかった[241]。政企合一の経営方式の下で，「政府および所属部門」が企業の経営活動に直接に関与することができ，行政機関または行政権限を持つ公共企業が大量に存在していた。当時の中国において，民間企業間の不正競争行為より行政権限の濫用行為の方が，公平な市場競争の秩序に悪影響をもたらす場合が多かった。したがって，同法には諸外国の競争法と異なって公的機関（「政府および所属部門」）と公共企業によって行われた不正競争行為に対して特別な禁止規定を設けている。

　第6条の公共企業に関する規制，実施規定および法的責任　同法第6条には，公共企業または法にしたがって独占地位を有するその他の事業者は，他人に対して，自らの指定する事業者の商品を購入するように限定することにより，その他の事業者の公平な競争を排除してはならないと規定している。

　まず，「公共企業」を確定する際に一般的には，反不正当競争法の実施規定の1つ――「公共企業による競争制限行為の禁止に関する若干規定」に基づき判断する。公共企業は「水道，電力，暖房，ガス，郵便，電気通信，交通運輸等の事業に従事する経営者」を指す（第2条）。

　また，同条には，1つの競争制限行為類型（指定事業者の商品を購入させる指令行為）のみを規定しているが，上記の実施規定（「公共企業による競争制限行為の禁止に関する若干規定」）は，公共企業の禁止行為をより詳細に列挙している。公共企業は市場取引において，以下のような競争制限行為をしてはならない[242]：①（自分の商品を購入する限定行為）ユーザー・消費者に，自分の提供する商品を購入または使用することしかできなく，技術標準を満たす他の同類商品を購入または使用してはいけないように限定する行為，②（指定事業者の商品を購入する限定行為）ユーザー・消費者に，その指定する事業者により生産

---

241)　龔驍毅「中国反不正当競争法とその運用状況」公正取引678号9頁（2007.4）。

242)　「公共企業による競争制限行為の禁止に関する若干規定」第4条。

または販売される商品を購入または使用することしかできなく，他の事業者によって提供される技術標準を満たす同類商品を購入または使用してはいけないように限定する行為，③（不要品の購入強要行為）ユーザー・消費者に不要な商品または部品を購入させる行為，④（指定事業者の提供する不要品の購入強要行為）ユーザー・消費者にその指定する事業者によって提供される不要な商品を購入させる行為，⑤（他の経営者の提供する商品の購入行為を妨げる行為）商品の品質・性能等に対する検査を理由として，ユーザー・消費者の他の経営者により提供される技術標準を満たす商品の購入行為を妨げる行為，⑥ その不合理な条件を受けていないユーザー・消費者に関わる商品の供給を拒絶，中断或いは削減する行為，または費用をみだりに取り立てる行為，⑦ その他の競争制限行為。

　また，同法第 23 条は，第 6 条の違法行為の法的責任として，「省レベルまたは区を設置している市の監督検査部門は，違法行為を停止するよう命じなければならず，情状によって 5 万元以上 20 万元以下の罰金を科することができる。指定された事業者はこれに乗じて低品質高価格の商品を販売し，または費用をみだりに取り立てた場合，監督検査部門は，違法所得を没収しなければならず，情状によって，違法所得の 1 倍以上 3 倍以下の罰金を科することができる」と規定している。

第 7 条の「行政独占」に関する規制および法的責任　現在中国の電力産業では「政企分離」を通して事業者の経営機能と規制機関の監督管理機能との分離が実現されたが，電力事業者と規制機関との間に依然として様々な関係を有するので，規制機関は自己が持つ規制権限を利用して被規制産業における個別的な事業者を保護したり，自己の規制地域における事業者を優遇したりする場合が多い。これらの行為は行政機関によって実施され，行政権力の濫用を手段とする競争制限行為であるので，「行政独占」と呼ばれている。移行期の中国においては，市場経済が未成熟であり，計画経済体制の深い影響を受けて，行政機関と事業者が依然として関連しているので，一般的な私的事業者により実施されたものではなく，行政機関によって実施された「行政独占」行為が経済活動における最も深刻な競争制限行為であるといわれている[243]。

　「反不正当競争法」第 7 条には，2 種類の行政独占行為に対する禁止規定を

定めている。① 政府および所属部門は行政権力を濫用して、他人に対して、自らの指定する事業者の商品を購入するように限定し、その他の事業者の正当な経営活動を制限してはならない；② 政府および所属部門は、行政権力を濫用して、自らの管轄地域以外の商品が管轄地域に流入することを制限し、又は管轄地域の商品が管轄地域以外に流出することを制限してはならない。

　また、同法第 30 条は、第 7 条の違法行為の法的責任として、「上級機関が是正命令を命ずる。情状が重大である場合、同級又は上級機関は、直接の責任者に行政処分を与える。指定された事業者がこれに乗じて低品質高価格の商品を販売し、又は費用をみだりに取り立てた場合、監督検査部門は、違法所得を没収しなければならず、情状によって、違法所得の 1 倍以上 3 倍以下の罰金を科することができる」と規定している。

　【後記】2017 年 11 月「反不正当競争法」が改正されたことについて説明する必要がある。「反壟断法」により禁止されている政府、公共企業等の不正行為（旧第 6 条と第 7 条）が反不正当競争法から削除された。削除されたら、よいか悪いかについてここでは評価することはしないが、旧第 6 条と第 7 条が設けられた当時は重要な役割を担っていた。内容的に重複した条文の削除を通して、「反不当競争法」と「反壟断法」との関係が整理された。

(2)　「反壟断法」の規制体系

ア．規制体系の概観

「中華人民共和国反壟断法」[244]（主席令第 68 号、以下、「反壟断法」という）は 2007 年 8 月 30 日に採択され、2008 年 8 月 1 日から実施された。同法は全 8 章 57 条からなっている。中国国内の経済活動における独占行為、並びに中国境外で行われる行為のうち国内市場における競争を排除し又は制限する影響を及ぼす行為に対して適用できる[245]。そのうち、規制対象は「独占行為」であると明確に定めているので、反壟断法が、いわゆる構造的規制ではなく、行為的

---

243)　王暁曄「行政壟断問題的再思考」中国社会科学院研究生院学報第 4 期 50 頁（2009.7）。
244)　同法の原文：以下の政府サイトを参照。http://www.gov.cn/flfg/2007-08/30/content_732591.htm
245)「反壟断法」第 2 条適用範囲を参照。

規制を採用していることを意味する[246]。また，同法の規制対象となる独占行為には，「独占協定」「市場支配的地位の濫用」「競争を排除・制限する企業結合」という3つの「経済的独占」のほか，「行政権力の濫用による競争の排除又は制限」という「行政独占」も含んでいる。

また，反壟断法の執行機関の設置は，「二層構造・三つの機関」という執行体制を採っている。「二層構造」とは，反壟断法の具体的な執行職責を既存の3つの執行機関（国家発展改革委員会，国家工商行政管理総局，商務部）に分散して，その上で，反壟断法の執行の組織，調整および指導を負う国務院反壟断委員会を設置する，という2層構造である。国務院反壟断委員会は，協調的な行政機関である。具体的な執行権限を持つのは3つの執行機関である。そのうち，国家発展改革委員会は価格独占行為の調査・処分を担当している。商務部は，事業者結合行為に対する独占禁止審査を担当している。国家工商行政管理総局は，独占協定，市場支配的地位の濫用，行政権力を濫用した競争の排除・制限（価格独占を除く）に対する執行を担当している。

そこで，反壟断法の実施を具体化するため，2009年から反壟断法の各執行機関が一連の実施規定を制定した。現在まで，

（1）　国家発展改革委員会は価格独占行為の調査・処分を担当して，価格独占行為の予防および是正するために，2010年12月29日に，① 実体規定――「価格独占禁止規定」[247]（「反価格壟断規定」国家発展改革委員会令第7号）と，② その手続規定――「価格独占禁止行政法執行手続規定」[248]（「反価格壟断行政執法程序規定」国家発展改革委員会令第8号）を発布した。

（2）　国家工商行政管理総局は，反壟断法が公布された後，まず，2009年5月26日に，①「行政権力の濫用により競争の排除・制限の禁止に関する手

246）　戴龍「中華人民共和国独占禁止法調査報告書（抜粋）」7頁，公正取引委員会ホームページに掲載されている。
247）　同規定の原文：以下の政府サイトを参照。http://www.gov.cn/flfg/2011-01/04/content_1777969.htm
　　　同規定第3条によると，「価格独占行為」は以下の行為を含む：1．事業者が価格独占協議を締結する行為：2．市場支配的地位のある事業者が価格の手段を利用して，競争を排除・制限する行為。行政機関および法律・法規によって授権された公共事業を管理する機能を持つ組織が行政権力を濫用し，価格の面で競争を排除・制限する行為についても本規定が適用される。
248）　同規定の原文：以下の政府サイトを参照。http://www.gov.cn/flfg/2011-01/04/content_1777998.htm

続規定」（「工商行政管理機関制止濫用行政権力排除，限制競争行為程序規定」[249] 国家工商行政管理総局令第 41 号）と，②「独占協定および市場支配的地位の濫用に対する調査および制裁の手続に関する規定」[250]（「工商行政管理機関査処壟断協議，濫用市場支配地位案件程序規定」国家工商行政管理総局令第 42 号）という 2 つの手続規定を公布した。

また，2010 年 12 月 31 日に，3 つの実体規定を公布した。③「独占協定の禁止に関する規定」[251]（「工商行政管理機関禁止壟断協議行為的規定」国家工商行政管理総局令第 53 号），④「市場支配的地位の濫用に関する規定」[252]（「工商行政管理機関禁止濫用市場支配地位行為的規定」国家工商行政管理総局令第 54 号），および ⑤「行政権力の濫用により競争の排除・制限の禁止に関する規定」[253]（「工商行政管理機関制止濫用行政権力排除，制限競争行為的規定」国家工商行政管理総局令第 55 号）である。

（3）　商務部の反壟断局は企業結合に関する規制および手続を明確にするため，2009 年 11 月 27 日に，①「企業結合の届出弁法」[254]（「事業者集中申報弁法」商務部令 2009 年第 11 号），②「企業結合の審査弁法」[255]（「事業者集中審査弁法」商務部令 2009 年第 12 号）を公布した。

また，企業結合に対して資産または事業の譲渡という条件付きで批准する場合，当該条件の実施を明確にするため，2010 年 7 月に，③「企業結合の資産または業務の剥離実施に関する暫定規定」[256]（「関与実施事業者集中資産或業務剥離的暫行規定」商務部公告 2010 年第 41 号）を公布した。企業結合の市場競争に

---

249)　同規定の原文：以下の政府サイトを参照。http://www.gov.cn/flfg/2009-06/10/content_1335662.htm
250)　同規定の原文：以下の政府サイトを参照。http://www.gov.cn/flfg/2009-06/16/content_1341338.htm
251)　同規定の原文：以下の政府サイトを参照。http://www.gov.cn/flfg/2011-01/07/content_1779945.htm
252)　同規定の原文：以下の政府サイトを参照。http://www.gov.cn/flfg/2011-01/07/content_1779980.htm
253)　同規定の原文：以下の政府サイトを参照。http://www.saic.gov.cn/zcfg/xzgzjgfxwj/fgs/201101/t20110107_103377.html
254)　同弁法の原文：以下の商務部のサイトを参照。http://fldj.mofcom.gov.cn/aarticle/c/200911/20091106639149.html?3314979157=302308573
255)　同弁法の原文：以下の商務部のサイトを参照。http://fldj.mofcom.gov.cn/aarticle/c/200911/20091106639145.html?781291861=302308573
256)　同規定の原文：以下の政府サイトを参照。http://www.gov.cn/gzdt/2010-07/09/content_1649738.htm

対する影響を評価する際にその判断要素を明確するため，2011年8月29日に，④「企業結合による競争への影響評価に関する暫定規定」[257]（「関与評估事業者集中競争影響的暫行規定」商務部公告2011年第55号）を公布した。また，事前届出基準を満たすにもかかわらず事前届出を怠った事業者についての調査・決定を制度化するため，2011年12月30日に，⑤「法に基づき届出を行っていない事業者結合の調査処理に関する暫定弁法」[258]（「未依法申報事業者集中調査処理暫行弁法」商務部令2011年第6号）を公布した。

イ．電力産業に関する規制の内容

「独占協定」に関する規制　反壟断法は，「独占協定」を，競争を排除し，若しくは制限する合意又は決定その他の協調行為と定義している（同法第13条第2項）。独占協定に対する規制は，総則（第1章）に原則的な禁止規定に加え，分則（第2章）においても幾つか典型的な行為類型を列挙している。

また，分則においては独占協定を「水平的独占協定」と「垂直的独占協定」に分けて規制している。水平的独占協定は，価格カルテル（商品の価格を固定し，又は変更すること），生産量または販売量の制限（商品の生産数量又は販売数量を制限すること），市場分割（販売市場又は原材料の購入市場を分割すること），新技術・新設備の購入・開発の制限（新しい技術若しくは設備の購入を制限し，又は新しい技術若しくは新製品の開発を制限すること），共同の取引拒絶（共同して取引をボイコットすること），および最後の受け皿規定としての国務院独占禁止法執行機関により認定するその他の独占的協定，という6種類を列挙している。垂直的独占協定については，主要先進国の競争法では垂直的価格制限と非価格制限という2つの禁止規定がある例が多いが，反壟断法においては垂直的価格制限（第三者に対する商品の再販売価格を固定することおよび第三者に対する商品の再販売価格について最低価格を設けること）のみが規定されている。また，垂直的独占協定の受け皿（国務院独占禁止法執行機関が認定するその他の独占協定）も補充規定として定められている。

また，独占協定が価格に関する独占協定と非価格に関する独占協定に分けて

257）　同規定の原文：以下の商務部サイトを参照。http://www.mofcom.gov.cn/aarticle/b/c/201109/20110907723440.html?1804767573=302308573

258）　同弁法の原文：以下の政府サイトを参照。http://www.gov.cn/flfg/2012-01/05/content_2037379.htm

それぞれに国家発展改革委員会と国家工商行政管理総局によって規制されている。価格に関する独占協定を認定する際に，その考慮要素[259]となるのは，① 事業者の価格協定という行為に一致性があること，② 事業者に意思の連絡が行われたことである。さらに，協定行為を認定する際には，市場構造および市場変化等の情況も考慮しなければならない。

さらに，事業者の自発的な申告によるその処罰を減軽・免除する制度（リニエンシー制度）も導入された[260]。締結した価格独占協定の関連状況を最初に自主的に報告し，かつ，重要な証拠を提供した場合，処罰を免除することができる。2番目に自主的に報告し，かつ，重要な証拠を提供した場合，50%を下回らない幅で処罰を軽減することができる。その他，締結した価格独占的協定の関連状況を自主的に報告し，かつ，重要な証拠を提供した場合，50%を上回らない幅で処罰を軽減することができる。

同様に，非価格に関する独占協定（生産量又は販売量の制限，市場分割，新技術・新設備の購入・開発の制限，共同の取引拒絶）に対する考慮要素[261]およびリニエンシー制度[262]についても規定している。

「市場支配的地位の濫用」に関する規制　日本の「私的独占」の規定のように，反壟断法は市場支配的地位の濫用行為の禁止規定を定めている。市場支配的地位の濫用についての規制は，中国における独占禁止関連の立法の中で，最も具体的に規制が定められた分野である。EU 競争法を参考に規定されているので，その行為要件，効果要件，正当化事由などの具体的規制内容が，日本の私的独占規定と異なるところが多い。

まず，市場支配的地位とは，事業者が① 関連市場において商品価格，数量若しくはその他取引条件をコントロールすることができ，② 又は他の事業者による関連市場への参入を阻止又は影響する能力を有する市場地位[263]ということである。そして反壟断法の総則第6条には「市場において支配的地位を有する事業者は，その市場支配的地位を濫用して，競争の排除又は制限をして

259）「価格独占禁止規定」第6条。
260）「価格独占禁止行政法執行手続規定」第14条。
261）「独占協定の禁止に係る条項」第3条。
262）「独占協定の禁止に係る条項」第12条。
263）「反壟断法」第17条第2項。

はならない」と規定し，市場支配的地位の濫用行為を禁止している。

　また，市場支配的地位を有すること自体は違法ではないが，市場支配的地位を濫用する行為は禁止されているのである。したがって，その市場支配的地位の濫用行為の規制対象を具体化するため，分則（第 3 章）「市場支配的地位の濫用」においては，独占価格，略奪的価格設定，取引拒絶，強制的取引，抱き合わせ販売および不合理な取引条件付き販売，差別的待遇という違法行為を列挙している[264]。

　中国反壟断法における市場支配的地位の認定にあたっては，市場シェアおよび関連市場の競争状況・川上川下市場に対する支配力（当該事業者が販売市場又は原材料調達市場を支配する能力）・資金力および技術条件・その他の企業が取引において当該事業者に対する依存程度・その他の事業者が関連市場へ参入する難易度等の要素を総合的に考慮して判断する[265]。また，1 つの事業者の関連市場における市場占拠率が 2 分の 1，2 つの事業者の関連市場における市場占拠率の合計が 3 分の 2，3 つの事業者の関連市場における市場占拠率の合計が 4 分の 3 に達する場合に，当該事業者が市場支配的地位を有すると推定できるとされている[266]。

　さらに，市場支配的地位の濫用行為が価格に関する濫用行為と非価格に関する濫用行為に分けてそれぞれに国家発展改革委員会と国家工商行政管理総局が公布した実施法規によって規制されている。

　企業結合に関する規制　まず，反壟断法第 20 条は，規制対象となる事業者結合（「事業者集中」）の類型を規定している。つまり，① 事業者合併；② 事業者が株式又は資産の取得を通じて他の事業者に対する支配権を取得；③ 事業者が契約などの方式を通じて他の事業者に対する支配権を取得し，又は他の事業者に対して決定的影響を与えることができる状況を含んでいる。

　また，事業結合を実施しようとする事業者は，国務院により公布した申告標準[267]を満たすなら，商務部に申告を提出しなければならない。初歩審査とさらなる審査を経て，事業者結合を禁止する旨の決定又は制限条件を付す旨の決

---

264)　同法第 17 条。
265)　同法第 18 条。
266)　同法第 19 条。

定がなされなければ，事業者は予定どおり事業者結合を実行することができる。そのうち，禁止せずという決定は具体的に「無条件承認」と「制限的条件付の承認」という2種類の決定を含んでいる。制限的条件には以下のものを含むことができる[268]。① 結合に参与する事業者の一部資産又は業務を剥離する等の構造的条件；② 結合に参与する事業者がこれのネットワーク又はプラットフォーム等のインフラストラクチュアを開放し，核心的技術を許可し（特許，ノウハウ又はその他知的財産権を含む），排他性協議を終了する等の行為的条件；③ 構造的条件および行為的条件を組み合わせた総合的条件。

「行政独占」に関する規制　反壟断法第8条は「行政機関および法令の授権により公共事務を管理する権限を有する組織は，行政権力を濫用して，競争の排除又は制限をしてはならない」という原則的規定を定めている。また，同法第5章には，禁止となる行政独占行為を以下のような6つの行為類型に分けて列挙している。

① （指定事業者の商品を購入する限定行為）その指定する事業者によって提供される商品のみを取り扱い，売買し，又は使用するよう，事業者その他の組織および個人の行為を制限し，又は同様の行為によってこれを制限してはならない[269]。

② （地域閉鎖行為）地域間における商品の自由な流通を妨げる行為[270]。

③ （入札参加の制限）差別的な資格要件および審査基準を設定し，又は法に基づく情報を公表しない等の方法により，他の地域の事業者の当地における入札への応募又は入札活動への参加を排斥又は制限する行為[271]。

④ （市場参入の制限）当地の事業者と比べて不平等な待遇をする等の方法により，他の地域における事業者の当地における投資又は支店の設立を排斥又は制限する行為[272]。

---

267) 「企業結合の申告標準に関する規定」（2008年国務院令第529号）第3条によると，以下の標準を満たすと，申告しなければならない：① 事業者集中に参加するすべての事業者の前会計年度の世界売上高の合計が100億人民元を超え，かつ，そのうち少なくとも2事業者の前会計年度の中国国内における売上高がいずれも4億人民元を超える；または，② 事業者集中に参加するすべての事業者の前会計年度の中国国内における売上高の合計が20億人民元を超え，かつ，そのうち少なくとも2事業者の前会計年度の中国国内における売上高がいずれも4億人民元を超える。

268) 「企業結合の審査弁法」第11条。

269) 「反壟断法」第32条。

⑤　（独占行為の強制）本法で定める独占的行為を行うよう事業者に強制する行為[273]。

⑥　（競争制限的規則の制定）競争を排除又は制限する内容を含む規則を制定する行為[274]。

また，行政独占行為についての規制を担当している国家工商行政管理総局は，その実施規定において，事業者が関わる行政的な関与の存在を理由に実施した禁止行為を列挙している：① 行政機関および法令の授権により公共事務を管理する権限を有する組織による行政的限定を理由に，独占協定を締結・実施し，又は市場支配的地位を濫用する行為に従事すること；② 行政機関および法令の授権により公共事務を管理する権限を有する組織による行政的授権を理由に，独占協定を締結・実施し，又は市場支配的地位を濫用する行為に従事すること；③ 行政機関および法令の授権により公共事務を管理する権限を有する組織によって制定・発布された行政的規定を理由に，独占協定を締結・実施し，又は市場支配的地位を濫用する行為に従事すること[275]。

しかし，ここに注意すべき点としては，行政独占行為を実施する主体が，行政機関および法令の授権により公共事務を管理する権限を有する組織に限定されるので，以上のような行為を実施した事業者に対して，「行政独占」の規定ではなく，「独占協定」または「市場支配的地位の濫用」の規定によって規制されることである。

---

270)　同法第33条。同条には，地域閉鎖行為に対してさらに以下のように分けている。① 他の地域の商品に対して，差別的な料金徴収項目を設定し，若しくは差別的な料金徴収基準を適用し，又は差別的な価格を定める行為；② 他の地域の商品に対して，当地における同類の商品とは異なる技術的な要求を行い，若しくは検査基準を設け，又は他の地域の商品に対して重複検査，重複認証等の差別的な技術措置を採ることにより，他の地域の商品の当地における市場への参入を制限する行為；③ 他の地域の商品のみを対象とした行政許可を実施して，他の地域の商品の当地における市場への参入を制限する行為；④ 検査所の設置又はその他の方法によって，他の地域の商品の当地における市場への参入又は当地の商品の他の地域における市場への進出を妨げる行為；⑤ 商品の地域間における自由な流通を妨げるその他の行為（本書における引用した「反壟断法」の条文は，公正取引685号（2007.11）に掲載された公正取引委員会官房国際課により仮訳した「中華人民共和国独占禁止法」を参考にした）。

271)　「反壟断法」第34条。

272)　同法第35条。

273)　同法第36条。

274)　同法第37条。

275)　「行政権力の濫用による競争の排除・制限の禁止に関する規定」第5条。

(3) 「価格法」

ア．「価格法」の位置づけおよび「反壟断法」との関係

「価格法」[276]は，1997年12月29日に採択され，1998年5月1日から実施された。現在まで既に20年近く運用されている。公布された時から，同法は価格に関する法体系の「基本法」として位置づけられていた[277]。「価格法」に対する期待が非常に高かった。米国の反トラスト法・シャーマン法，日本の独占禁止法のような市場経済の基本法として位置づけるべきという見解も存在していた[278]。同法は，政府および関連政府部門が価格に関する行政法規・規則の制定に対して立法根拠を提供している。経済活動における価格に関する行為を規制し，価格による資源の合理的配置の役割を発揮させ，市場価格の水準を安定化させ，消費者および経営者の権益を保護し，正常な価格秩序を維持し，市場経済の健全な発展を促進することに対して重要な役割を果たしている。また，同法には，市場により価格を形成するというメカニズムを実行することが明確にされている。大多数の商品およびサービスの価格については，市場調節価格を実行し，ごく少数の商品およびサービスの価格については，政府指導価格又は政府決定価格を実行する，と規定している。同法は，計画経済体制から市場経済体制への移行期において，社会主義の市場経済体制の形成または発展を促進している[279]。

しかし，「反壟断法」が公布された後，価格に関する独占行為に対して「価格法」と「反壟断法」が併存する状況になった。例えば，「価格法」第14条は，事業者は相互に通謀し，市場価格を操縦し，他の事業者若しくは消費者の適法な権益を損なうこと，競争相手を排除し若しくは市場を独占するため，原価を下回る価格によりダンピングすること，価格上昇の情報をねつ造し若しくは流布し，価格をつり上げ，商品価格の暴騰を推進すること，又は虚偽若しくは人をして誤解させる価格手段を利用し，消費者又は他の事業者を誘引してそれらの者と取引すること若しくは差別対価することなどの不正価格行為をしてはな

276）　同法の原文：以下の政府サイトを参照。http://www.gov.cn/banshi/2005-09/12/content_69757.htm

277）　李在峰「実施価格法完善価格法律体系」価格与市場第6期6頁（1998）。卞耀武「宣伝貫徹価格法意義深遠」『価格理論与実践』第5期6頁（1998）。

278）　李戳・崔紅衛「価格法是市場経済的基本法」価格理論与実践第7期41頁（1994）。

279）　韋大楽「価格法成効与完善建議」法学雑誌第24巻49頁（2003.7.15）。

らないと規定している。他方，反壟断法の独占協定・市場支配的地位の濫用に
該当する可能性もある。実務的には，価格独占行為に対しても，「反壟断法」
ではなく，「価格法」および「価格違法行為行政処罰規定」[280] に基づき処理し
たものが多い [281]。したがって，現在，価格違法行為に対する規制を巡って両方
間の相互関係を検討する内容が多くなっている。

　中国において「反壟断法」と「価格法」との関係が「一般法と特別法」，ま
たは「新法と旧法」であると認識している学説 [282] が存在していたが，現在の
多くの説では，両者は相互衝突または相互競合する内容があり，相互補完関係
であると認識している [283]。

　具体的にいえば，「価格法」には，価格の形成される方法の区別に基づき，
価格を「市場調節価格」「政府指導価格」および「政府決定価格」に分類して
いる [284]。「市場調節価格」は，事業者が自主的に制定し，市場競争により形成
される価格である。「政府指導価格」は，同法の規定によって政府の価格主管
部門その他の関係部門が，価格決定の権限および範囲に基づき基準価格および
その浮動幅を定め，事業者を指導して制定する価格である。「政府決定価格」
は，同法の規定によって政府の価格主管部門その他の関係部門が，価格決定の
権限および範囲に基づき制定する価格である。これらの規定は，反壟断法の規
制範囲より広く，基本的な規定が多く，反壟断法を補完する役割を果たしてい
る。しかし，どのように相互補完するのかに対して，学説は必ずしも一致して

---

280)　同法が 2010 年に修正された。修正後の原文については以下の政府サイトを参照。
　　　http://www.gov.cn/zwgk/2010-12/10/content_1762672.htm
281)　例えば，2011 年 5 月 6 日に国家発展改革委員会は，ユニリーバ（中国）が値上げの情
　　　報を流布して市場秩序を混乱させた価格違法行為に対して，同時既に公布された「反壟断
　　　法」ではなく，「価格法」第 14 条，および「価格違法行為行政処罰規定」（当時）第 6 条第
　　　1 項第 1 号に違反すると判断した。ただし，ユニリーバ（中国）が公開的に価格調整の一時
　　　停止を宣言し，消費者に謝罪し，自ら違法行為の影響を軽減させたことを考慮して，結局，
　　　「価格違法行為行政処罰規定」第 6 条，第 17 条第 2 項第 1 号および「行政処罰法」第 27 条
　　　第 1 号の規定に基づき，上海市物価局によって 200 万元の行政罰金を科された（「聯合利華
　　　散布漲価信息被罰両百万元」人民日報第 2 版（2011.5.7））。
282)　李常青・万江「価格法与反壟断法的競合与選択適用問題研究」中国価格監督検査第 12
　　　期 24 頁（2012）。
283)　例えば，史際春・肖竹「論価格法」北京大学学報（哲学社会科学版）第 45 巻第 6 期
　　　56-63 頁（2008.11）。黄勇・劉燕南「価格法与反壟断法関係的再認識以及執法協調」価格理
　　　論与実践第 4 期 11-22 頁（2013）。鄭翔「協調反壟断法与価格法関係的探討」北京交通大学
　　　学報（社会科学版）第 6 巻第 3 期 93-97 頁（2007.9）。
284)　「価格法」第 3 条。

いないが，主に，以下のような2つの見解が存在している。

①　「価格法」の存在または実施に基づき，「反壟断法」の適用範囲または程度を判断する見解である。「価格法」にしたがって「市場調節価格」が実施されている分野においては，「反壟断法」が十分に適用できる；「価格法」にしたがって「政府指導価格」が実施されている分野には，「反壟断法」が有限な役割を果たす；「価格法」にしたがって「政府決定価格」が実施されている分野には，「反壟断法」は暫く適用しない[285]。

②　様々な要素を考慮しながら両法の適応範囲または適用程度を柔軟に判断する見解である[286]。両法の規制の目的と規制の手段の相違点に基づき，また，当該価格違法行為の具体的な実施手段または行為の目的に基づき，両法の適用可能性を判断する。

イ．電力産業に関する規制内容

価格法第3章は政府の価格決定行為の規制について，国民経済の発展および国民生活との関係が重大なごく少数の商品価格，資源が希少な，または欠けている少数の商品価格，自然独占経営の商品価格，重要な公用事業の価格，重要な公益性サービス価格については，政府は必要な場合，「政府指導価格」または「政府決定価格」を実施することができると定めている[287]。これ以外の場合には，「市場調整価格」が実施される。

それは，市場経済体制の下で，「政府指導価格」または「政府決定価格」の実施される分野（または産業）についての強制的な規定であり，実際には，規制機関により料金規制を実施する範囲を画定することである[288]。こうした規定は，市場化改革前の電力産業の事情に基づいて設定されたものである。市場化改革が行われている現在の電力産業においては，「政府指導価格」または「政府決定価格」を実施する分野が依然として多いが，今後，電力産業における市

---

285)　黄勇・劉燕南「価格法与反壟断法関係的再認識以及執法協調」価格理論与実践第4期 11-22頁（2013）。

286)　呂清正「反壟断法和価格法的関係与立法協調探討」安徽大学法律評論第1期127-139頁 （2006）。鄭翔「協調反壟断法与価格法関係的探討」北京交通大学学報（社会科学版）第6巻 第3期93-97頁（2007.9）。

287)　「価格法」第18条。

288)　史際春・肖竹「論価格法」北京大学学報（哲学社会科学版）第45巻第6期58頁 （2008.11）。

場化改革の深化，規制機関による料金規制の緩和につれて，電力産業における競争を導入する分野が拡大されると予想される。電力産業の発電分野において，市場競争によって卸電気料金を形成するメカニズムが先進国の電力改革の潮流である。したがって，「市場調整価格」を実施する分野が徐々に広がるようになると，「市場調整価格」に関する規定（同法第2章　事業者の価格行為に関する規定）を適用する場合が増えると予想される。

（4）　その他の競争に関連する法規・規定

　以上に挙げられた法規以外は，直接に市場競争制限行為を規制対象としていないが，市場経済の秩序を安定化させることに関連して，「競争に関連する法規」または「競争法に付属する法規」[289] と呼ばれる法規が幾つかある。

　（1）　1999年に公布された「中華人民共和国入札法」[290] および同法に基づき制定された「中華人民共和国入札法実施条例」（2011年12月20日公布）がある。

　同法は，① 入札における排除・差別的行為：入札者は，不合理な条件で潜在的応札者を制限あるいは排除してはならないものとし，潜在的応札者に対して差別待遇を与えてはならない（第18条第2項）；② 強制的行為：入札者は，応札者が連合体の結成による共同的応札を強制してはならず，応札者間の競争を制限してはならない（第31条第4項）；③ 入札談合：応札者はお互いに入札オファーについて談合を行ってはならない。また，他の応札者の公平な競争を排除してはならなくて，入札者およびその他の入札者の合法的権益に損害を与えてはならない。応札者は，応札する時に入札者と談合してはならず，国家の利益，社会の公共利益並びに他者の合法的権益に損害を与えてはならない。応札者が入札者又は入札評価委員会メンバーに対し賄賂の手段によって落札することを禁止する（第32条）と規制している。

　（2）　2001年4月21日に国務院によって公布された「市場経済活動における地域的封鎖の禁止に関する国務院の規定」[291]（国務院令第303号）。同規定は，

---

289)　王仁富「中国競争法律体系及其協調性研究」23頁（安徽大学，2010）。

290)　同法の原文：以下の政府サイトを参照。http://www.people.com.cn/item/flfgk/rdlf/1999/111701199904.html

291)　『国務院公報』第19期13-16頁（2001）。

全国的に統一された，公正な競争を促すための，規範的かつ秩序ある市場システムを確立，整備するため，地方保護主義を取り除き，社会主義市場経済秩序を維持することを目指して制定された行政法規である[292]。

　また，同規定は，地方の各級政府および所属部門による地域を閉鎖することを目的とした以下のような行為を禁止している：① 当地の商品またはサービスを購入する限定行為，② 境界に検問所の設置による外来商品の阻止行為，③ 外来商品・サービスに対する差別的な費用徴収・価格設定行為，④ 外来商品に対する差別的な検査標準の設定行為，⑤ 外来商品に対する差別待遇の実行行為，⑥ 外来事業者による当地での入札活動参加を制限・排除する行為，⑦ 外来事業者による当地での投資，分・支店の設立を制限・排除する行為，⑧ 地域的封鎖を目的としたそのほかの行為。また，⑨ 地域的閉鎖または地域的閉鎖を意味する内容を含む規定を設定してはならないと規定している。

　(3)　司法解釈：最高人民法院は2012年5月3日に，反壟断法が定める独占行為について生じた民事訴訟案件に関する司法解釈——「独占行為に起因する民事紛争案件の審理における法律適用に係る若干の問題に関する規定」[293]を公布した。

　反壟断法第50条は，事業者が独占行為を実行して他人に損害を与えた場合，事業者は民事責任を負うと規定しているが，同司法解釈は，この条項をより具体化し，独占行為による損害を受けた自然人又は法人等は人民法院に対して直接民事訴訟を提起できることを明記しているほか，訴訟の管轄，立証責任，訴訟時効等についても具体的な規定を設けている。

　また，同司法解釈第9条は，「訴えられた独占行為が公共企業又は法的独占地位を有する他の経営者による市場支配地位を濫用する行為に属する場合に，人民法院は市場の構造および競争状況の具体的な状態に基づき，被告が関連市場において支配的地位を認定することができる。ただし相反する証拠がある場合はこの限りではない」と規定している。

---

292)　同規定第1条。
293)　同司法解釈の原文：以下の最高人民法院のサイトを参照。http://www.court.gov.cn/qwfb/sfjs/201205/t20120509_176785.htm

2　電力産業に対する競争法体系の適用可能性

(1)　「適用除外」規定の削除

　中国政府は国家経済の促進と社会安定または国家の安全に関わる産業に対して，様々な産業政策・事業規制法を制定している。例えば，郵政事業を規制するための「中華人民共和国郵政法」(1986年公布)，鉄道事業を規制するための「中華人民共和国鉄道法」(1990年公布)，民用航空事業を規制するための「中華人民共和国民用航空法」(1995年公布)，石炭分野を規制するための「中華人民共和国石炭法」(1996年公布) などの規制法が挙げられる。また，国務院により公布された一連の事業規制条例，産業監督管理部門により公布された部門規則なども大量に存在している。

　これらの産業には特別な産業特性が存在しているので，競争法が適用できるか否かに対して様々な論争が行われていた。「反壟断法」の起草過程においても，こうした争論の影響を受けて，立法者の態度はあまり明確ではなかった。例えば，「中華人民共和国反壟断法大綱」(1999年11月30日案) は，「郵便，鉄道，電力，ガス，水道等の自然独占あるいは公共事業の，国務院反独占主管機関の許可を得た行為は，この法律公布の5年以内は，この法律の規定に適用しない。」(附則第53条)[294] と規定していた。また，「中国独占禁止法要綱案」(2000年6月20日案) においても，「国務院独占禁止機関の許可を得た郵便，鉄道，電力，ガスおよび水道供給等の自然独占または公共事業者の独占行為は，この法律を公布してから5年以内は，この法律の規定に適用しない」(附則第53条)[295] と規定していた。しかし，自然独占産業，公共事業に対する反壟断法の適用除外の規定を盛り込んだ反壟断法草案が中国の学者によって批判された結果，2001年の要綱案からこのような適用除外が削除された。

---

294)　陳丹舟『中国反壟断法（独占禁止法）におけるカルテル規制と社会主義市場経済――産業政策と競争政策の「相剋」』274頁（早稲田大学出版部，2013)。
295)　同上277頁。

(2) 「反壟断法」第7条に関する認識

自然独占産業，公共事業の適用除外という規定が削減されたが，反壟断法第7条においては，「国有経済が支配的地位を占め，かつ国民経済の根幹および国家の安全にかかわる業種並びに法に基づき独占経営および独占販売を行う業種について，国は当該事業者の適法な事業活動を保護し，且つ当該事業者の事業活動並びにその商品およびサービスの価格を法に基づき管理および監督し，並びに調整および制御することにより，消費者の利益を保護し，技術の進歩を促進する。前項において定める業種の事業者は，法に基づき事業活動を行い，誠実に信用を守り，厳格に自己を律し，社会公共の監督を受けなければならず，その支配的地位並びに独占経営および独占販売の地位を利用して消費者の利益を害してはならない。」[296]と定められている。

本条は，全国人民代表大会常務委員会が反壟断法を審議する段階で新たに追加された条文である[297]。本条は中国における「特殊産業」についての規定である。しかし，本条に対する解釈を検討すると特殊産業の競争法の適用可能性について疑問が生じる。以下では，本条に対する解釈を巡る議論を考察する。

ア．「特殊産業」の定義

本条が規定する「特殊産業」は「国有経済が支配的地位を占め，かつ国民経済の根幹および国家の安全にかかわる業種」および「法に基づき独占経営および独占販売を行う業種」の2種類を含んでいる。

「国有経済が支配的地位を占め，かつ国民経済の根幹および国家の安全にかかわる業種」について明確に解説した文献等はほとんどなく，司法解釈や学説も少なく，中国法に類似の概念等も存在していないが，一般的には2006年12月18日に国務院の国有資産監督管理委員会（以下，「国資委」という）によって公布された「国有資産の調整と国有企業再編の推進に関する指導意見」（「関与推進国有資産和国有企業重組的指導意見」）の中に示された「国家安全および国民経済の根幹にかかわる重要業種や基幹領域」の範囲が参考になる[298]。こ

---

296) 本書において引用した「反壟断法」の条文は，公正取引685号（2007.11）に掲載された公正取引委員会官房国際課により仮訳した「中華人民共和国独占禁止法」を参考にした。
297) 戴龍「中華人民共和国独占禁止法調査報告書（抜粋）」6頁。公正取引委員会ホームページに掲載されている。
298) 張傑斌「特定行業的『反壟断法』適用研究——「中華人民共和国反壟断法」第七条評析」北京化工大学学報（社会科学版）第4期21頁（2007）。

こでは，「国家安全および国民経済の根幹にかかわる重要業種や基幹領域」とは国家安全にかかわる業種，重大なインフラ施設と重要な鉱物資源，重要な公共製品とサービスを提供する業種，基幹産業および重要なハイテク産業である，とされている。国務院の国資委の責任者は，これをさらに具体的に軍事工業，電力，石油，石油化学，電気通信，石炭，民用航空および海運などの 7 つの分野に分けた[299]。これらの企業の大半は国有企業である。国資委は今後，国有資産がこれらの産業への集中度をさらに強化し，「絶対的なコントロール力」を守るという目標を明確にした[300]。

　また，「法に基づき独占経営および独占販売を行う業種」（中国語で「専営専売業種」という）は，中国政府が社会経済および政治・国防等の産業政策を考慮した上，専門法に基づき独占経営および独占販売を許可された産業である。主に，煙草業[301]，食塩業[302]，甘草および麻黄草業[303]，化学肥料・農薬・農業用プラスチック・フィルム業[304] という 4 つの業種が挙げられる。

イ．異なる視点からの本条に対する認識

　第 7 条の規定内容を分析すると，2 つの趣旨を持っているとする見解が有力である。1 つは，第 1 項に述べられているように，特殊産業の事業活動は国によって保護され，国からの価格規制・事業監督・産業調整を受けるべきであるという趣旨である。もう 1 つは，特殊産業の事業者は支配的地位（又は，独占経営および独占販売の地位）を濫用してはいけないという趣旨である。つまり，特殊産業に対する「保護」と「規制」の姿勢が共に規定されている点が本条の特徴となっている。しかし，特殊業種における競争制限行為に対して，政府からの保護政策と競争法の適用の間をどのように調整するかについて具体的な指針はない上，反壟断法の執行機関が反壟断法を運用する際にも特殊業種に対する対応方法は一貫していない[305]。もちろん，本書執筆時点（2014 年 6 月）で

---

299)　国有資産監督管理委員会の主任李栄融に対するインタビュー。新華網。http://news.xinhuanet.com/fortune/2006-12/18/content_5504102.htm

300)　新華網。http://news.xinhuanet.com/fortune/2006-12/18/content_5504102.htm

301)　1991 年 6 月に発布された「中華人民共和国煙草専売法」に基づく。

302)　1996 年国務院により発布された「食塩専営弁法」に基づく。

303)　2001 年国家経済貿易委員会により発布された「甘草および麻黄草業専営および許可証管理弁法」に基づく。

304)　1988 年国務院による「化学肥料・農薬・農業用プラスチック・フィルム業に対する専営を実行する決定」に基づく。

114

反壟断法が公布されてからわずか5年しか経過していないので，反壟断法を厳密かつ合理的に解釈して，即時かつ効率的に執行することは，まだ経験の少ない執行機関にとってはチャレンジングであるが，特殊産業に対する競争法の適用の可否について，明確な態度が確立されていないようにみえる。

また，中国の経済発展の歴史および現状からみれば，本条によって規制されている「特殊産業」は，自然独占産業であり，国有企業として経営するのが普通であり，特別な事業規制法によってその法的な独占地位が保護され，産業ごとに規制機関が設置されているので，「国有企業」「自然独占産業」「規制産業」「法的独占産業」などと呼ばれることが多い[306]。したがって，第7条の「特殊産業」については，どのような視点から検討するかによって結論が異なることになり，反壟断法が適用される有無・程度に差異が生じる。

「国有企業」の視点から：第7条は適用除外とならない　第7条の「特殊産業」が国有企業を指すという見解にたった場合，現在の中国における通説では国有企業は反壟断法の適用除外の対象ではないので，本条は，反壟断法の適用除外の規定ではないという結論になる。この学説の論者は第7条の実質的な内容は，特殊産業に実施される国家（政府）からの関与に対する競争法上のルールを定めることであるとする[307]。そして，本条の第1項と第2項が一見矛盾するように読めるのは，立法作業における（違う立場および観点の間の―筆者注）対立と妥協を反映しているからである。立法者の苦心を窺わせるものであり，単に本条を特殊産業に対する保護と認識するのは妥当ではない[308]と考えられている。そして，本条は国有企業に対する保護条項であるが，反壟断法の適用除外条項

---

305)　例えば，電力産業に係る事件ではないが，類似の特殊業種である電気通信産業の事件で，中国においてよく比較される次の2つが参考になる。具体的には，中国聯通と中国網通の合併事件（2009年）および中国電信と中国聯通の市場支配的地位の濫用事件（2011年）に対して，反壟断法の執行機関が明らかに違う対応方法を採用した。前者に対しては，「反壟断法」第21条および「国務院が事業者集中の申告標準に関する規定」第3条に基づき，当該合併についての審査を行うべきであったが，国家工信部の実施計画に基づき，商務部に関わる審査を提出しなかった。結局，執行機関は合併に対する審査を行わなかった。さらに，「反壟断法」に違反したことが証明された後（http://finance.ifeng.com/news/industry/20090430/609480.shtml）も，法的措置をしなかった。しかし，後者の場合に対しては，執行機関は即時に対応し，当事者の市場支配的地位を濫用する行為を調査して法的措置を行った。これらの事業分野に対する執行機関の不明確な態度を反映した。

306)　孟雁北「我国反壟断法之于壟断行業適用範囲問題研究」法学家第6期45頁（2012）。

307)　張傑斌「特定行業的反壟断法適用研究――中華人民共和国反壟断法第七条評析」北京化学大学学報（社会科学版）第4期25頁（2007）。

308)　同上。

ではないので，国有企業が独占協議行為，市場支配的地位の濫用行為，事業者集中および行政独占行為を行えば他の事業者と同じく反壟断法を適用すべきであるとされている[309]。

「自然独占産業」の視点から：第 7 条は適用除外規定であるという学説　一方，本条の「特殊産業」は自然独占産業を指すと解して，本条を根拠に，国家が特殊産業に従事する事業者の法的独占の下での経営活動を保護すべきであるので，特殊産業を反壟断法の適用除外とすべきとする学説がある。この説の主張者は，反壟断法の適用除外は，第 7 条に規定される 2 種類の特殊産業（自然独占産業を指す）だけではなく，特殊な水平的協定[310]，知的財産権に関わる行為，さらに銀行業並びに保険業も含むと考えている[311]。

また，第 7 条に規定される特殊産業は，国家独占産業または自然独占産業として，国民経済に重要な戦略地位を有し，社会全体的な利益と関係するので，これらの産業の安定性・効率性を維持するため，一定の独占の存在を認めるべきであり，反壟断法の適用除外とすべきであると主張する学者もいる[312]。

「規制産業」の視点から：政府規制に制限される反壟断法の適用　本条の「特殊産業」は，政府が特別な産業事業法を制定して規制措置・産業政策を実施している産業が「規制産業」を指すと解して，「規制産業」への反壟断法の適用を認めるが，ある程度の制限を与えうるという主張がある[313]。この説によれば，本条の「国は当該事業者の適法な事業活動を保護」するという規定からみれば，事業者が政府規制または産業政策上の法的根拠があれば，反壟断法の適用除外に該当すると推定されることになり，反壟断法の適用を排除または制限できることになる[314]。当該事業者は政府規制または産業政策に従うのではなく，または，十分な法的依拠がない場合には反壟断法を適用できることになる[315]。また，こ

---

309)　方小敏「論反壟断法対国有経済的適用性──兼論我国反壟断法第 7 条的理解和適用」南京大学法学評論春季巻 138 頁（2009）。
310)　つまり，反壟断法第 15 条に規定されている適用除外となる独占的協定である。
311)　王茂林「論我国反壟断法適用除外制度」西部法学評論第 1 期 74 頁（2009）。陳忠言・張巍「反壟断法適用除外制度若干問題研究」雲南大学学報（法学版）第 23 巻第 3 期 119 頁（2010.5）。
312)　呉宏偉・金善明「論反壟断法適用除外制度的価値目標」政治与法律第 3 期 46 頁（2008）。
313)　孟雁北「我国反壟断法之于壟断行業適用範囲問題研究」法学家第 6 期 46 頁（2012）。
314)　同上 47 頁。
315)　同上 51 頁。

の説は，反壟断法と産業規制法の関係が「一般法と特別法」の関係と認識している
いるので，両法が矛盾する時に，「中華人民共和国立法法」（同法第 83 条 [316] ―
筆者注）（以下，「立法法」という）にしたがって，特別法としての産業規制法が
優先的に適用されるべきであると主張している [317]。

　さらに，本条から，法律・行政法規に基づき，国務院が産業政策または国家
マクロ的経済政策を執行するために行われる市場参入規制は，反壟断法におい
て規定される独占行為ではなく，反壟断法第 5 章で定める行政権力の濫用に
よる競争制限行為でもなく，反壟断法の規制対象にはならない [318] ことが示さ
れるので，国務院の市場参入規制が反壟断法の適用に対して一定の制限となっ
ている。要するに，本説は，特殊産業が規制産業として，当然に反壟断法の適
用除外ではないが，産業政策および政府規制の存在ということは，反壟断法の
適用に一定の制限を与えると考える。

(3) 電力産業への競争法の適用可能性の肯定

　前述のように，電力産業は，一般的な商品・サービスを提供する産業と比べ
て，「国有企業」（その実質が「政府独占」ではないかと思われる），「自然独占産
業」，「政府規制産業」等の特殊性が混合されているので，電力産業の競争法の
適用可能性を判断する際に，電力産業の異なる特殊性を出発点として検討する
と，異なる結論を導き得る。

　本書は，電力産業が競争法の適用除外となる法的根拠が存在していないとい
う理由で，いかなる視点から分析しても，電力産業に対して競争法を適用する
可能性があると主張する。具体的には，以下のとおりである。

　まず，電力産業に従事する国有企業に対しても競争法を適用すべきである。
国有企業であるという理由で，競争法の適用を排除するわけではない。とりわ
け，国有企業が様々な産業分野に数多く存在している中国にとっては，民間企

---

316)　同法第 83 条は，「同一機関が制定した法律，行政法規，地方性法規，自治条例，単行条
　　例，規章について，特別規定と一般規定が一致しない場合，特別規定を適用する。新しい
　　規定と従前の規定が一致しない場合，新しい規定を適用する。」と定めている。
317)　孟・前掲注 313）52 頁。
318)　戴龍「中華人民共和国独占禁止法調査報告書（抜粋）」7 頁公正取引委員会ホームペー
　　ジで掲載されている。全国人大常委会法制工作委員会経済法室編『中華人民共和国反壟断
　　法――条文説明，立法理由及相関規定』8 頁（北京大学出版社，2007）。

業が公平に市場参入して，国有企業と自由かつ公平に競争できるようになるた
め，国有企業に対する競争法の適用が極めて不可欠である。競争法の適用可能
性は，企業（事業者）の所有の性質と関係はない。明確に適用除外と規定する
場合を除き，競争法は，国有企業であっても，一般的な民間企業であっても，
競争法の事業者（反壟断法の「経営者」）に該当する者が行った競争制限行為に
対して，適用できると考える。

　また，電力産業の自然独占性から分析すると，本書の第 1 章に分析したよ
うに，現在，自然独占性の範囲が狭まっている。電力産業において，発電分野
と小売分野は競争可能な分野になるので，当然に競争法の適用を排除してはな
らない。この点について，中国の学者には，電力産業に対して競争法が「原則
適用，例外除外」すべきだと主張する者がいる[319]。すなわち，原則として，競
争法は電力産業などの自然独占産業に対して適用でき，電力産業の全般に対す
る競争法の適用除外を否定しつつ，電力産業を自然独占分野と競争可能的分野
に分けて，後者だけに競争法の適用を肯定して，個別的な自然独占分野に対す
る競争法の適用除外を一定程度に認めると主張している。

　しかしながら，「例外除外」となる場合がどのように合理的に判断されるか
が問題となっている。例えば，自然独占分野における送電事業者（中国電網公
司と南方電網公司）が自らの市場支配的地位を濫用して，川上市場または川下
市場における事業者と取引する際に，不合理な取引条件を付した場合，これを
如何に判断するかが問題となる。この点，送配電分野が一定の自然独占性を有
するので，世界中のほとんどの国には送配電分野の独占構造を認めているが，
反壟断法の「行為規制」という原則に基づき，送配電線分野の独占構造の下で，
送配電事業者が行った競争制限行為に対しても競争法が適用可能であると考え
る。

　さらに，本書は，電力産業が規制産業であるので，政府規制の関与または
様々な産業政策の存在を理由に，当然に競争法の適用を除外するという主張を
否定的に考える。特に，中国における多くの規制政策または産業政策は，法律

319)　史際春「公用事業引入競争機制与反壟断法」王暁曄編著『競争法与経済発展』156 頁
　　　（社会科学文献出版社，2003）；張占江「自然壟断行業的反壟断法適用——以電力行業為例」
　　　法学研究第 6 期 56-57 頁（2006）。王俊豪『中国壟断性産業結構重組分類管制与協調政策』
　　　76 頁（商務印書館，2005）。

のレベルではなく，規則，条例，政策などの形式で実施されるので，中国の「立法法」における「上位法優先」の原則[320]にしたがって，上位法である競争法は下位法である規則，条例等に優先すべきである。また，法体系に競争法と同じレベルにある電力法においては，競争制限的な条項が残され，仕方のない場合があるが，競争法と一致する条項も設けられている[321]ので，当然に電力産業への競争法の適用が排除されると解するべきではない。

第2節　電力産業における競争制限的行為

2007年8月30日に反壟断法が採択されて以降，反不正当競争法・反壟断法および他の競争規則からなる競争法の法体系は，すでにある程度構築されたといえる。競争法体系は，執行機関が，競争制限的行為に対して監督・調査および処罰する根拠を提供している。市場参加者の公平な競争意識を高めることに対しても重要な役割を果たしている。しかし，これらの競争法が実施されて以来，とりわけ，2008年から反壟断法が実施されてから，現在まですでに10年近く経過したが，電力，電気通信，ガスなど「自然独占産業」と呼ばれる分野には，競争法に基づき調査が行われた事例は依然として稀である[322]。競争法体系は，これらの自然独占産業に対して，どこまでの役割を果たしているか，その問題点がどこにあるのか等について検討する必要がある。

1　発電分野における競争制限行為

(1)　狭い市場における市場支配力の濫用行為

発電市場を画定する際に，ある地域における送配電線の輸送能力と輸送範囲

---

320)　立法法の第78～第80条は，中国法律体系の「上位法優先」原則を定めている。そのうち，第79条は，「法律の効力は，行政法規，地方性法規，規章よりも高い。行政法規の効力は，地方性法規，規章よりも高い。」と定めている。
321)　例えば，電力法においても電力供給者の無差別供給義務および合理的な価格設定に関する規定が設けられている。
322)　電気通信分野の例として，中国聯通と中国網通の合併事件（2009）および中国電信と中国聯通の市場支配的地位の濫用事件（2011）がある。

を考慮しなければならない。つまり，送配電線網というインフラの建設不足，および技術的な原因で送配電する際のロスが高いことなどが原因で，他の地域の発電事業者から電力供給を受けるのは困難である。送配電線網の制限の影響を受けて，発電市場は閉鎖的な状態になるので，相対的に狭く画定すべきである[323]。その結果，小規模の発電事業者であるとしても，相対的に狭く閉鎖的になった発電市場において，商品の価格・供給数量などの取引条件を制御することができ，または他の発電事業者による発電市場への参入を阻害し，若しくは参入に影響を与えることができる。例えば，ある地域においては，電力の供給が不足になる時，送配電線の制限が存在しているため他の地域から電力の供給が受けられていないことがある。その時，当該地域における発電事業者は小規模であるとしても，一旦発電設備の稼働率を下げて供給量を減少したり，卸電気料金を値上げしたりすると，閉鎖的な市場に大きな悪影響を与えることになる。また，入札する際に，意図的に高く価格を提示して，落札して生産量を減らし，市場供給を減少することも考えられる[324]。

(2)　大規模国有企業集団による競争制限行為

まず現在，中国の電力産業の発電分野においては，多数の国有系の発電事業者が併存しているので，以前の完全な独占的な市場構造は，既に打破されたが，競争的な発電市場が形成されているとはいえない。第2章に考察したように，現在，中国の電力産業の発電市場における事業者の数自体は多いといえる[325]が，幾つかの超大規模な国有系の企業集団が寡占している現状である。これらの寡占者の間に一定の競争が生じているが，他の新規参入者を困難にさせたり，独占価格を合意したりするなどの競争制限的な行為を行うことも考えられる。

また，電力産業は国家経済の安定に影響を与える根幹産業として，その事業者の大半は，中央政府または地方政府が所有する国有企業である。国務院の国資委から強力かつ安定的な資金支援を受け，大型設備や最新設備の導入に強い力を持って，技術革新の面で優位性もある。このように既存の大規模な発電事

---

323)　張占江「電力行業的反壟断法適用研究」経済法論叢第13巻177頁（2007）。
324)　夏清・黎燦兵・江健健・康重慶・沈瑜「国外電力市場的監管方法，指標与手段」電網技術27（3）1-4頁（2003）。
325)　2011年末までに，中国全国における発電許可書をもらった発電企業は20,299社もある。

業者が一般的な民間事業者が対抗できない優位性を有し，市場価格を左右する支配力を持っている。

　さらに，これら既存の企業集団は，発電市場におけるライバルを減少させるため，全国規模で買収活動を行い，中小規模の発電事業者を自己の傘下に置いている。現在，発電分野において既存の発電企業集団以外に，有力な競争者となる発電事業者は少数である。したがって，こうした市場支配力を濫用する行為を抑制するため，これらの大規模発電企業集団を分割すべきであるか，もしくは，発電事業者による競争を制限するおそれのある企業結合活動を厳しく制限すべきであるといった提案がある[326]。

(3)　送配電分野事業者との競争制限行為

　電力産業における発送電分離が不徹底であることが原因[327]で，発電分野において川下市場の送配電事業者と資金または人事などの面で関連性を持つ発電事業者が存在している。これらの発電事業者が，ライバルとなる他の発電事業者を排除または支配するため，送配電分野の事業者に対して自己との間でのみ取引するよう制限する行為をすると，反不正当競争法第6条，その実施規定としての「公共企業による競争制限行為の禁止に関する若干規定」第4条の自己の商品を購入する限定行為，または，反壟断法第17条第1項 (4)[328]に該当するおそれがある。

---

326)　張・前掲注323) 177頁。
327)　2002年の国務院5号文件によると，国家電網公司に管理された各電網公司がすべての発電資産を分離するわけではなく，電力バランスを調整するために，発電総量の約9%以下の発電資産は保留されていた。現在国家電網がピーク対応用の発電所および一時的に管理している発電所，または，1,500万kWぐらいの装機容量を有している（唐昭霞『中国電力市場結構規制改革研究』117頁（西南財経大学出版社，2011))。そのうち，国家電網はその傘下に，火力発電と水力発電に関わる全額出資子会社として，国網新源ホールディングス，国網能源有限公司，国網新源水電有限公司の3社を有している（「電力送配分離改革がスタート　発展改革委員会が専門チームを設置」21世紀経済報道 2010.3.30)。http://www.asiam.co.jp/news_elec.php?topic=014383
328)　参考として，「正当な理由なく，取引先が自己との間でのみ取引するよう制限し，又はその指定した事業者との間でのみ取引するよう制限すること」。

2　送配電分野における競争制限行為

中国の電力産業の送配電分野では，主に以下のような競争制限行為が可能である。

(1)　発電事業者との独占協定行為

前述のように，送配電分野の事業者は，法的独占地位を有する事業者として，電力の購入先（電力を提供している発電事業者）を選択し，また，電力の購入価格を決定する際に，発電事業者に対する強い交渉力を有する。しかし，送配電事業者と緊密な関係を有する発電事業者が，送配電事業者と，電力購入価格，購入相手などに係る協議を行うと，川上市場における他の発電事業者は電力を生産したとしても，送配電線網を利用することができなくなる。すると，これらの発電事業者は，発電市場を退出するか，他の発電事業者に買収されるほかない。よって，かかる協議は，反壟断法の独占協定行為に該当するおそれがある。

(2)　電網企業による市場支配的地位の濫用行為

送配電分野の事業者は，法的独占地位を有するが，その独占的地位を利用して，送配電料金を高く設定したり，電網の利用を拒否したりした場合は，競争法上の競争制限行為と認定されるべきである。

電網事業者が不公平な高価格で電力を販売し，または不公平な低価格で電力を購入し，川上市場における発電事業者および川下市場における需要家に不利益を与えると，反壟断法第 17 条第 1 項 (1) [329] に該当するおそれがある。

また，正当な理由がないのに，発電事業者との取引を拒絶し，または，需要家への電力供給を拒絶すると，反壟断法第 17 条第 1 項 (3) [330] に該当するおそれがある。また，正当な理由がないのに，他の発電事業者に対し，取引価格

---

329)　参考として，「不公平な高価格で商品を販売し，又は不公平な低価格で商品を購入すること」。
330)　参考として，「正当な理由なく，取引先に対して取引を拒否すること」。

などの取引条件を差別的に設定し，または，自己と関係する発電事業者の電力を優先的に購入するなどの差別待遇を行うと，反壟断法第17条第1項 (6) [331] に該当するおそれがある。

3　小売分野における競争制限行為

現在中国の電力産業の小売分野においては，大口需要家に対する相対取引が2005年から吉林省で試験的に導入された。しかし，需要家の大部分は電力供給先を選択することができない。独立的な小売業者が存在しない状況の下で，送配電事業者は送配電事業と小売事業を一体化して営んでいる。2003年，政府は電気料金改革方案を公布して，小売料金が電網事業者の電力購入価格と連動する改革の目的を明らかにしたが，小売分野の電気料金は，依然として規制機関が個別のコストに基づき認可している。送配電事業者が独占的な地位を利用して，低い価格で電気を購入し，高い電気料金で需要家に販売することが可能になる。発電事業者が発電市場に参入するインセンティブが弱まる一方，最終の需要家・消費者に対する弊害も極めて大きくなる。

2015年からの第4回の電力体制改革の推進により，一定の資産条件を満たして，自ら送電線を持っていない小売事業者（新規卸売業者）が，売電市場に参加できるようになった。したがって，近年，大口需要家に対する売電業務を巡って，民営の小売事業者，国有電網会社系の小売事業者および地方の「供電会社」などの間で競争が行われている。今後，伝統的な電網会社，国有電網会社系の小売事業者を除き，多元化した小売事業者から電力の購入を検討する大口需要家が増えると予想される。いかに競争者間の公平な競争を維持できるかが，規制の焦点となる。

また，中央政府が所有する電網事業者以外に，地方政府が所有する地方電網公司も電力を販売することができる。国家電網事業者と地方電網事業者の供給市場が競合する場合があるので，国家電網事業者は地方電網事業者を排除または支配（買収）するため，自分と資金・人事等の面で関係を有する発電事業者

---

331)　参考として，「正当な理由なく，同等な条件の取引先に対して，取引価格等の取引条件の面で差別的な待遇を行うこと」。

を利用して，地方電網事業者に対して電力の供給を拒絶したり，勝手に電力の供給を中止したりするなどの競争制限行為（独占的地位の濫用行為）を行うおそれがある。

4　電力産業における「行政独占」行為

(1)　「行政独占」の概観

中国の研究者[332]の間では，私人による競争制限行為よりも，政府および政府部門などの公的機関が行う競争制限行為の方が，経済秩序に対する悪影響が深刻であるとの認識に基づき，私人による「経済的独占」と区別するため，「行政独占」（「行政性競争制限行為」という場合もある）という概念が提案された。ただし，「行政独占」については，法律・規則には明確な定義はないし，具体的定義は研究者によって異なるが，政府および所属機構が行政権力の濫用による競争を制限する行為を指すというのが共通する認識である[333]。

行政独占に対する規制が必要であるか否かを巡って，反壟断法の起草過程で激しい論争が生じた。賛成派の間では，極端な主張として「行政独占が禁止されなければ，反壟断法は意義なし」というものも現れた[334]。この説の論者は，行政独占は，公正かつ自由競争の制限や新規参入の排除等の弊害をもたらすが，これは一般的な「経済的独占」の弊害と特に異なるわけではなく，むしろ，行政独占が行政権力を持つ公的機関によって行われた競争制限行為であるので，その弊害および規制の困難さは，一般事業者によって行われた競争制限行為よりさらに大きいと主張した。

---

332)　最初に「行政独占」の概念を提出したのは，経済学者の胡汝銀『競争与壟断：社会主義微観経済分析』（上海三聯出版社，1988）だが，その後法律上もこれを利用した。参考となる文献は，以下の通りである。中国語文献：王保樹「論反壟断法対行政壟断的規制」中国社会科学院研究生院学報第5期（1998）。胡薇薇「我国制定反壟断法势在必行」法学第3期（1995）。張徳霖「論我国現階段壟断与反壟断法」経済研究第6期（1996）。王暁曄『反壟断法』287-322頁（法律出版社，2011）。王暁曄『論反壟断法』355-397頁（社会科学文献出版社，2010）。陳思亮「論反壟断法対行政独占的規制——基于行政壟断特徴的分析」ホロンバイル学院学報第17巻第4期（2009.8）。日本語文献：1.陳乾勇「中国における「行政独占」規制の実態」国際商事法務第37巻第1号（2009）。中川政直「官製談合規制と行政独占規制——日中比較」関東学院法学第20巻第4号（2011.3）。戴龍博士論文「中国における競争政策と政府規制——行政独占規制を中心に」など。

333)　王暁曄・前掲『論反壟断法』379頁。

334)　余暉（中国経済体制改革研究会公共政策研究中心主任）「南方週末・経済欄目」（2007.7.5）。

　また，賛成派は，「政府規制行為」と「行政独占行為」は，いずれも政府機関等によって実施された行為であるので混同されやすいが，両者には根本的な区別が存在すると主張している。すなわち，政府規制行為は，規制産業の「有効競争」を達成するため実施された合法的な行政行為であるのに対して，行政独占行為は，行政権力を濫用して，競争を制限・排除する行為であるとしている[335]。この説の論者は，現在中国で行われている政府規制，特に自然独占産業に対して実施されている政府規制が確かに競争を制限する場合があるが，その多くの場合は，産業全体の発展を促進するためであり，特定の事業者または特定の区域における事業者を保護する目的ではないとする一方で，行政独占行為は，行政機関が行政権力を濫用して，当該行政機関と関係を有する特定の事業者または特定の区域における事業者を保護する形で現れる場合が多いとしている。そして，行政独占行為は，行政権力の濫用という要件が必要であり，合法的な根拠を有する政府規制と違って，マクロコントロールを実現するための国家の産業政策・財政政策などにも属していないと主張している[336]。

(2)　電力産業における行政独占の行為類型

　中国における行政独占は一般的に「地域独占」（「地域封鎖」「地方保護主義」「水平的独占」ともいう）と「部門独占」（「業種独占」「部門分割」「垂直的独占」ともいう）に分かれる。

ア．地域独占

　電力産業の場合，地方政府およびその所属部門が，行政権力を濫用して所管地域の電力市場を閉鎖して，他の地域・省との間に取引障壁を構築し，当該地域における電力事業者を保護することは「地域独占」にあたる。

　電力産業の「地域独占」行為は地方政府の電力産業に対する行政権力の強化に伴って，生じた問題である。本書の第2章で述べたように，1987年7月に，国務院は，全国電力体制改革会議において「政・企分離，省が主体，電網融合，統一調達，投資集中」[337]という電力改革の方針を示し，電力産業の「政・企合

---

335)　王俊豪・王建明「中国壟断産業的行政壟断及其管制政策」中国工業経済第12期34頁（2007.12）。

336)　王暁曄「行政壟断問題的再思考」中国社会科学院研究生院学報第4期50頁（2009）。

337)　中国語では，「政企分開，省為主体，聯合電網，統一調度，集資弁電」である。

一」の規制体系を改革することに重点を置いた。つまり，中央政府を唯一の規制機関とする規制の仕組みを変え，各省（自治区，直轄市）が所管内の電力産業に対する規制権限を分掌することになった。省等の地方電力規制機関を地方電力公司に再編して，地方電力公司が，独立的な法人として，独立会計で権限を行使することになった。しかし，地方電力公司の収益は，地方政府の業績および地方の税収入に影響を与えるので，地方政府と地方電力公司が，利益共同体になっている。地方電力公司が収益を上げ，省内市場の消費者を掴むため，本省の電力市場を閉鎖的にして，人為的に省際間の取引を回避するのである。

　例えば，他の省の電力商品のほうが高品質で価格が低い場合も，本省の電力商品を優先的に使用する。一方，有利な自然条件や豊富な資源が原因で，低コストで電力商品を生産することができる場合であっても，安い電力商品を他の省に販売しようとするわけではない。本省内で多量の電力を消費する他の企業に利用させようとするからである。以上のように政府または所属部門が政府権限を利用して，人為的に省際間の障壁を築いて，電力の全国規模での流通を阻害していることが，地域間の電力の不均衡の深刻化につながっている。

イ．部門独占

　電力産業の「部門独占」行為とは，規制機関（中央レベルと地方レベルの規制機関を含む）が所管産業（電力産業）の独占地位・独占利益を維持・保護するため，当該産業への参入障壁の構築により，新規参入者を制限し，当該産業における競争を制限・排除する行為である。

　「部門独占」が生じた根本的原因は「政企分離」が不徹底であることにある。つまり，政府部門または規制機関が，所管する産業の事業者と緊密な関係を有するので，国家の利益を維持することを名目に，個別の国有企業を優遇して，人為的に市場競争を制限している[338]。電力産業が行政権力による独占の状態の下で，国有企業の独占地位または利潤の最大化を追求するため，民間資金，海外資金などの非国有資産の市場参入を排除する行為が中国全土で行われている。その結果，電力産業は，新規参入が極めて困難な産業分野になってしまっており，国有企業としての電力事業者が，独占または寡占状態を維持している。

---

338)　王暁曄・前掲注336) 56頁。

　例えば，中国の電力産業は，国家電網公司と南方電網公司の2つの電網会社による寡占状態である。2つの電網会社は，送電・配電・小売分野を一体化して経営している。送配電分野は自然独占産業であり，複数の事業者の参入を無制限に認めれば非効率性をもたらすおそれがあるが，中国の場合，行政独占の問題も存在している。送配電分野においては，国有企業が完全に独占し，民間企業の参入は許さないなど，参入が厳しく規制されている。送配電分野は自然独占性を有しているが，だからといって国有企業しか参入できないというわけではない。また，現在，中国の電力産業の小売分野においては，国有企業である送配電網事業者が垂直一体化して経営しており，国有企業が小売分野の市場を独占している。民間企業の市場参入に対する厳しい参入障壁が構築されている。その結果，需要家には選択の自由がなく，受動的に独占的な電力小売販売者の供給条件を受け入れざるを得ない。

第3節　中国の電力産業における事例の分析

1　山西省電力業界協会事件（2017年8月）

(1)　事案の概要

　2016年1月29日に，中国12358価格監査機関と山西省政府の関連部門に告発が寄せられ，山西省電力業界協会により，一部の火力発電企業を呼び集め，大手電力需要家に相対取引を旨とした座談会が主催され，「山西省火力発電企業が悪性競争を防止・業界が健康で持続可能な発展を保障する規約」が締結されることが発生した。当「規約」の第5条が以下のように約束された：「市場状況に応じて，各大手発電集団及び発電企業は原価プラス薄利の原則に従い，大手電力需要家への相対取引の最低取引見積価格を測定して，省電力業界協会が重み付き平均法で計算された後発表して，実行することになる」。この告発は相対取引料金の価格協議行為の疑いが反映された。国家発展改革委員会が行った関連調査によると，2016年1月14日の午後，山西省電力業界協会が大唐・国電・華能・華電という4つの中央発電集団の山西支社，漳沢電力・

格盟能源・晋能電力・西山煤電という4つの省に所属する発電集団，および15個の発電所を呼び集めて，太原市に火力企業の大手電力需要家向けの相対取引座談会を行い，相対取引料金を協商して，規約を締結した。そして，2016年の山西省の第2グループの大手電力需要家向けの相対取引見積価格が標準規定の電力価格と比べて値引きする幅が0.02元/kWhを超えないこと，最低の取引見積価格が0.03元/kWhであることを決めた。価格管理部門は法律に照らして反壟断調査が行われた後，本案の関連企業が法律要求に応じてすぐに整理整頓を行い，取引双方が市場状況に基づいて相対取引料金を公正に決めることになった。

　本件において，国家発展改革委員会は，山西省電力業界協会により上述の23個の火力発電企業が組織され，価格協議を通じて相対取引価格を支配する行為は，「反壟断法」の規定に違反して，電力体制改革に競争を導入する，大手需要家が発電企業から電力を直接購買して，交易価格が双方協商で決定する原則に違背し，市場化，法治化手段を通じて火力発電業界の供給サイトの構造改革に役立てずに，相対取引市場の公正競争を排除，制限して，川下市場の実体企業の電力使用負担を増加させ，消費者の利益を損害したと判断された。それゆえ，山西省発展改革委員会が国家発展改革委員会の指導の元で，法律にしたがい処理決定を出した：価格協議達成に組織の役割を果たした山西省電力業界協会を厳しく処罰して，最高制限の罰金50万元が科され，価格協議達成に参加してそれを実施した関係企業に対して，前年度の売上額の1％の罰金を科すことになり，本案関連の23個企業に対する罰金は合計で7,288万元である。

(2)　評　　価

ア．山西省の電力市場の分析

　周知のように，山西省は石炭資源に富んで，電力構造が完備しており，電力輸送能力が高くて，技術設備のレベルも高いため，電力市場の発展に非常に良い条件を備えている。山西省が2013年から，電力改革の試行省として大手需要家に相対取引をやり始め，業界から全国の電力の市場化改革の突破口と評価され，当省の大手需要家向けの相対取引量が逐年に増えてきた。2016年に山西省が電力体制改革の総合的な試行省と認められた。「山西省電力体制改革総

合試行地の実施方案」（2016 年）に，山西省政府は，電力の市場化体制を全面的に作り出す，電気料金の規制緩和を推進させる，健全な電力市場監査規則を作り出す；工商業領域の電力相対取引を全面的に自由化させる；発電・小売事業者の多様化を進め，競争的な市場構造を育成させるなど試行省としての改革目標を提出した。

　国家発展改革委員会の統計によると，2015 年の末に，中国第 2 回電力体制改革の進展に伴い，山西省の電力市場の取引体系が次第に完全になり，取引規模が絶えず拡大され，市場参入者が増えてきた。2017 年末までに，山西省の電力取引センターに登録された市場参入者が 1,028 個あり，その内，発電事業者が 266 個，電力需要家が 636 個，電力小売事業者が 126 個である。全省範囲に，電力の相対取引が累計で 24 回発生し，取引量が合計 526 億 kWh になった。再生エネルギーが初めて相対取引に取り入れられて，取引量が 5 億 kWh になった。風力発電と火力発電の組み合わせなどの形を通じて，山西省の再生エネルギーの省外輸出が促進され，再生エネルギーの輸出量は 3.5 億 kWh である。

イ．違法行為の分析

　山西省ないし中国の全国範囲における電力体制改革を背景にして，これは第 1 例の影響力がある電力価格協議の事件である。執行機関が調査した結果，事案関連の組織が協議した価格を通じて，その取引量が 250 億 kWh（第 2 回の取引総量の 85％を超えた）に達したということが明らかになった。2017 年 4 月に，山西省の価格監査検査と反壟断局により「行政処罰の事前通知書」が配布されて，当事者に対して合計 1.3 億元余りの罰金を科することになった。「行政処罰の事前通知書」が配布された後，山西省電力業界協会と華電山西能源有限公司，大唐集団公司の山西支社など 18 社が課された行政処罰に異議を持ち，公聴会の開催を申請した。公聴会で，価格協議に参加した疑いがある業界協会と企業は主に以下の 3 つの抗弁理由を提出した：①「規約」がサインされていたが，まだ修正中で，正式に印刷発行して有効になっていないため，実施とは認定できないこと；②「中華人民共和国反壟断法」が電力市場に適用されないこと；③ 山西省の火力発電企業が現時点で厳しい状況にあり，生産過剰が深刻で，つまり，「不景気カルテル」の合理性を強調すること。これら

の抗弁理由に対して，以下のように分析している。

　まず，「規約」を正式に発行していないことが価格協議の達成に影響を与えないことである。価格協議の達成と実施は目的だけを考えることではなく，それによって発生した行為や行為の結果にも注目すべきである。本件の当事者は協議した価格幅により取引を行い，価格協議を有効的に実施したと評価することができる。また，電力業界協会は企業を呼び集めて，相対取引の価格を約束させる行為は，電力産業の事業者を組織して，価格独占協議を達成させる行為である。以上の行為は「反壟断法」の規定に違反している。

　また，「反壟断法」が電力産業に適用するかどうかについて，電力市場化の改革の推進とともに，現時点において中国の電力産業に発電分野と小売分野に競争が導入されたため，「反壟断法」はすべての事業者が競争に参入する際，守るべき「経済憲法」であり，所有制が国有か民営かにかかわらず各産業におけるすべての事業者に同じく適用すべきである。本件は，「反壟断法」の適用除外にならない。

　さらに，事案関連の当事者が生産過剰および不景気などの「不景気カルテル」という抗弁理由は成り立たないと認定できる。不景気に対応するために価格協議を採用する行為は，競争を歪め，価格を高め，周期的で構造的な生産過剰を根本的に解決できなくて，中国で提唱されている過剰生産能力解消，供給サイトの構造改革，実体企業のコスト減少という趣旨に一致していない。中国の過剰生産能力の解消，供給サイトの構造改革を推進することは市場経済の法則を遵循し，市場メカニズムの基本的な役割を十分に発揮させ，政府の引導機能をよりよく発揮させることで，法治化と市場化手段を通じて生産過剰を解消させると要求している。企業は過剰生産能力の解消を競争する企業相手と連合して価格を制限して，競争法に制約されないように理解してはいけない。市場メカニズムが有効に運営しているうちに，企業が市場と技術革新に反応する素早さを向上させ，企業が競争市場で，絶えず新機軸を打ち出して，不景気に応じて，優勝劣敗で発展する。

　最後に，本案は価格協議に関わることで，国際社会の独占禁止実践経験からみれば，価格協議に対する免除を慎重に考慮すべきである。中国の「反壟断法」第15条で規定された免除の状況は，達成された協議が取引市場の競争を

深刻に制限しない，そして，消費者がそれにより生じた利益に恵まれると当事者が証明しなければならない。だが，価格協議が高い市場シェアを占めるなら，当協議が取引市場の競争を深刻に制限していないと証明しにくいのである。

　要するに，筆者は主に国家発展改革委員会が本件に対する処罰決定に賛成している。本件は電力業界協会に対する初めての処罰で，電力市場における価格協議行為に対する初めての処罰で，国有企業の価格協議行為に対する初めての処罰である。中国の電力体制改革の背景において，本件は電力産業の事業者が自分自身の経営行為を制約することに警告した。そして，本件の発生に，それなりの必然性がある。電力市場化改革を推進するために，政府，電力企業および業界協会などが市場メカニズムに適応すべきであり，競争政策・法規にしたがうべきということが強調された。

2　中国電網買収事件（2010 年）

（1）　事案の概要

　2010 年 2 月 11 日に，国務院の国有資産監督管理委員会（以下，「国資委」という）は，2 通の「行政批複」[339]（「平高集団有限公司の国有産権の無償譲渡に関する批複」と「許継電気株式有限公司の株主性質を変更することに関する批複」）を公布した。これらの 2 通の「行政批複」に基づき，国家電網公司[340]が株式分与，増資の形で平高集団有限公司（以下，「平高集団」という）と許継電気株式有限公司（以下，「許継集団」という）の 2 つの会社を買収することが，国資委

---

339)　「行政批複」（Administrative Replies）は，中国の行政文書の一種である。下級部門から上がってきた書類に意見や指示を書き記して返す行政文書である（「中華人民共和国国家行政機関公文処理弁法」第 9 条第 10 項）。中国の学者の間で，「行政批複」は，法律，法規，規章等以外の「その他の規範性文件」として認識されている。中国で，「行政批複」は行政行為の根拠であり，「行政批複」にしたがって行われた行政行為は行政効力を有する。しかし，「行政批複」を公布する権限を有する行政機関が数多くて，「行政批複」を制定する法的標準が統一ではないので，「行政批複」に対する適法性審査を行うという声が高まっている。また，「行政批複」は，裁判所が判断する際の法的根拠としてはならない。「行政批複」を巡って行政訴訟を提出するか否かは争議となっている。葉翔宇『行政機関批複在行政訴訟中適用問題的研究——以温州某貿易公司商標侵権案為例』（西南政法大学，2012）。

340)　State Grid. 中国全国において寡占している 2 つの送配電グループ「国家電網公司」と「南方電網公司」がある。そのうち，国家電網公司は，全国 26 か省（自治区・直轄市）を跨いでいる。南方電網公司の方は，国家電網公司の管轄外であった広東省，海南省，雲南省，貴州省，広西チワン自治区を含める区域内の電線網を経営している。両社は自分の経営区域内を独占している。

図 3-1　本件の説明図

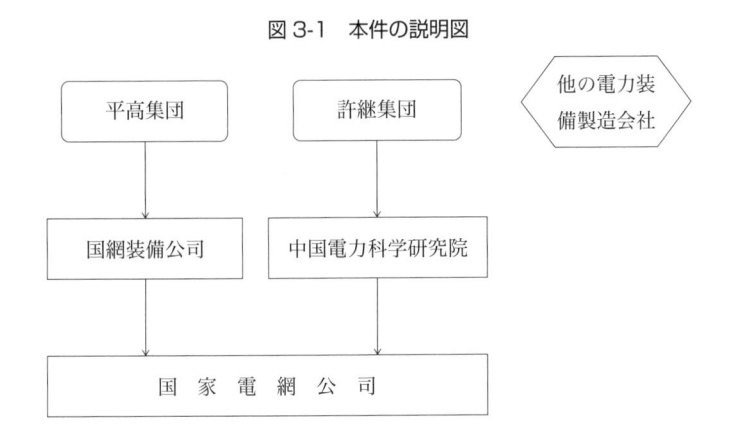

によって認められた（図 3-1 参照）。その後，中国証券監督管理委員会などの規制機関の認可を経て，結局，国家電網公司傘下の全額出資子会社——国網国際技術装備有限公司（以下，「国網装備公司」という）は，国有財産無償分与の形で平高集団の全株式を譲り受けた。また，国家電網公司の直属の総合研究機構である中国電力科学研究院は，増資により，許継集団の株式の 60％を取得した。中国電力科学研究院は，今後，許継集団の 100％の株式を保有するとの目標も確定した。

　平高電気と許継電気の両社は，中国の河南省にあり，国内における電力装備製造産業の大手企業である。つまり，両社は国家電網公司の川上市場にある事業者である。特に，平高集団にとって，国家電網公司は最も重要な取引先である。毎年国家電網公司との取引額が平高集団の全売上高の 60％以上を占めている。

(2)　評　　価

ア．反壟断法による規制可能性

　まず，本件の買収事件は，反壟断法の事業者集中（または，企業結合，「事業者集中」）に該当する。反壟断法第 20 条は，企業結合の類型[341]を規定している。本件の買収事件は，そのうちの「(2) 事業者が株式又は資産の取得を通じて他の事業者に対する支配権を取得」に該当すると考えられる。また，国家電網

公司は，平高集団と許継集団のそれぞれの100％と60％の株式を保有することから，「他の事業者に対する支配権を取得」に該当すると判断できる[342]。

また，「競争を排除し又は制限する効果を有し，またはそのおそれがある企業結合」（反壟断法第3条の3）が「独占行為」として禁止されている。したがって，本件の買収によって生じる競争制限効果を分析する必要がある。

本件は垂直型の事業者集中である。国家電網公司は全国の88％の販売区域を跨いで，全国電気設備市場の70％以上の市場シェアを占める，国内で電気設備製造産業の最大の購買者である[343]。今回の買収によって，① 国家電網は川上市場における平高集団と許継集団の両社を支配して，より有利な条件で電気設備商品を購入できるが，川上市場における他の電気設備製造者との取引は減少するおそれがある，② 平高集団と許継集団は電力装備製造市場における他のライバルの販売量を減少させ，ライバルを排除する可能性が非常に高い[344]，③ 国家電網公司が送配電分野の独占地位を利用して，川上市場とする電力装備製造産業へ参入して，傘下の子会社を経由して川上市場の企業を買収する形で自分の独占力を川上市場へ拡大するおそれがある[345]。

したがって，今回の買収事件は，反壟断法の「事業者集中」規定によって規制すべきである。つまり，一般的な対応方法として，まず，本件の買収が「国務院が事業者集中の申告標準に関する規定」（国務院令第539号2008年8月3日）に基づき，申告すべき標準[346]を満たすかどうかを判断した上，「企業結合の届出弁法」（「事業者集中申報弁法」商務部令2009年第11号）にしたがって，

---

341) 第20条（企業結合の類型）企業結合は，以下に掲げる状況をいう。① 事業者合併；② 事業者が株式又は資産の取得を通じて他の事業者に対する支配権を取得；③ 事業者が契約などの方式を通じて他の事業者に対する支配権を取得し，又は他の事業者に対して決定的影響を与えることができる状況。

342) 2009年1月にパブリックコメントに付された「企業結合届出暫定法案」第3条において，「反壟断法」第20条第2，3項に述べる「他の事業者に対する支配権の取得」には，以下が含まれる。(1) 他の事業者の50％以上の議決権付き株式あるいは資産を取得すること。(2) 他の事業者の50％以上の議決権付き株式あるいは資産を取得するにはいたらないものの，株式あるいは資産の取得および契約などの形で，他の事業者の1名以上の役員の任命，財務予算，経営販売，価格設定，重要投資，その他重要な管理・経営方針策定などの決定を行えるようになること。

343) 新華網による。http://news.xinhuanet.com/fortune/2009-07/20/content_11739970.htm

344) 管錫展博士による。鳳凰網。http://finance.ifeng.com/news/industry/20090901/1180368.shtml

345) 電力監督管理委員会。鳳凰網。http://finance.ifeng.com/news/industry/20090901/1180368.shtml

「事業者集中」の規制機関（商務部）に届出を提出すべきである。商務部は，「企業結合の審査弁法」（「事業者集中審査弁法」商務部令 2009 年第 12 号）に基づき，競争制限効果などに対して審査した上，今回の買収に関する決定を下すことになる。しかしながら，今回の買収事件に対して，商務部は積極的に事業者集中の規制権限を実施しなかった。

イ．産業政策の優先性？

中国の公共事業改革の中で電力産業の改革はその動きが非常に遅いといわれている。国有企業である国家電網公司の抵抗が，電力産業改革が遅れている重要な要因ではないかと考えられる。今回の買収事件に対して業界においては賛否両論がある。

賛成意見としては，まず，企業結合当事者の国家電網公司は，今回の買収により，送配電分野の補助産業へ参入することができ，電力産業全体の技術水準を高めることになるので，電力体制改革の目標に違反するわけではないと主張した。

また，国務院の国資委は「行政批複」を公布する前の 2009 年 9 月に，今回の買収を認める理由として，①電力産業の発展を促進することができること，②電力体制改革の推進を有利にすることができること，③国家電網公司の「大・強」（企業規模の拡大，企業実力の強さの上昇）を有利にすることの 3 つを挙げた。これらの理由は極めて抽象的かつ曖昧であるが，国資委が今回の買収を通して，国家電網公司の企業規模を拡大して，大型企業を育成するという産業促進政策を採っていることが明らかになった。

これに対して，反対意見としては次のようなものがある。

率先して反対意見を表明したのは，中国機械工業連合会[347]であった。中国

346）　事業者集中に参加するすべての事業者の前会計年度の世界売上高の合計が 100 億人民元を超え，かつ，そのうち少なくとも 2 事業者の前会計年度の中国国内における売上高がいずれも 4 億人民元を超える：事業者集中に参加するすべての事業者の前会計年度の中国国内における売上高の合計が 20 億人民元を超え，かつ，そのうち少なくとも 2 事業者の前会計年度の中国国内における売上高がいずれも 4 億人民元を超える。国家電網公司の前会計年度（2009 年度）の売上高は 416.5 億元である（「国家電網公司会計報告書」中瑞岳華会計事務所［2010］第 03968 号による）ので，申告標準を満たす。反壟断法の 48 条には，事業者が本法の規定に違反して企業結合を実施した場合，商務部は，事業者に対して企業結合の停止を命じ，一定期間内における株式若しくは資産の処分，一定期間内における営業の譲渡，または結合の前の状態を回復するために必要な措置を取るように命じ，50 万元以下の制裁金を科すことができると定めている。

機械工業連合会は，国資委に反対意見を表明した。その理由は，① 公平な競争が損なわれること，② 電力体制改革の目標に違反すること，③ 国家電網公司が川上市場における企業を買収して，送配電分野における独占地位を利用すると，何十年を経て構築された電力装備製造産業市場のシステムが混乱することである。現在，中国には，一定の規模を有する電力装備製造企業が 1 万以上存在している。そのうち，国家電網公司と合併，株式取得，資産取得などを通して，緊密な資金関係を形成している企業はわずか 180 社程度である。これらの電力装備製造企業の存在が，関連市場における競争秩序を損ない，多くの中小規模の電力装備製造企業の生存と発展に悪影響を与えるという懸念がある[348]。

また，今回の合併に対して，国家発展改革委員会，工業和信息化部，能源局がともに明確な反対意見を表明した。当時の国家電力監管委員会も，今回の合併が電力体制改革の主旨に違反することに対して懸念を抱いていた。中国電力体制改革方案の改革目標では，送配電分野の電網企業は，競争性のある分野（発電分野）から撤退すべきであるが，電網企業が今回の合併を通して川上市場における大手企業を買収した場合，電力改革で行われた「主補分離」という改革措置と逆方向に走ることになり，主業と補助事業が統一的に運営される状態に逆戻りするという批判意見を示した。

しかし，本件では，各利益集団による議論の結果，国家電網公司はこれらの大手両社を一気に傘下に納めることになった。現在，平高集団有限公司は「国家電網平高集団有限公司」に，許継電気株式有限公司は「国家電網許継集団有限公司」にそれぞれ商号を変更した。競争秩序にマイナスの影響をもたらすにもかかわらず，買収を通して電網企業の企業規模を拡大するという国資委の産業政策が最後に勝利した。

ウ．国有企業に対する特別な規制制度の存在

本件は，国有企業である国家電網公司が民間企業を買収した事件である。一般的な民間企業間の買収事件と比較した場合，非常に特別な事例である。まず，

347）　中国機械工業における全国範囲での総合的な業界協会である。
348）　中国機械工業連合会元総工程師隋永濱により「国網併購許継平高案背後：輸変電工業不可承受之重」鳳凰網．http://finance.ifeng.com/news/industry/20090901/1180367.shtml

国有企業がその役割を果たす産業と分野は,「国家の安全に関わる産業, 自然独占の産業, 重要な公共財とサービスを提供する産業, および基幹産業とハイテク産業の中の重要基幹企業」となっている[349]。国有企業には, 民間企業が参入できないか, または参入する力がない, あるいは参入する意欲のない重要な分野に参入する役割がある[350]。民間企業と比較して, 国有企業は政府によって政策的または税制上の優遇が付与されている。また, 国有企業に対しては特別な規制機関である国資委が管理, 監督している。国有企業の役員・経営陣の任命, 株式や資産の売買, 国有企業に関する法令の起草等は国資委が担っている。したがって, 本件の買収はまず国資委の「行政批複」によって認可され, 競争法の執行機関による事業者集中の基準に基づく厳格な評価はなされていなかった。

　しかし, 中国法には国有企業に対して競争法の適用を除外するという明文の規定はないにもかかわらず, 本件では, 法律レベルではない「行政批複」に基づき買収活動を認めて, 競争法の適用については全く考慮されなかった。この対応が, 競争法の「黙示的除外」として取り扱ったためなのかは明らかではない。実際には, 注305）で述べた中国聯通と中国網通の合併事件（2009年）および今回の買収事件のみならず, 他にも多くの大型国有企業に関する買収合併や再編成は, 反壟断法に基づく事前届出を提出していないといわれている[351]。国有企業が行った競争制限行為に競争法の執行機関が対応しないことは, 全国の多数の国有企業が競争法規制の埒外にある特別な存在とされており, 国有産業である電力産業に対する競争法の適用には依然として様々な阻害要因が存在することを示している。

---

349)　中国政府第15期四中全会の決定「国有企業改革の推進に関する重点分野」陳小洪『国務院発展研究センター野村財団共同研究会議――中国国有企業の再編とグローバル化』（2011.5.28）。

350)　同上17頁（2011.5.8）。

351)　王暁曄（韓巍訳「中国反壟断法の施行3年と法治国家」新世代法政策学研究第17号264頁（2012））。

3 陝西楡林事件（2012 年 4 月）
―― 「国電」と「地電」との衝突

（1） 事案の概要

　図 3-2 のように，現在，陝西省楡林市には，陝西省地方電力（集団）有限公司（以下，「陝西省地方電力公司」という）と，国家電網公司の全額出資子会社である国家電網・国網陝西省電力公司（以下，「陝西省国家電網公司」という）の 2 つの電力供給事業者が存在している。そのうち，陝西省地方電力公司は，陝西省政府に直属する大型の地方国有系の配電・小売事業者であり，楡林市を含め 9 つの市 66 か県（区）の範囲で電力を供給している[352]。陝西省地方電力公司の供給範囲は陝西省の 72％を占めているが，市場シェアは 31.1％である[353]。一方，陝西省国家電網公司は，大型国有企業の国家電網公司の全額出資子会社であり，陝西省で，電網の建設，送電・配電および小売販売を経営している[354]。双方は，いずれも国有企業であるが，地方政府に属する国有企業（陝西省地方電力公司）と中央政府に属する国有企業（陝西省国家電網公司）との区別が存在している。

　双方はそれぞれの 110kV の配電線網を有して，電力販売事業に従事し，陝西省楡林市において小売分野で競争している。しかし，陝西省地方電力公司は高圧送電線を持っていないので，小売分野で販売する電力の一部分を，送電分野を独占している陝西省国家電網公司から購入しなければならない。双方は，小売市場において様々な競争手段を用いて，無秩序な競争を行った。

　2012 年 4 月 25 日に，陝西省楡林市において陝西省地方電力公司と陝西省国家電網公司との間で「武闘」が行われた[355]。実は，今回の「武闘」の前から，

---

352)　陝 西 省 地 方 電 力 公 司 の ホ ー ム ペ ー ジ 参 照。http://www.spg.com.cn/aboutus.jsp?xwid=17&lmmc=dd_gsgk
353)　同上。
354)　陝西省国家電網公司のホームページ参照。http://www.sn.sgcc.com.cn/html/main/col23/2013-05/24/20130524093453459932880048_1.html
355)　陝西省地方電力公司の幹部職員 200 人や地元の警察 60 人が鉄筋や棍棒を手に陝西省国家電網公司の職員 4 人を負傷させ，1 人は入院したそうであった。中国紙・新京報 A5 面（2012. 5. 7）。

図 3-2　陝西省楡林市における電力供給市場

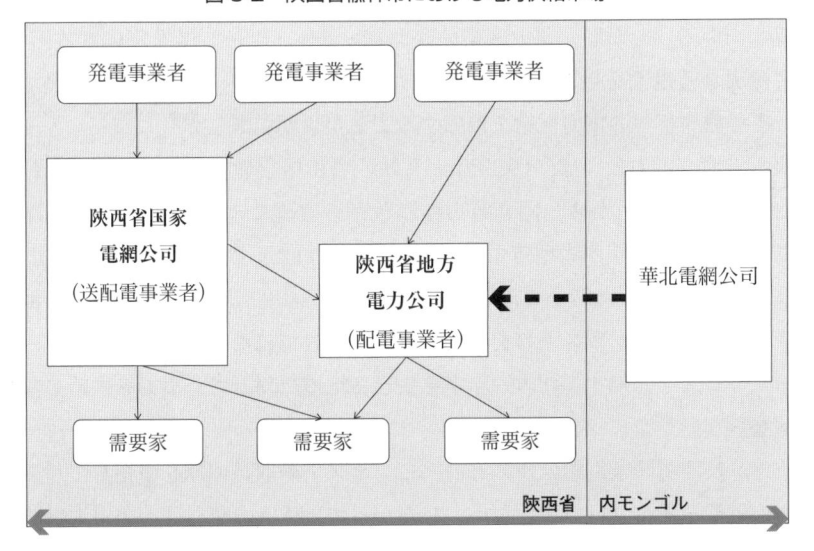

陝西省地方電力公司と陝西省国家電網公司との間に既に衝突があったようである。今回の武闘のきっかけは，陝西省地方電力公司が内モンゴルから新たに220kV の送電線網を建設しようとした計画にある。この計画によると，陝西省地方電力公司が新設する送電線網を利用して，内モンゴルにおける華北電網公司から直接に電力を購入することができることになる。陝西省地方電力公司は，陝西省国家電網公司の制限から抜け出すため，新たな電源供給事業者を探すという意図でこの計画を立てた。しかし，新設する送電線網が陝西省国家電網公司の330kV の電網の所在地を経由しているため，陝西省国家電網公司は，この計画を阻止しようとして「武闘」になったのである。

(2)　評　　価

ア. 本件における競争に伴う問題点

小売分野において，競争を通して電気料金が値下がりすることは，最終需要家にとっては利益となる。しかし，両者の競争に伴って，以下のような問題が生じている。

ユニバーサル・サービスの保障と競争の公平性　陝西省地方電力公司は配電事業者

として，送配電事業者の陝西省国家電網公司と，小売分野において競争関係を形成している。しかし，電力産業のユニバーサル・サービスを保障する面で，両者は異なる役割を果たしている。陝西省楡林市は，人口の83％が農民であり，広い農村部への電力供給を保障することが重要である[356]。

陝西省地方電力公司は，1989年から陝西省農電管理局によって管理されていた。2004年6月から，国家電力体制改革の実施により，「政企分離」が実施されて，現在の陝西省地方電力公司に再編された。陝西省地方電力公司は，「政企合一」であった時から規制機関でありながら，広い農村部に電力の供給事業を行って，ビジネス上の利益を考慮するだけではなく，電力のユニバーサル・サービスを保障するため，赤字を生じる地域に対しても電力を供給しなければならない[357]。

一方，陝西省国家電網公司の方は，ビジネス上の収益のみを重視して，農村部への供給をあまり行っていない。したがって，広大な農村部への電力供給事業は，陝西省地方電力公司のみが行っている。しかし，両社の間には，電力産業のユニバーサル・サービスの保障と，公平な競争の達成をどのように両立するのかが問題となっている[358]。

競争に伴う電網の重複建設　陝西省地方電力公司と陝西省国家電網公司は，いずれも配電線，変電設備を有している。両者は，競争関係にある電力販売事業者であり，供給対象を拡大するため，できるだけ電力の輸送線網および設備を多く建設するインセンティブがある。例えば，陝西省地方電力公司と陝西省国家電網公司は，供給市場を争奪するため，陝西省楡林市郊外開発区にそれぞれの110kV変電所を建設したり，郭家湾・何家塔・樺条塔にそれぞれの35kV変電所を建設した[359]。同じ供給区域に建設された変電所は，重複していることから資源浪費ではないかという疑問がある。

市場支配的地位の濫用　小売分野においては，陝西省地方電力公司は陝西省国家電網公司と競争している。しかし，陝西省地方電力公司が販売している電力の一部分は，陝西省国家電網公司から購入したものである。陝西省国家電網公

---

356)　高天宇「両網相争何時休——楡林電力市場現状，問題調査」供電企業管理第5期（2005）。
357)　同上。
358)　同上。
359)　同上。

司は，陝西省地方電力公司と「購入契約」（「楡林110kV電網与陝西省330kV電網併網購電合同及調度協議」）を締結したが，2004年陝西省国家電網公司側（当時，「陝西電網楡林供電公司」であった）は，330kV電網が超負荷であったり，石炭などの燃料不足で電力供給不足であったり，機械の修理などを理由として，契約された供給量の半分程度しか陝西省地方電力公司に供給していなかった[360]。また，陝西省国家電網公司は，自己が所有する神木国華発電所に陝西省地方電力公司との取引を拒絶させ，余剰電力を意図的に遠方へ販売させることもあった[361]。そのため，陝西省地方電力公司は深刻な電力不足に陥った。当時は，反壟断法はまだ公布されなかったが，現在これらの行為を評価すると，市場支配的地位の濫用に該当するおそれがあるであろう。

イ．「国電」と「地電」の衝突に対する認識

中国においてはこのような事例が少なくない[362]。中国の多くの地域では，地方政府に属する電力事業者（中国語で「地電」という）と中央政府に属する電力事業者（中国語で「国電」という）の供給市場が競合するため，関連する設備に関する紛争，設備の建設の重複などが生じて，当地は電力不足に陥って，地元の電力使用者の生産および生活に対して悪影響を与えたことがしばしばマスコミによって報道されている。したがって，「地電」と「国電」の間では，正当な競争手段を用いて競争することを維持するとともに，悪質な競争にならないように，法的な規制を適切に運用して，最終消費者の利益を保護することが重要な課題となっている。

この点，まず，「地電」の存在は肯定すべきであると考える。電力産業の送配電分野は自然独占性を有する分野であるが，小売分野は競争可能であり，かつ，競争すべきである。送配電線網は，地域に1つあれば十分であるが，小売分野は，1社が独占して電力を販売するわけではない[363]。悪質な競争を解決するため，陝西省地方電力公司が陝西省国家電網公司に買収されるべきだとい

---

360)　同上。
361)　同上。
362)　例えば，2000年に，山西省呂梁地区電力局（「国電」）と山西省地方電力公司呂梁分社（「地電」）が送電設備および供給市場を争奪した結果，山西省呂梁地区は，深刻な電力不足に陥った。「国電地電扯皮不断呂梁経済発展受阻」新華毎日電迅第1版（2000.8.25）。
363)　「地電之問」『中国能源報』第5版（2012.5.21）。李其道氏に対するインタビューの内容である。

う主張があるが，筆者はこのような主張に賛成しない。一度陝西省地方電力公司が買収されると，小売分野は陝西省国家電網公司が独占して電力を供給する状態になる。小売分野の市場を閉鎖して，新規参加者を制限すると，一時的に悪質な競争を回避することができるが，独占の弊害も強まるので，電力市場の市場化改革の目標と一致しないからである。

また，小売分野における系統的な競争を促進するため，係る法的規制の完備および実効的な執行が必要である。例えば，陝西省国家電網公司に対して託送義務を規定すれば，送配電線網の重複建設を回避できると思われる。また，市場支配的地位を有する事業者に対する規制が実効的に執行されれば，取引拒絶などの競争制限行為を規制することができると，本件のような意図的に遠い内モンゴルから電源を探すような事態は生じないと思う。

要するに，競争者の間で紛争が行われた時に，今回のような「武闘」ではなく，事業規制法または競争法などの法的な「武器」を運用して解決することが望ましい。残念ながら，現在の中国は，電力産業を規制する事業法には競争を促進するための制度が完備されていないし，電力産業に対する競争法の運用基準にも不明確なところが存在している。

4 山東省魏橋事件（2012年5月）

(1) 事案の概要

2012年5月以降，山東省濱州市鄒平県に位置する民営企業の山東省魏橋創業集団および魏橋アルミ発電有限公司（以下，「魏橋集団」と総称する）が，濱州市内における国家電網公司に所属する山東電力集団公司（以下，「山東電網」とする）の国有企業の独占地位に挑戦して，電力供給事業に従事している。双方が濱州市内における電・熱供給市場を巡って争い，最後に数百人の暴力衝突が起こったことがメディアで報道されてから，現在の中国の電力産業の混乱した競争状態を象徴する事件として，全中国の注目を浴びてきた[364]。本件の経緯については，図3-3のとおりである。

---

364) 現段階では，国家電網と魏橋集団は電網を再び接続して，お互いに融通するという協議を達成したというニュースがあった。

図 3-3　事件経緯の時間軸 [365]

第 1 段階：1999 年 9 月以前

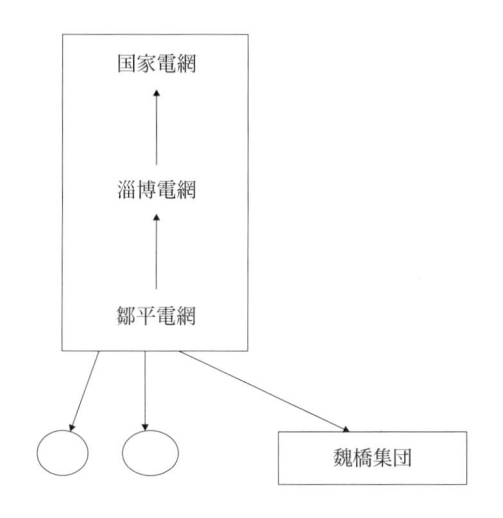

（注）　当時の電力産業は，発送電分離をまだ実施しなかったので，当時の国家電網公司はまだ垂直一体化している「国家電力公司」であった。

第 2 段階：1999 年 9 月 28 日から

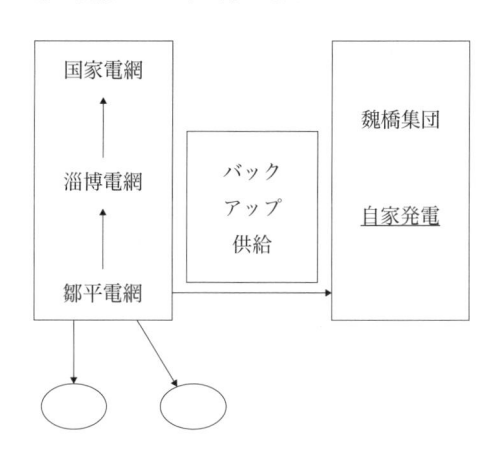

（注）　魏橋集団が自家発電を行った原因は，魏橋集団は主に紡織業とアルミ業に従事していたため，電力の品質（主に安定性を指す），供給量，電気料金などにこだわっていたためである。しかし，当時の電力供給者（国家電力公司）は，停電事故が頻発し，電気料金が高かったことなどから，魏橋集団のこのようなニーズを満足させることができなかったのである。

---

365)　中国における主流マスメディアにより本件についての報道，新聞および雑誌（「還原魏橋供電」財経雑誌第 16 期（2012.6.4））などを参考にしたうえで作成されたものである。

第3段階：1999年10月1日から

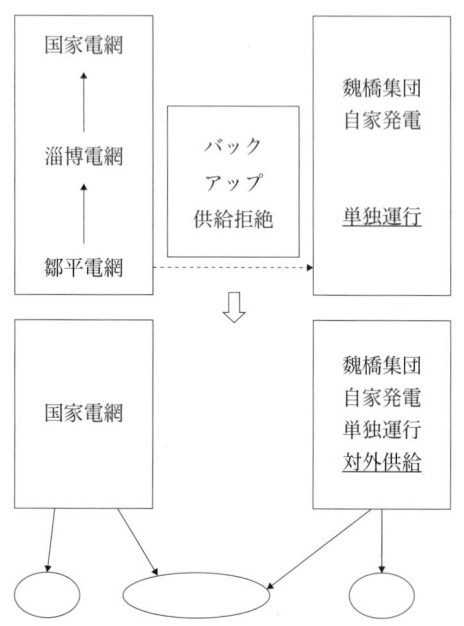

(注)　1999年9月28日に，魏橋第一熱電工場が建設された。同年10月1日に，淄博電網は魏橋集団に通知を発出して，魏橋集団にバックアップ電力供給を停止した。その理由は，魏橋集団側の自家発電が電網システムの全体的な安定性に影響を与えたからだった。双方の間にすでに不和があったが，電力供給の安定性について万策尽きて窮境に陥った魏橋集団が，自家発電を充実させることに専念するようになったのである。

第4段階：2009年4月の「武闘」（数百人の暴力衝突）

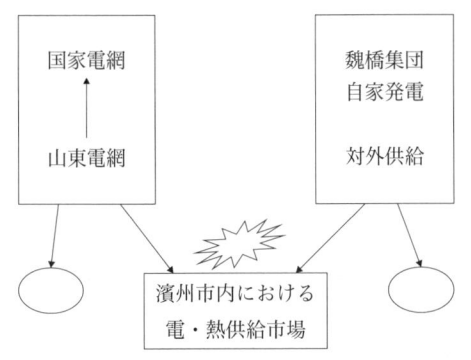

（注）　現在，魏橋集団は傘下に11の子会社を有し，2012年の世界トップ500企業ランキングにも名前が載る大規模な民営企業集団である[366]。また，魏橋集団は，約395万kWの発電容量の発電設備を有し，自家用の電力を満足させる一方，自ら送電線を建設して周辺の他の需要家（商工業需要家向けの割合は94%，家庭および農業向けの割合は6%である）にも電力を供給している。濱州市内において，魏橋集団の総発電量と国家電網による電力合計の比率は49：52である。電力の毎年の売上高からみれば，その規模は国内五大発電集団とほぼ同じである[367]。しかし，電気料金をみると，魏橋集団は山東電網より1kWあたり0.195元も安い。このような競争状態が続いた結果，2009年4月に，双方の激しい衝突が起こった。この事件の起こるきっかけは，魏橋集団が，自社の送電線を，山東電網側の送電線の上に設置したことである。

（2）　本件を巡る考察

ア．魏橋集団の行為

現行の「電力法」第25条には，「1つの電力供給区域に1つの電力供給営業機構のみを設置することができる」という規定がある。

また，「給電営業区の区画と管理に関する弁法」（「供電営業区画分及管理弁法」，1996年5月19日，電力工業部）」第6条は，「給電営業区は原則的に省，地（市），県の行政区の区画を基に，電網の仕組み，供電能力，供電の質，供電の経済合理性などの要素を根拠として，画定する」と定めている。第7条は，給電営業区を「省際営業区」「省レベルの営業区」「地（市）レベルの営業区」および「県レベルの営業区」の4つのレベルの給電営業区に分けている。しかも，給

---

366)　2012年7月9日に公布した米経済誌『フォーチュン』に掲載された2012年世界トップ500企業ランキングによる。
367)　「解読魏橋現象」人民日報第19面（2012.5.28）。

電営業区の設立，変更について認可制を実施するので，まず電力供給企業によって申請を提出する必要がある。省・自治区・直轄市の人民政府電力管理部門が審査した後，一定の条件を満たす企業に「給電営業許可証」を発行する。したがって，電力を供給・販売しようとする企業は「給電営業許可証」を得てから，工商行政管理部門より営業許可証を得た後に電力を販売することができる。

山東省濱州市の地（市）レベルの営業区においては，適法な電力供給許可書を有する国家電網（山東電網）のみが電力供給事業に従事すべきと考える。魏橋集団が電力を供給する能力を持っているとしても，現行の電力事業規制法規に基づき，自家用以外に他の需要家に電力を供給・販売する法的根拠がない。これが，国家発展改革委員会価格司，国家電網公司および中国電力企業聯合会が魏橋集団のような電力供給モデルを批判する主な理由である。

一方，これらの批判に対して，現行電力法のこの規定は，実質的には電力産業の小売分野への参入を禁止するものであり，電力体制改革の目標と一致しておらず，時代遅れになった条文に基づき魏橋集団の行為の適法性を判断することは意味がないという意見も存在している[368]。

イ．国家電網の行為

電力事業法上の違法性　電力法第28条は，「電力ユーザーが電力商品の品質に対する特殊な要求がある場合に，電力供給事業者（本件の国家電網）はその必要性および電網の可能性に基づき，要求に対応できる電力を供給すべきである」と定めている。しかし，当時魏橋集団が自家発電を開始した経緯をみれば，国家電網に自己が提供する電力の品質などを改善する姿勢はみられなかった。これは，当時は技術，資金等の制限が存在したためであり，直ちに違法とはいえないが，電力供給事業者のこのような供給義務を無視するわけではない。

さらに，電力法第26条は「給電営業区における電力供給事業者は，国家の規定に基づき，営業区におけるユーザーに電力を供給する義務を有する。国家の規定に違反して，営業区における電力の供給を申請する単位および個人に電力供給を拒否してはならない」と定めている。しかし，国家電網は魏橋集団が

---

368)　陳黛「魏橋変法買電記」大経貿第6期87頁（2011）。夏清教授のコメントである。

自家発電を開始すると直ちに，一方的にバックアップ電力の提供の停止を決定した。このことはつまり，国家電網の方が電力供給者の供給義務に違反していることを意味する。

　　競争法上の違法性　中国の反壟断法は，「市場支配的地位」とは ① 事業者が関連市場において，商品の価格，数量またはその他の取引条件を制御することができる，または ② 他の事業者による関連市場への参入を阻害し，若しくは参入に影響を与えることができる市場地位であると定めている[369]。また，典型的濫用行為として，「独占価格，略奪的価格設定，取引拒絶，強制的取引，抱き合わせ販売および不合理な取引条件付き販売，差別的待遇，その他の市場支配的地位の濫用行為」を列挙している。

　また，事業者の市場支配的地位を認定する際に，関連市場における市場占有率，販売市場または原材料調達市場を制御する能力，財務力および技術的条件，他の事業者の当該事業者に対する取引上の依存程度，他の事業者による関連市場への参入の難易度，その他の要素に基づき判断する。一般的な基準としては，1つの事業者の関連市場における市場占有率が2分の1に達する場合，2つの事業者の関連市場における市場占有率の合計が3分の2に達する場合，3つの事業者の関連市場における市場占有率の合計が4分の3に達する場合，当該事業者が市場支配的地位を有するとされている[370]。本件においては，電力法第25条の規定に基づき，1つの供給区域内で国家電網（または同社の子会社）のみが電力供給事業に従事しているので，国家電網が関連市場において，市場支配的地位を有することは認定できる。

　また，反壟断法第17条1項の3は，市場支配的地位を有する事業者が「正当な理由なく，取引先に対して取引を拒否すること」（「取引拒絶」）を「市場支配的地位の濫用行為」として規制している。国家電網が，魏橋集団が自家発電を開始すると直ちに，バックアップ電力の供給を拒絶したため，魏橋集団は，自家発電以外には他の電力供給先はない状態に置かれた。これは，本条の市場支配的地位の濫用（取引拒絶）に該当しうる。国家電網公司側が発表した取引拒絶の理由（すなわち，電網システムの全体的な安定性に影響を与えること）は，

---

369)　反壟断法第17条2項。
370)　同法第19条。

正当な理由とはいえないであろう。何故ならば，魏橋集団は国家電網から受けた電力供給は，バックアップとして使われるからである。つまり，魏橋集団は，自家発電によって生産した電力が足りない場合のみ，国家電網の電力を補助として使う。元々，自家発電している事業者が中国においては少なくないので[371]，この理由だけでは取引拒絶の正当な理由とはいえないであろう。

ウ．電力事業法と競争法の規制の区別

国家電網が本件で行った取引拒絶行為に対しては，中国電力事業法と競争法のいずれも適用可能であるが，両法の規制の違いについて以下のように考える。

電力法は第25条の規定において，電力供給者の供給区域内の独占地位を認めて，市場支配的地位を法的に保護している。しかし，市場独占的な地位に対する保護は市場独占者の競争制限的な行為までに対しても保護することを意味していない。独占者とする国家電網が取引拒絶を行った時は，競争法上の違法要件に基づき厳格に対応しなければならない。

また，本件における国家電網の違法行為（取引拒絶行為）は，電力法（第26条供給義務），反壟断法（第17条1項の3）のいずれに基づいても規制できると考えられる。しかし，両者は規制目的とエンフォースメントの面において異なっている。

規制目的：電力法第26条の規制目的は，電力法の目的規定にあるように，「電力事業の発展を促進し，電力投資者，事業者および需要家の適法な権益を保護する……」ことである。電力産業は，公益性を持つ産業として，一般消費者が誰でも使えるようなユニバーサル・サービスを提供する機能を発揮している。第26条は，主にこのような公益目的を実現するために設けられている。

一方，反壟断法第17条は，主に市場全体の競争秩序の維持を出発点として，「独占行為を防止および禁止し，市場の公平な競争を保護し，経済運営の効率を高め，消費者利益および社会公共利益を保護し，社会主義市場経済の健全な発展を促進するため」[372]の規定である。支配的地位を有する事業者は，その支配的地位を濫用して，取引拒絶などの行為をした場合，比較的弱い地位におけ

371）　中国においては，大型の製鉄事業者などは電力使用量が非常に巨大であり，国家電網によって提供された電力が足りないなどの原因で自家発電をやることは多い。

372）　反壟断法第1条の目的規定である。

る事業者が，市場において生き残ることができなくなり，最終的に消費者の利益にも影響を与えるので，これを防止するための規定である。

エンフォースメント：電力法第64条によると，同第26条に違反して，電力供給を拒絶すると，電力管理部門が是正命令を下し，警告を行うことができる。その経緯が重大な場合に，関わる主管者および直接の関係者に行政処分を与えることができる。

反壟断法第47条によると，「事業者がこの法律の規定に違反して，市場支配的地位を濫用した場合には，独占禁止法執行機構は，その違法行為の停止を命令し，違法取得を没収し，かつ前年度売上高の１％以上10％以下の行政制裁金を科す」ことになる。

エ．本件の問題点

しかし，現在中国におけるメディアの報道，規制機関と事業者団体および研究者の議論は，主に魏橋集団が自家発電以外に電力供給することの電力法上の適法性（または魏橋集団の環境保護規定に対する違反行為，電力供給の安全性の不適合，社会責任の無視など）に集中しており（つまり，先述した国家電網の行為の電力事業法上の違法性に関する分析である），国家電網の電力事業法と競争法上の違法行為に対しては，注目していない。そもそも，魏橋集団の自家発電であっても，他に電力を供給する行為であっても，中国電力産業の体制改革の目標に違反するわけではない。むしろ，これこそが中国電力体制改革の道であるといえる。魏橋集団モデルの出現は，一定の必然性を持つといえる。この問題は，まだ移行期における中国の電力産業が，今後直面しなければならない問題といえる。

本件では，電力事業規制機関，および競争法の執行規制を行使する余地が非常に大きかったにもかかわらず，誰もこれを言い出さなかった。これは最も遺憾な点である。両規制機関により積極的に自分の規制権限を行使することが中国の電力産業における体制改革を推進して，競争的な電力市場の形成を促進する上で，極めて重要な要素であると考える。

オ．提言として――日本の電力自由化改革からの示唆

最後に，日本の電力自由化改革から，本件はどのような示唆を得ることができるかを検討する。

図3-4　本件の解決案として[373]

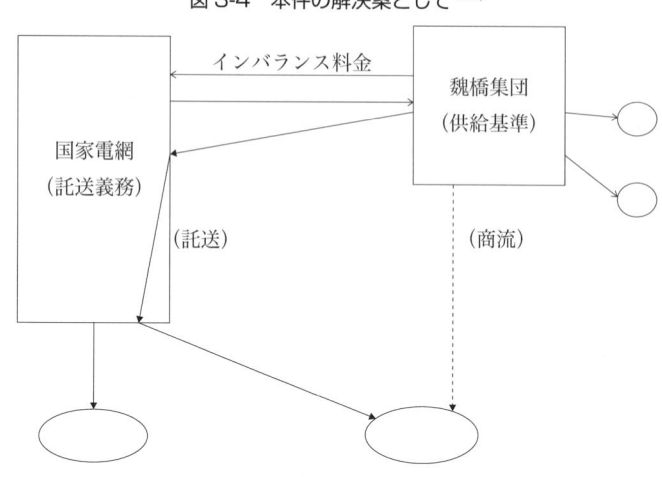

　日本では，第2回自由化改革を通して，2000年3月21日から大規模工場やオフィスビル，デパートなど契約電量（使用規模）が2,000kW以上の特別高圧（2万V以上）需要家（大規模ビル，百貨店，大規模工場）が自由化の対象となった。これによって，自由化された小売市場へ新規参入できる者（PPS，新電力）が登場し始めた。既存電気事業者（一般電気事業者）は自分が所有する送配電線網を競合するPPSに利用させるため，託送制度を整備した。

　本件における国家電網と魏橋集団の衝突を解決するため，図3-4のように，託送制度を整備することが考えられる。まず，国家電網は自分の送配電線網を開放して，魏橋集団に利用させる。魏橋集団は小売分野に参入しようとすれば，国家電網に託送料金を払い，余った電力を国家電網の送配電網で需要家に運送する。

　しかし，この解決案を実現するには，まず，電力法第25条を改正する必要

373）　参考：日本におけるインバランス料金：新電力（PPS）が30分同時同量を達成できず，供給電力に不足が生じると，電力会社の系統運用部門が代わりに電力を補給するが，その対価として新電力が電力会社に支払うペナルティ料金を「インバランス料金」と呼ぶ。インバランス料金とは通称であり，正式には「変動範囲内（外）発電料金」という。電気事業法関係省令の「一般電気事業託送供給約款料金算定規則」で定義された認可料金である。変動範囲とは，基本的に新電力の30分単位需要量の3%と決められていて，不足量が3%以内に納まっていれば「変動範囲内発電料金」で済むが，3%を超過すると高価な罰則的な「変動範囲外発電料金」を支払わなければならない。

がある。また，自家発電の積極的活用の観点からは，自家発電事業者は潜在的な卸供給あるいは直接供給の能力を有する自家発電事業者が，電力会社への競争圧力として機能するために，余剰電力購入制度を改善する必要があるほか，自家発電事業者が自己の複数の需要地点に自家発電を供給するための自己託送が不可欠である。そこで，自己託送の一層の推進とともに，卸託送と同様，法制化が行われるべきである。また，政府規制において，託送料金，託送条件の厳密な設計も必要である。さらに，新規参加者の電力供給能力および供給する電力の安定性などに対しても一定の条件および基準を設けるべきである。現在，電力法は改正中である。電力法第 25 条についてどのように改正するか注目されている。

5　二灘水力発電所事件（2000 年）
——「行政独占」行為

（1）　事件の概要

　中国の南西地域は，山々に囲まれた地形と水に恵まれた自然環境であるので，水資源が豊富であり，水力発電に適している。この恵まれた水資源を有効に利用して，地元の経済を発展させるため，中国の中央政府は，世界銀行から 9 億 3,000 万ドルの融資を受けて，二灘水力発電所を建設した[374]。二灘水力発電所は中国南西地域の四川省と雲南省の境にあり，鉄鋼都市攀枝花市から 46km 離れた長江の支流の 1 つである雅礱江に建設された[375]。中国が 20 世紀に建設した最大の水力発電所である。その発電量は 1,000 万トンの石炭の発電量に相当して，68 億元の発電収入を得ることが予想されていた[376]。そうすると，大量の石炭を節約することができるだけではなく，鉄道の大規模輸送と長距離輸送の圧力を軽減し，環境負荷を軽減することもできると指摘された[377]。

---

374)　社団法人原子·燃料政策研究会のホームページ参照。http://www.cnfc.or.jp/j/proposal/asia03/section3_2.html「二灘水力発電所が稼働，出力 330 万 kW」中国通信（1999.12.7）。

375)　社団法人原子·燃料政策研究会のホームページ参照。http://www.cnfc.or.jp/j/proposal/asia03/section3_2.html「中国一高いダム完成，二灘水力発電所」中国通信（1998.8.21）。

376)　袁文平·劉恒「体制作怪——二灘水電站的成功与困惑」経済理論与経済管理第 2 期 56 頁（2001）。

377)　同上。

図3-5　本件の説明図

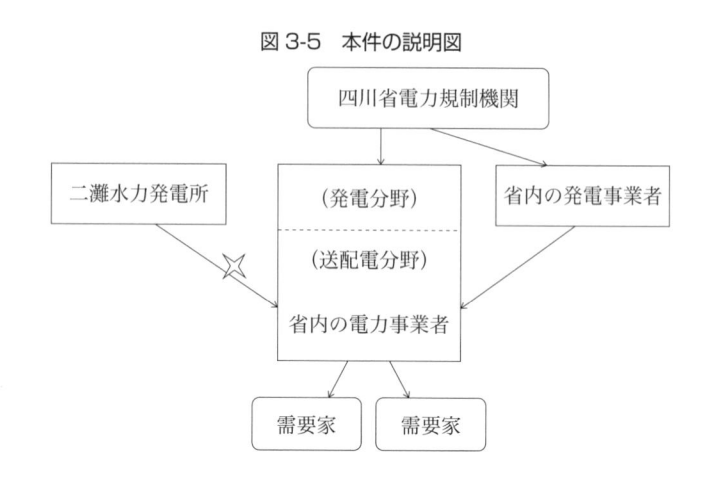

しかし，二灘水力発電所は建設後，すぐに赤字に陥った [378]。その原因については，二灘水力発電所が成都市や重慶市から遠く離れた山間であり，消費地に遠く，送電線を架設するだけでも困難なことが指摘された [379]。しかし，最も重要な原因は，「行政独占」によって生じた「販売難」[380] であると指摘された [381]。

つまり，図3-5のように，当時，中国は，電力産業の発電分野への新規参入を許可したが，送配電分野では依然として高度な独占体制を維持していた。独占的な送配電事業者は，自己と関連する発電事業者のみから電力を購入して，独立的な二灘水力発電所は，安い電力を大量に生産したとしても，なかなか省内の送配電事業者に購入してもらえなかった。

(2)　本件の「行政独占」行為に関する分析

ア.「政企合一」体制下での「市場閉鎖」行為

当時は，電力産業に対して「政企合一」の規制体制が実施されていた。つま

---

378)　同上。

379)　社団法人原子燃料政策研究会のホームページ参照。http://www.cnfc.or.jp/j/proposal/asia03/section3_2.html　戴晴『三峡ダム――建設の是非をめぐっての論争』（築地書館，1996）。

380)　二灘水力発電所は，2000年に計画された電力販売量は83億kWhであり，実際の発電量は40億kWhであって，計画された発電量の半分に達していなかった。豊富な水資源を浪費して発電量の損失は，31.49億kWhであった。袁ほか・前掲注376) 56頁。

381)　「二灘水発站為何陥入困境」瞭望新聞週刊第24期11頁（2000.6.12）。

り，本件の場合は，四川省内の電力事業者の経営状況が四川省政府の政治業績または税金収入に関連している。しかし，二灘水力発電所は，中央政府に直属している発電事業者であるので，四川省の電力規制機関は管理しておらず，同省の地方財政とも独立していた。したがって，同政府または電力規制機関は，同省の利益を維持するため，同省における発電事業者に優先的に送配電網を利用させたり，二灘水力発電所の市場参入を排除または制限したりするインセンティブを持っていた[382]。

イ．「垂直一体化」経営体制下での「部門独占」行為

当時，電力産業では発送電分離の改革がまだ実施されていなかったので，省内の電力事業者は，省政府の規制機関の規制の下で，送配電事業および小売事業のすべてを営んでいた。したがって，省政府の規制機関は，実際に，省内の電力事業者の発電分野を規制していた一方，送配電網に対しても規制をかけていた。自らの発電分野における事業者の利益を保障し，省内の電力産業における独占的地位を維持し，高い電気料金を設定するため，他の独立的な発電事業者の市場参入を排除する高いインセンティブを有していた。したがって，二灘水力発電所によって生産された電力が安かったとしても，なかなか購入してもらえなかった。結局，省内では，高く独占的な電気料金が維持されて，消費者が最終的な被害者になったといえるであろう。

当時，反壟断法はまだ公布されていなかったが，1993年に公布された「反不正当競争法」に基づき，これらの行為は，同法第6条[383]および第7条[384]に違反するおそれがあった。

---

382)　袁ほか・前掲注376) 57頁。

383)　同法第6条：公共企業または法にしたがって独占地位を有するその他の事業者は，他人に対して，自らの指定する事業者の商品を購入するように限定することにより，その他の事業者の公平な競争を排除してはならない。

384)　同法第7条：① 政府および所属部門は行政権力を濫用して，他人に対して，自らの指定する事業者の商品を購入するように限定し，その他の事業者の正当な経営活動を制限してはならない；② 政府および所属部門は，行政権力を濫用して，自らの管轄地域以外の商品が管轄地域に流入することを制限し，又は管轄地域の商品が管轄地域以外に流出することを制限してはならない。

第4節　電力産業に対する競争法体系の運用への影響

　以上のような中国の電力産業における競争制限行為に対する規制状況および事例分析を踏まえると，電力産業に対する競争法の運用が極めて重要な役割を果たすべきであるといえる。しかし，中国は2008年に「反壟断法」を施行して以来，一定の成果を果したが，その執行力がしばしば批判される。「反壟断法」には「スローガン」的な条文が多く，執行力に問題があり，実際の執行効果が改善されていない[385]。競争法の規制に電力産業に対する明示的な適用除外が存在しないにもかかわらず，電力産業に競争法を適用するには以下のような障害が存在している。

1　中国政府の競争意識に左右される点[386]

　中国の競争法体系は既に確立されたが，実施にあたっては，中国政府の競争に対する認識によって左右されることは回避できない問題である。特に，中国の競争法の歴史が短く，運用経験が浅い国の場合，競争を重視する姿勢がいまだ十分ではないので，政府が政策理念として競争をどの程度重視するかが，競争法の果たしうる役割の範囲および程度に対して大きな影響を持つ。例えば，中国政府は，大規模な電力企業の設立が，当該産業または国家全体の国際的な競争力を高めるため，中小の電力企業を国有電力企業グループに加入させる，といった政策をとることも考えられる。

2　「政企分離」の不徹底性および国有企業という特別の存在

　中国の電力産業は，市場化への体制改革の実施を通して，電力事業者と電力規制機関との分離（「政企分離」）が既になされたが，徹底的に分離されている

385）　譚紅琳『我国反壟断法対壟断企業的影響研究』法制与社会136頁（2009.7）。
386）　王暁曄『論反壟断法』社会科学文献出版社379頁（2010）。

とはいい難い。中国の電力産業においては，数多くの国有産業が存在している。これらの電力事業者は，依然として行政規制機関と緊密な関係を有している。中央政府が所有する電力企業の経営状況は，国有資産の運営と収益に関連する。地方政府が所有する国有企業は，所在地の政府の政治業績または財政収入に関連する。これらの国有企業は，設立以降，一貫して規制機関と緊密な関係を有している。その結果，中立性を欠く電力監督規制機関は，産業政策や規則などの名目で，規制産業および規制区域内の事業者の利益だけを考慮して，電力産業を間接的にコントロールすることがある。一方，規制機関は，競争政策を必ずしも考慮していないので，競争政策と衝突することがしばしばみられるようになった。

　また，一般的な民間企業に対する規制と同様に，これらの国有企業が競争制限行為を実施すれば，競争法を適用すべきである。しかし，現状からみると，これらの国有企業は，国務院の国資委などの特別な規制機関によって管理されているので，国資委の産業政策にしたがって競争制限行為を実施する場合に，競争法を適用する余地があったにもかかわらず，実際に適用できなかった場合が多い。国有企業に対する特別な規制制度は，競争法の適用性または執行力を大幅に弱めている。

3　競争法の「適用除外」を濫用するリスク

　競争法は，特定の業種に限定しているわけではなく，電力産業等を含むすべての業種に一般的に適用できる規定を定める一方，特定の状況を考慮して，特定の場合に一般的規定を適用しないこともある。

　例えば，「独占的協定」に関する規定には，原則的な禁止条項および禁止行為を定めている一方，反壟断法の適用が排除される「適用除外規定」[387] も定められている。つまり，反壟断法は，独占協定行為について，当然違法とするのではなく，合理の原則を採用し，独占的協定に対する規制に広範な適用除外を定めている。反壟断法で一見厳しく禁止されている各種の独占協定行為に該当する場合であっても，第15条の要件をみたす場合には，反壟断法の適用が除外される可能性がある[388]。

　また，競争法の執行機関は，事業者からの適用除外の申請を受理して，除外規定に該当するかを審査する権限を有するが，実際に審査するかどうかは執行機関の自由裁量に委ねられる。したがって，独占協定の適用除外制度の運用は，事業者からみても，執行機関からみても，非常に柔軟である[389]。特に，本条を公共事業として特殊な地位が与えられた電力産業に適用しようとすると，「社会公共利益カルテル」，つまり「省エネルギー，環境保護，災害救助等，社会公共の利益を実現するためである場合」などの理由として，競争法の適用除外として取り扱われる可能性が高いと考えられる。そもそも，「社会公共の利益」という要件は極めて曖昧なので，適用除外規定が拡大解釈され，公共事業として電力企業が行った行為はすべて正当化事由があると判断され適用除外となる可能性があると懸念される。

4　電力産業における政府規制の影響

　電力産業改革の進展は，電力産業に対する政府規制の関与範囲を決めるといえるであろう。規制機関が参入規制および料金規制を実施する程度は，競争法の執行に対しても影響を与えている。

　料金規制：前述のように，1998年5月1日から実施された「価格法」は，政府の価格規制を「市場調整価格」「政府指導価格」「政府決定価格」の3種類に分類している。このうち，政府決定価格に関する規定は，政府は，国民経済の発展および人民生活との関係が重大なごく少数の商品価格，資源が希少または欠けている少数の商品価格，自然独占経営の商品価格，重要な公用事業価

---

387)　具体的には，反壟断法第15条には，以下のような独占的協定の適用除外規定がある。
　　①技術の改善および新製品の研究開発のためである場合（共同研究開発）；②製品の品質を高め，コストを削減し，効率を改善するため，商品の規格および基準を統一する場合又は分業による専業化を実行する場合（合理化カルテル）；③中小事業者の経営効率を高め，中小事業者の競争力を強化するためである場合（中小企業カルテル）；④省エネルギー，環境保護，災害救助等，社会公共の利益を実現するためである場合（社会公共利益カルテル）；⑤経済的不況による販売量の著しい減少又は明らかな生産過剰を緩和するためである場合（不況カルテル）；⑥外国との貿易および対外経済協力における正当な利益を保障するためである場合（対外貿易におけるカルテル）；⑦法律および国務院が定めるその他の事由がある場合。
388)　戴龍「中華人民共和国独占禁止法調査報告書（抜粋）」7頁。公正取引委員会ホームページに掲載されている。
389)　同上15頁。

格および重要な公益性サービス価格に対して，必要のある場合，政府指導価格
又は政府決定価格を実行することができる，と定めている。

　政府決定価格の実施範囲が広ければ，反壟断法に規制されている「市場支配
的地位の濫用」行為のうち「独占価格」と「略奪的価格設定」の規定を，電力
産業において適用するにあたって，大きな制約となりうる。もともと「市場支
配的地位の濫用」行為に関する規制の中には，「不公正な」「正当な理由なく」
という要件が付け加えられているので，「不公正な」「正当な理由なく」の判断
基準について反壟断法には規定がなく，国務院独占禁止施行機構による自由裁
量の余地は大きいと考えられる[390]。これらの規定を電力産業の場合にあてはめ
ると，価格規制について，電力産業は「反壟断法」の適用除外とはなっていな
いが，「価格法」を法的根拠として政府は価格規制ができるので，自然独占産
業に対しては「価格法」を適用する慣行がある。したがって，反壟断法は電力
産業に対する政府の価格規制には実際には適用されておらず，「価格法」が定
める政府の料金規制が，反壟断法の執行力に対して影響を与えている。

　参入規制：電力法第 25 条は，「電力を供給する企業は許可された電力供給
営業区内のユーザーに電力を供給する。電力供給営業区を分割する際に，電網
の構造および電力供給の合理性等の要素を考慮すべきである。1 つの電力供給
区域に 1 つの電力供給営業機構のみを設置することができる。」と規定してい
る。その結果，電力供給事業者が供給市場を分割して，区域内の独占地位を維
持する状態になっている。この規定を電力ユーザーの立場からみれば，ある供
給営業区内において，本区域内の唯一の電力供給事業者しか選択できないこと
になる。電力法第 25 条の規定があるため，反壟断法に規制されている「市場
支配的地位の濫用」行為の第 4 種類──「強制的取引」[391]の適用可能性が制限
されるのではないかとの懸念がある。したがって，このような法的な根拠を有
する政府規制は，競争法の適用範囲および実効性に一定の制限を与えてい
る[392]。

　以上のような分析を踏まえて，今後，中国の競争法の実効性を高めるため，

---

390)　同上 17 頁。
391)　正当な理由なく，取引先が自己との間でのみ取引するよう制限し，またはその指定した
　　事業者との間でのみ取引するよう制限すること。
392)　孟・前掲注 313) 47 頁。

電力産業に対する政府規制と競争法規制をどのように調和させるべきか，産業政策をどのように位置づけるかなどを明確にしなければならない。この点について，中国と同様に競争文化に欠ける日本の電力産業がどのように対応しているか，産業規制機関とどのような調整が行われ，何が問題となったかは，今後の中国の電力産業の規制および競争法の実施の上で参考になる。

第4章
日本の電力産業の規制状況および
自由化改革

　本章では，日本の電力産業の事情を考察する。周知のように，日本の電力会社の供給の安全性・安定性は，世界的にもトップクラスであり，誇れるものである。しかし，日本の電力産業においては，2011年3月11日に発生した東日本大震災の影響で，戦後最大の「電力危機」を招いた。福島第一原発事故で原発の安全神話が崩れ去ったため，日本の電力システムの安全性と供給の安定性に対する疑問は，しばしば指摘されている。国民の間で脱原発，および再生可能エネルギーの導入という声が強まる下で，日本の電力産業では一連のシステム改革の試みが行われている。このような現実を前にして，これまでの日本の電力産業の規制の在り方，および今後の電力産業改革の方向性が問われている。

　本章では，こうした現実の問題に目を向けて，まず，日本の電力産業に対する規制制度の歴史的変遷について整理を試みる。また，現在の日本の電力産業の仕組みは，主に1995年以降の3度の電力自由化の改革を経て形成されたものである。3度の電力自由化の改革に伴う3回の電気事業法の改正によって，競争メカニズムが導入されてきた。本章では，今まで行われた3度の自由化改革の主要な措置に触れながら，自由化改革後の状況と問題点を分析する。2013年11月に改正された電気事業法の公布により，今後日本の電力産業の自由化改革がさらに活発かつ本格的に進むと予想されるので，現在の政策および改革の進捗に鑑みながら，日本の電力産業の未来像を検討する。

第 *1* 節　日本の電力産業の規制制度の歴史的変遷

1　戦前期における民間主導体制（1883 〜 1938 年）

　日本の電力産業の歴史は，明治 16（1883）年に設立許可を得て，同 20（1887）年に開業した東京電燈によって始まった [393]。その後，明治 21 年から 30 年初期にかけて東京，大阪，京都，横浜，名古屋，神戸等の主要都市で中小の電灯会社が相次いで設立・開業された [394]。草創期の日本の電源構成は，火力発電が中心であったが，水力発電を中心とする電灯会社も存在していた（東北・北陸）。また，1880 年前後には産業革命の影響で工場用の自家発電も使用されていた。しかし，当時の電力産業の全体からみれば，電力の需要はまだ少ないものであり，発電機容量も極めて非効率的であり，本格的な送電設備や変電所を設ける必要もなかったという [395]。

　その後の明治後期から大正中期頃までの十数年間は，電気事業の初期における成長・発展期として位置づけられる [396]。日露戦争後の経済拡大および好景気を背景に，電灯電力需要が飛躍的に拡大し，発電・送配電技術の進歩とともに，電力会社設立のペースが加速し，発電設備量も急増した。しかし，その後の市場拡張競争と企業集中の時代の到来を予感させるように，東京では，いわゆる「三電競争」（東京電燈，東京市，日本電燈の間の市場拡張競争）が展開され，大正 6（1917）年 7 月の「三電協定」成立によりようやく終焉に至った [397]。

　その後，大正後期から戦時体制に突入する直前の昭和初期までの期間は，大規模水力開発と遠距離送電において電力会社が電力市場において激しい競争を行っていた [398]。当時の電力産業規制機関である逓信省は，電灯や小口電力需

---

393)　電気事業講座編集委員会『電気事業発達史』12 頁（電力新報社, 1986）。伊藤成康「ネットワークとしての電気事業」南部鶴彦・伊藤成康・木全紀元編著『ネットワーク産業の展望』190 頁（日本評論社, 1994）。
394)　電気事業講座編集委員会・前掲注 393) 17 頁。
395)　伊藤・前掲注 393) 191 頁。
396)　電気事業講座編集委員会・前掲注 393) 39-59 頁。伊藤・前掲注 393) 191 頁。
397)　伊藤・前掲注 393) 191 頁。

要家に対する重複供給を許可せず，大口電力に限って重複供給を認める方針を採っていたので，電力会社の間で大口需要家を巡る競争が始まった。特に当時，「日本五大電力」と呼ばれていた東京電燈，東邦電力，大同電力，宇治川電気，日本電力の 5 社が約 10 年間にわたって「電力戦」の中心的な担い手となって，激烈な大口需要家の争奪戦を展開していた[399]。この時期には，政府による電力事業経営への関与が積極的に行われていたわけではなく，5 大電力を中心とする民間主導の競争体制は維持された[400]。

　しかし，「電力会社間で展開された市場拡張競争が，その競争区域内ではサービス改善と料金の低下，およびそれに基づく電力普及という効果をもたらした反面，競争区域外では，全くこれとは反対の現象が生じ，供給設備の二重投資，不良会社，弱小会社の合併，買収により資産状況や業績が悪化し，経営は難航し，その上大恐慌が起きたことから，企業は自力で業績回復できず，いきおい国家統制や金融資本に大きく依存せざるを得ない事情が存在していた」[401]。したがって，1932 年 4 月に自主カルテル組織である電力連盟の結成と同年 12 月に改正電気事業法の実施により，電力会社間の競争の状態は終焉して，電力統制が行われるに至った。すなわち，電力事業法により国家権力を以て積極的に恐慌を克服するとともに，金融資本の主導により電力連盟の下で生産，価格を調整し，電力企業の相互補完による合理的発展と独占の強化が促進された[402]。

　当時設立された公的監督機関である電気委員会が，新規の重複供給を厳しく制限し，電力連盟が既存の重複供給権を凍結するという電力業界の自主統制が実行されたことによって，1932 年以降，日本の電力業界では，供給区域の独占が大筋において確立されることになった[403]。日本電力業における独占体制成立の画期となったということができる[404]。

---

398)　橘川武郎『日本電力業発展のダイナミズム』84 頁（名古屋大学出版会，2004）。
399)　同上。
400)　同上 84 頁，109 頁。
401)　電気事業講座編集委員会・前掲注 393) 79 頁。
402)　同上。
403)　橘川・前掲注 398) 130 頁。
404)　同上 156 頁。

2 戦時における国家統制体制 (1939 ～ 1950 年)

第 2 次世界大戦時，日本の電力産業は国家統制色（または国家管理色）がますます強まった。1939 年以降の電力国家管理をもたらした最大の要因が，国家主義的イデオロギーや全体主義的イデオロギーの台頭という，経済外的要因であるといわれる[405]。生産力拡充計画と経済の軍事化は，従来の電力連盟の活動を事業法によって補充するという電力統制から，次第に国家自身による積極的な電力統制の胎動となって現れるに至った[406]。

1938 年 3 月に電力国家管理関連法案の成立によって，電力連盟が解散された。「電力管理法」（昭和 13 年法律第 76 号）と「日本発送電株式会社法」（昭和 13 年法律第 77 号）の成立を機に，日本発送電株式会社と 9 地域配電会社による独占体制の確立に急傾斜していった[407]。1939 年に，既存の民間電力会社の発電設備と送電線網が，特殊法人として設立された日本発送電株式会社に供出されたのと同時に，国家管理の実施官庁として電気庁も発足して，電力国家管理が正式にスタートした[408]。また，1941 年日本政府の配電統制令が公布され，配電事業者統合を通して，結局 9 つの地域別の配電会社に統合された。こうして，日本の電力産業における発送電の運営は完全に政府がコントロールするようになり，事実上国営化の状態になった。

しかし，「民間主導体制を否定する電力国家管理は，民間企業の活力を封殺し，水力偏重の電源構成による電気供給の不安定化を招き，発送電事業と配電事業との分断を徹底化させる等，経済的にみて不合理な側面を持っていた」[409]。

3 戦後における 9 電力体制の形成 (1951 年以降)

戦後，日本は連合軍総司令部（GHQ）の統治下において，国家管理体制下

405) 同上 162 頁。
406) 電気事業講座編集委員会・前掲注 393) 89 頁。
407) 伊藤・前掲注 393) 192 頁。
408) 橘川・前掲注 398) 167 頁。
409) 同上 203 頁。

の日本発送電の独占問題を解決するため，日本発送電の民営化あるいは分割について議論を始めた。1950 年 11 月に電気事業再編成令と公益事業令がポツダム政令として公布され，日本の電力業における民営形態の復活が決定した[410]。電気事業再編成令と公益事業令の施行に伴い，1950 年 12 月には，電力国家管理の法的基盤となっていた電力管理法が廃止され，電力事業の新しい行政機関として公益事業委員会が発足した[411]。そして，1951 年 5 月には，電力事業の再編成により，日本全国には，北海道電力，東北電力，東京電力，北陸電力，中部電力，関西電力，中国電力，四国電力，九州電力という 9 つの民間電力会社が設立され（「9 電力体制」と呼ばれている），民間企業の自主的責任体制により，効率的経営と安定供給の実現を目指すことになった。ここに，足掛け 13 年にわたる電力国家管理は幕を閉じて，現在に至る発送配電一貫型の 9 電力体制が成立した[412]。また，1964 年 7 月に新電気事業法の公布により，電力事業再編成以来の民有民営地域別 9 分割方式が法的に追認された，9 電力体制は定着した[413]。1972 年沖縄の返還により，沖縄電力を加えた 10 大電力会社の体制が形成された。これらの 10 社以外にも，電源開発（株）[414]と日本原子力発電（株）といった国策会社も設立された。

　電気事業再編成によって誕生した 9 電力体制の発足以来，日本の電力市場は，急激な拡大を遂げた。1951 〜 1973 年に，9 電力会社は，電力業経営の自律性を発揮して，自主的に供給設備の構築と電源の多様化に力を傾注，低廉で安定的な電気供給という成果をもたらし，日本の高度経済成長期に貢献した[415]。

　しかしながら，1970 年代になると，欧米各国で経済分野の規制緩和が潮流となった。日本では，1980 年代初頭の行財政改革をきっかけに規制緩和が始まった。専売公社，電電公社，国鉄の 3 公社の民営化をはじめ，1990 年代に

---

410)　同上 191 頁。

411)　同上。

412)　伊藤・前掲注 393) 192 頁，橘川・前掲注 398) 191 頁。

413)　橘川・前掲注 398) 337 頁。

414)　電源開発は，当初大規模水力開発に携わる建設会社として位置付けられていたが，電源開発促進法案を巡る国会審議を通じて，水力開発のみならず火力開発も行うこと，建設した発送電設備をその後も運営することが決定され，機能が強化された。実は，電源開発の設立は，電気事業再編成の結果に不満を持った通産省と国家管理継承派による，部分的ではあれ一種の巻き返しとみなし得るものであったので，9 電力会社によって激しく抵抗された。橘川・前掲注 398) 324 頁。

415)　同上 364 頁。

は，電力事業もこの規制緩和ブームの一環として自由化が推進されてきた[416]。

第2節　日本の電力産業における自由化改革

　規制緩和という背景の下で，電力需要が増大する一方で設備投資額が不足し，技術革新により小規模分散型電源の参入が可能になったこと等の市場環境の変化が生じ，独占的地位にある電力事業のパフォーマンスに対する批判が高まった。そこで，1995年に電気事業法（1964年公布，1965年施行）が全面改正されたことをきっかけとして，競争導入を中心とする電力自由化が始まった。これ以降行われた3回の自由化体制改革は，電気事業法の改正を中心とする点が特徴であるといえる。日本の電力産業は自由化時代に入ったということができる。以下では，各回の自由化改革で具体的に採られた改革措置について整理した上で，自由化改革の経緯を説明する。

1　第1回電力自由化（1995年）

　1995年4月に，電気事業法が31年ぶりに改正され，同年12月に施行された。今回の法改正によって日本の電力産業に第1回の自由化改革が行われた。この回の改革の主な内容は以下のとおりである。

(1)　自由化された分野――卸発電市場への参入自由化

　まず，IPPが登場した。自由化改革の以前，電力産業を営めるのは，既存の10社の一般電気事業者以外に，電源開発（株），日本原子力発電（株）などの国策卸電気事業者だけであった。しかし，1995年の改正で，卸電気事業参入に関する許可制は撤廃された。その結果，鉄鋼メーカーなど自前の発電設備を持っている事業者，あるいは新規に発電設備を購入する商社などが，卸供給事業[417]を経営し発電市場への参入が可能になった。これらの卸供給事業者は，

独立発電事業者 (Independent Power Producer, IPP) と呼ばれている。IPP は，既存の一般電力事業者と「供給電力 1,000kW 以上で 10 年以上」または「供給電力 100,000kW 以上で 5 年以上」の長期契約を交わし電気を供給する。

　また，電源入札制度も導入された。発電市場への参入自由化が実施され，一般電気事業者が卸電力を購入する場合の卸供給料金は，総括原価方式ではなく，競争入札の落札価格で決められることになった。IPP は入札に参加して落札した場合に，一般電気事業者と長期契約を締結し，これに基づいて自ら発電した電力を一般電気事業者に供給することができるようになった。その結果，一定の経済性と効率性を持っている中小規模の企業が発電事業に参加する可能性が広がり，発電市場の競争が促進され，IPP による一般電気事業者への卸供給が制度化された。当初は開発期間が 7 年以内の短期の火力発電に限定されていたが，入札は活発に行われていた。2000 年には参入範囲が広がり，開発期間が長期の電源についても入札ができることになった。しかし，2005 年に卸電力取引市場が設立され，価格競争力のあるすべての電源が卸電力取引市場を通して取引することが可能になったので，入札制度は廃止された。

　さらに，自家発電設備だけではなく送配電線網を持つ事業者（鉄道会社など）が，限定された特定の供給地域において直接に電気を供給できる「特定電気事業者」制度も認められた。特定電気事業者は，需要家に対する供給義務を有し，発電分野から小売分野まで一貫して電力事業を経営することが定められている。また，従来，小売供給は電力会社にしか認められなかったが，「特定電気事業」は，特定の供給地点での小売が可能になった。これは小売供給分野への参入整備ともいえる [418]（特定電気事業の創設，小売分野への参入整備）。

(2)　規 制 分 野

　第 1 回の自由化改革では，規制分野においても，従来の料金規制を見直して，規制を緩和し，新たな料金規制制度を導入した。具体的に以下のような内容が

---

417)　「卸供給」とは，「一般電気事業者に対するその一般電気事業の用に供するための電気の
　　供給（振替供給を除く。）であって，経産省令で定めるものをいう。」（電気事業法第 2 条 1
　　項第 11 号ニ）。
418)　こうした特定電気事業者は，諏訪エネルギーサービス，東日本旅客鉄道，六本木エネル
　　ギーサービス，住友共同電力，JFE スチールなどがある。

挙げられる。

ア．選択約款の導入，届出制への料金規制の緩和

一般電気事業者の自主性を認める方法で料金規制を見直し，「選択約款」を導入した。電力の負荷平準化[419]を進めるため，料金メニューが許可制から届出制に改められた。さらに，改正後の電気事業法では，届出制で約款を制定，変更できる選択約款が規定された。これにより，一般電気事業者は，創意工夫により柔軟かつ機動的に需要家のニーズにあった料金を設定できるとともに，需要家は電気料金メニューから選択できるようになった。また，効果的な負荷平準化の推進によって供給コストの低減が図られた[420]。

イ．ヤードスティック（Yardstick）査定方式の導入

日本の電力産業の電気料金は「総括原価方式」という方式で決められている。つまり，発電・送配電・小売分野に関わるすべての費用を「総括原価」としてコストに反映させ，その上に一定の報酬率を上乗せして，計算された金額が電気料金として決められる（いわゆる，公正報酬率規制である）。そのうち，総括原価は主に発電所・送電設備建築費・保守管理費用，燃料費，運転費用，営業費用などを含んでいる。この計算方法によると，電力会社は自社の経営するすべての費用をコストに転嫁することができるだけではなく，一定の報酬率が設定されているので，決して赤字にならないといえる。こうした電気料金規制は，戦後の日本の電力産業を復興させるため，一定の役割を果たしていた。電力供給事業者である電力会社は，生産および経営のコストを考えなくても，報酬が取れるので，事業を円滑に継続していくことが保障され，設備などへの投資を拡大できる。その一方で，電力会社が自ら生産および経営コストを削減するインセンティブが生じにくい面も留意しなければならない。

しかるに，今回改正された電気事業法には，従来の「総括原価方式」に加えて，「ヤードスティック（Yardstick）査定方式」というコスト評価方式を導入した。ヤードスティック競争は，インセンティブ規制として，単純にいえば地域独占的企業のうち業績が悪い企業が，業績がよい企業に追いつくよう競争す

---

419) 負荷平準化とは，時間帯や季節ごとの需要格差を縮小する努力である。その手段として，ピークシフト，ピークカット，ボトムアップの3種類がある（電気事業連合会）。
420) 電気事業連合会ウェブサイトによる。

ることを意味し，規制側からみれば，優良企業のコストやサービスの質を基準
尺度として他の企業にその水準まで追いつくよう指示，規制することを意味す
る[421]。電力産業の「ヤードスティック査定方式」は，各電力会社の地域独占の
経営方式を維持しながらも，電力会社間の間接的な競争を促進する狙いで，各
電力会社の事業報告に基づき，理想的なコスト水準を算出し，それとの比較で
各社の効率化の度合いを評価する方式である。しかし，電気料金の基本的な決
定方法は従来の総括原価方式を維持しているので，生産と経営のすべての経費
が原価に算入され，報酬が料金の中に含まれる点は変わっていない。

ウ．燃料費調整制度の導入

　ヤードスティック査定方式が導入されると同時に，燃料費調整制度も導入さ
れた。燃料費調整制度は，電力会社の経営効率化の成果を明確にするため，電
力会社の効率化努力の及ばない為替レートや燃料価格の影響を外部化する必要
があるという考え方に基づき，これら経済情勢の変化を迅速に電気料金に反映
させると同時に，電力会社の経営環境の安定を図ることを目的とする制度であ
る。火力発電の場合には，火力燃料（原油・LNG・石炭等）の価格変動に基づき，
毎月電気料金を調整する。この制度は，本書の第2章に紹介した中国の電力
産業に導入された「石炭価格と卸電気料金との連動制度」[422]と同様の目的を有
すると考えられる。

2　第2回電力自由化（1999年）

　1999年5月に，電気事業法の改正法が成立し，2000年3月から施行され
た。この改正を契機に，日本の電力産業において，第2回電力自由化改革が
始まった。その主要な内容は，以下のとおりである。

---

421)　伊藤規子・宮曽根隆「第三章　ヤードスティック競争」植草益編『講座・公的規制と産業1　電力』89頁（NTT出版，1994）。
422)　中国政府は，石炭価格高騰による発電事業者の生産コスト増を軽減するため，「石炭価格と卸電気料金との連動制度」を導入した。石炭価格が5%以上上昇した場合，発電事業者はそのコスト上昇分を卸電気料金に上乗せすることができる。上昇されたコストは最終的に消費者に転嫁することになる。

（1） 自由化分野

第2回の自由化改革は，主に，小売市場の部分自由化を実現して，電力産業のさらなる競争を促進することを目指していた。大規模工場やオフィスビル，デパートなど契約電量（使用規模）が2,000kW以上の特別高圧（2万V以上）需要家が自由化の対象となった。これにより自由化された範囲の年間販売量は全体の26％を占めることになった[423]。

自由化された小売市場においては参入規制が解除されたので，新たな市場参加者が登場した。これらの新規参加者は，「特定規模電気事業者」（Power Producer and Supplier, PPS）と呼ばれる[424]。PPSでは届出制を通じて，自由化された範囲の需要家に電力を供給することができる。これにより，自由化された電気の需要家は，これまで供給を受けてきた各地域の一般電気事業者（電力会社）のほかに，他の地域の一般電気事業者やPPSから，小売事業者を選択することができるようになった（PPSの登場）。

また，自由化された範囲の需要家に対する電力の供給事業に対しては，原則として政府規制（参入規制，供給義務，料金規制）は撤廃されることになったが，これらの需要家に対する電力供給を保障するため，一般電気事業者は最終的に供給義務を負うこととなっており，その料金などの条件について最終保障約款を定め，通商産業大臣（当時）に届け出ることになった[425]。PPSなど新規事業者が何らかの理由で需要家に電力を供給できなくなった場合も，既存の一般電気事業者が最終的に電力供給を保障する[426]。したがって，最終保障を「ラストリゾート」と表現することもある[427]。

さらに，PPSは一般電気事業者と違って，自前の送・配電線を持っていないため，自由化範囲の需要家に電力を供給しようとすると，一般電気事業者が所有している送・配電線網を利用しなければならないので，託送制度の整備が

---

423) 経済産業省資源エネルギー庁電力・ガス事業部電力市場整備課「電力小売市場の自由化について」6頁（2010. 11）。
424) 経済産業省は2012年3月から「PPS」を「新電力」と呼び換えた。
425) 1999年電気事業法第19条の2。資源エネルギー庁公益事業部『電力構造改革――改正電気事業法とガイドラインの解説』121頁（通商産業調査会，2000）。
426) 電気事業連合会「電力自由化の経緯」。http://www.fepc.or.jp/enterprise/jiyuuka/keii/index.html
427) 同上。

必要になる。一般電気事業者とPPSとの間に,「託送供給約款」を通して託送供給にかかる料金その他の利用条件を定める。

(2) 規制分野

第2回自由化改革においては,規制分野に実施される料金規制をさらに緩和した。

まず,一般電気事業者が電気料金を引き下げる場合,電気の使用者の利益を阻害するおそれがないと見込まれる場合には,従来の認可制を緩和し,届出制に変更された。また,電気料金の選択メニューの設定要件の緩和が行われ,保安規制関係などが見直された。さらに,これに合わせて,通商産業省(当時)と公正取引委員会は,共同で「適正な電力取引についての指針」(以下,「電力ガイドライン」という)を策定した(現行は2011年9月5日改正版)。

3 第3回電力自由化(2003年)

日本の電力産業の第3回電力自由化改革は,2003年の電気事業法の改正に伴って行われた。改革の主要な内容は,以下のように挙げられる。

(1) 小売自由化範囲の拡大

2004年に中規模工場やスーパー,中小ビルなど契約電量が500kW以上の高圧(6,000V以上)需要家が自由化の対象となった。さらに,2005年に契約電量が500kW未満の小規模工場を含む自由化を施行した。このように,第3回自由化改革においては,小売自由化の範囲は,電力会社の地域独占が認められている家庭や中小商店を除く,契約電力50kW以上のすべての高圧需要家に拡大された。現在,その年間販売電力量は全体電力量の63%となった。

(2) 送配電部門の公平性・透明性の向上

2001年から2003年まで総合資源エネルギー調査会で議論された第3回電力自由化改革では,初めて日本の電力産業の「発送電分離」について本格的に検討し始めた[428]。しかし,貯蔵が困難で瞬時瞬間に需給を均衡させる必要が

ある電気の特性から，一般電気事業者の発電設備と送電設備の一体的な整備・運用を維持し，電気の安定供給を図るため，今回の電力自由化改革は，従来の発送電一貫体制が堅持された[429]。これに合わせて，送配電部門の公平性・透明性を高めるため，以下の改革措置が行われた。

まず，電力会社が管理する送電線を新規参入者が利用するため，送電線などの利用条件に一層の公平性と透明性が求められた。そこで，送配電部門が託送業務を通じて知り得た情報の目的外利用の禁止，送配電部門と発電・販売内部との内部相互補助の禁止などが取り決められた[430]。また，2004 年には，各電力会社の送配電部門に（小売自由化部門＝特定規模需要部門と規制部門＝一般需要部門，その他の部門との）会計分離（部門別収支）が導入された。さらに，送配電部門の公平性・透明性を守るために系統運用に関する基本的ルールが策定され，紛争処理などを行うために電力会社の送配電部門から独立した中立機関の有限責任中間法人——電力系統利用協議会が設立された[431]。

(3) 卸電力取引所の創設

2003 年の電気事業分科会による卸電力市場の創設についての報告を受け，電源調達の多様化を図り，電力取引市場を活性化するため，有限責任中間法人——日本卸電力取引所（Japan Electric Power Exchange, 略称 JEPX）が創設された。日本卸電力取引所は，日本国内における唯一の卸電力取引所として，2005 年 4 月からスポット市場（1 日前市場）[432]，先渡市場[433] を，2009 年 9 月から時間前市場[434] を，2012 年 6 月から分散型・グリーン売電市場[435] を開

---

428) 高橋洋「電力自由化——発送電分離から始まる日本の再生」138 頁（日本経済新聞出版社，2011）。
429) 電気事業連合会ホームページによる。
430) 電気事業連合会「電力自由化の経緯」。http://www.fepc.or.jp/enterprise/jiyuuka/keii/index.html
431) 同上。
432) スポット取引は，指標価格の形成，需給ミスマッチ時の際の電力の販売・調達手段の充実等，事業者のリスクマネジメント機能の強化に資するために開始された。また，売電事業者のリスク軽減策として，複数の連続した商品（4 商品以上）の売り入札（ブロック入札）が新たに追加された（2013 年 2 月取引開始）（資源エネルギー庁「最近の卸電力取引における現状等について」3 頁（2013.4.16））。
433) 当事者間において契約する先渡定型取引は，スポット取引と同じ背景の下，同時期に取引が開始された。また，スポット市場において受け渡しを行う先渡市場取引は，低調であった先渡定型取引の活性化を図るため，託送申込みや決済などの事務手続を取引所が代行・仲介する新たな商品が追加された（2009 年 4 月取引開始）。資源エネルギー庁・前掲注 432）。

設している [436)]。また，取引は電気の現物売買のみを扱い，需要家や現物の取引をしない者は参加できない [437)]。2014 年 5 月 29 日時点で，会員企業は一般電気事業者の 9 社のほか，電源開発株式会社・東京瓦斯株式会社・大阪瓦斯株式会社・丸紅株式会社・イーレックス株式会社・日本製紙株式会社・コスモ石油株式会社・新日鉄住金株式会社など全 82 社である [438)]。

(4)　振替料金制度の見直し

従来の制度では，PPS が一般電気事業者の供給区域の需要家に電力を調達する場合，一般電気事業者の供給区域を経由するごとに振替供給料金が加算されることになっていた。いわゆる，「パンケーキ」構造である。パンケーキ構造の下では，PPS 振替供給に係る振替料金相当額および振替ロス補給相当額は PPS の需要家が負担することから，振替を利用した PPS 供給量が多い地域であるほど，その負担額の増加は大きくなるので，需要家が区域を跨ぐ PPS を選択することに一定の制限があった。そこで，2005 年に，実質的な需要家選択肢の拡大および効率的な電源の有効活用を図り，広域的な電力流通を活性化し，競争環境を整備するため，パンケーキ方式を廃止し，供給区域内外の取引を問わず各供給区域における系統利用料金に一本化した [439)]。つまり，従来の PPS の需要家のみが負担していた振替料金相当額および振替ロス補給相当額が一般に広く負担化されることになるので，当該需要家の所在地での規制需要家の負担額が増加する [440)]。

負担の公平性や電源の遠隔地立地などの問題が残されているが，パンケーキ構造を廃止したことで，PPS の連系線利用量は，PPS の販売電力量の増加率

---

434)　時間前取引は，スポット取引締め切り後の発電不調や需要急増等のトラブルに対応するために開始された。また，入札要件としていた上記の発電不調等のトラブルを撤廃したことで，供給力確保や経済的差し替えによる取引も可能となった（2012 年 6 月取引開始）。資源エネルギー庁・前掲注 432)。

435)　2013 年 5 月に決定された政府の「今夏の電力需給対策について」に掲げられた供給サイドの取り組みとして，取引が開始された。資源エネルギー庁・前掲注 432)。

436)　資源エネルギー庁・前掲注 432)。

437)　同上。

438)　具体的には，日本卸電力取引所のホームページを参照。http://www.jepx.org/membership/index.html

439)　資源エネルギー庁電力・ガス事業部「託送制度について」3 頁（2006. 3. 23）。

440)　同上 11 頁。

以上の率で増加しているなど，広域流通が活性化している。今後は，卸電力取引所のスポット市場においても，区域を跨いだ取引が活発に行われることが期待されている[441]。

第3節　日本の電力産業体制の今後と主な論点

1　電力システム改革の「3つの柱」

2013年4月2日に閣議決定された全面自由化することを明記した「電力システムに関する改革方針」（以下，「2013年改革方針」という）によると，今後，日本の電力産業で行われるシステム改革の方向および具体的な措置については，主に，以下のような3つの段階で進めていくことになる。つまり，電力改革の「3つの柱」である。これらの改革措置は，日本の電力産業にとって，1951年に現在の電力制度ができて以来の抜本改革となっている。

（1）広域系統運用機関の設立——2015年の目処

まず，電力需給の逼迫や出力変動のある再生可能エネルギーの導入拡大に対応するため，国の監督の下で，報告徴収等により系統利用者の情報を一元的に把握する「広域系統運用機関（仮称）」が設立されることになった。これは，平常時，緊急時を問わず，安定供給体制を抜本的に強化し，併せて電力コスト低減を図るため，従来の区域（エリア）概念を超えた全国規模での需給調整機能を強化するためであり，広域系統運用機関を通して，電気が余る地域から足りない地域へと日本全国規模での電力取引を調整させることを目標とする[442]。

また，広域系統運用機関の業務は，以下のように挙げられている[443]。

①　需給計画・系統計画を取りまとめ，周波数変換設備，地域間連系線等の送電インフラの増強や区域（エリア）を越えた全国規模での系統運用等を図る。

441）　同上12頁。
442）　「電力システムに関する改革方針」2013年4月2日閣議決定2頁。www.enecho.meti.go.jp/denkihp/kaikaku/20130515-2-2.pdf
443）　同上。

②　平常時において，各区域（エリア）の送配電事業者による需給バランス・周波数調整に関し，広域的な運用の調整を行う。

③　災害等による需給逼迫時において，電源の焚き増しや電力融通を指示することで，需給調整を行う。

④　中立的に新規電源の接続の受付や系統情報の公開に係る業務を行う。

なお，広域系統運用を拡大するため，広域系統運用機関が中心となって周波数変換設備，地域間連系線等の送電インフラの増強に取り組むとされている[444]。また，地域間連系線等の整備に長期間を要している現状に鑑み，関係法令上の手続きの円滑化等を図るため，重要送電設備を国が指定し，関係府省等と協議・連絡の場を設置するなどの体制を整備するとされている[445]。

(2)　小売分野への参入の全面自由化――2016 年の目処

現在，日本の電力産業の小売分野において自由化された電力量の割合は小売市場の全体電力量の 63％となっているが，2013 年改革方針は，残りの 37％（一般家庭，商店，町工場など向け）についても，2016 年を目処に一般家庭が電力会社を選択できる電力の小売体制を実現する予定である。全面自由化により，家庭部門を含めたすべての需要家が電力供給者，料金メニュー，電源別メニューなどを選択できるよう，国や事業者等が適切な情報提供や広報を積極的に行い，また，スマートメーターの導入等の環境整備を図ることで，自由な競争を促すとされている[446]。

また，全面自由化の実現に伴う料金規制の撤廃を踏まえて，需要家保護のため，最終的な供給保障を送配電事業者が行うことや，離島において離島以外の地域と遜色ない料金での安定供給を保障する等の措置を講じるとされている[447]。

さらに，小売の全面自由化と併せ，発電の全面自由化（卸規制の撤廃）や，卸電力取引所における電力の取引量を増加させるための取組，商品先物取引法の対象への電気の追加の検討等を行うとされている[448]。

---

444)　同上。
445)　同上。
446)　同上。
447)　同上。

　政府は 2014 年 4 月 28 日，電力小売りの全面自由化を柱とする電気事業法
改正案を閣議決定した。6 月 11 日の参院本会議で完全自由化する改正電気事
業法が自民，公明両党などの賛成多数で可決，成立した。

(3) 法的分離の「発送電分離」——2018 ～ 2020 年の目処

　発電事業者や小売電気事業者が公平に送配電網を利用できるようにし，送配
電部門の中立性の一層の確保を図るため，2018 ～ 2020 年を目処に一般電気
事業者の送配電部門を別会社とするが会社間で資本関係を有することは排除さ
れない方式（つまり，「法的分離」）を実施することになった[449]。

　ただし，法的分離を行った場合でも，給電指令等を行う送配電事業者が発電
事業者との間で協調して災害時の対応や需給調整・周波数調整等を行えるよう，
必要なルールの策定を行いつつ，制度を構築するとされている[450]。なお，制度
の実施に向けた検討の過程で仮に克服できない問題が新たに生じ，実施が極め
て困難になった場合には，一般電気事業者の送配電系統の計画や運用に関する
機能のみを広域系統運用機関に移管する機能分離の方式を再検討することもあ
り得るとされている[451]。

2　日本の電力システム改革を巡る論点

　現在の日本では，今後の電力体制について，発送電分離，地域分割の是非，
全面小売自由化，の 3 点が主な論点になっている[452]。しかし，電力産業は，国
民の日常生活に支える根幹産業であるので，各国は電力産業の改革に慎重な姿
勢を示さなければならない。日本においても，電力産業の自由化改革における
以上の改革措置については賛否両論がある。したがって，以下では，日本の電
力自由化改革で行われる改革措置について検討する。

---

448)　同上 3 頁。
449)　同上。
450)　同上。
451)　同上。
452)　長山浩章『発送電分離の政治経済学』405 頁（東洋経済新報社，2012）。

（1）　発送電分離について

　電力産業の発送電分離の方式について簡単に説明する。発送電分野の方式には，会計分離（Accounting Separation）[453]，法的分離（Legal Unbundling）[454]，機能分離（Functional Separation）[455]，所有分離（Divestiture or Ownership Separation）[456] の4つがある。分離後の発送電分野の中立性・公平性確保の程度からみると，最も強いのは，所有分離である。

ア．分離賛成派の主な観点

　発送電分離のメリットとして，以下のようなものが挙げられる。

　まず，「構造分離」によって競争が促進される。特に，前述のように，新電力が既存の一般電気事業者が所有する送配電線を利用する際に，現状では一般電気事業者と公平に競争することが困難なことから，新電力の参入シェアが依然として低調である。「行為規制」と送配電等業務支援機関や卸電力取引所の設置だけでは，公正な競争を実現するには不十分であり，電力会社の垂直統合体制の見直し，すなわち発電・送配電・小売の各部門の企業分割＝アンバンドリングという「構造規制」が必須であるという主張[457] が強い。発送電分離の改革措置を通して，送配電分野を一般電気事業者から独立させ，すべての発電分野および小売分野の事業者が公平に送配電線を利用できるよう求められている。

　また，太陽光や風力などの自然エネルギー発電の導入が容易になる。発送電分離を行えば，自然エネルギーの接続申し込みの時点での公平性を制度的に担保でき，再生可能エネルギーの普及や地域分散型電力システムの形成を促進することも考えられる[458]。

---

453)　会計分離とは，垂直統合型の電力会社の発電事業，送電事業に係る会計を分離する方式であり，分離された発電分野の事業者は，他の事業者と同様に送配電料金を支払う。現在日本の電力産業は会計分離が実施されている。

454)　法的分離は，会計分離に加え，電力会社の送配電部門を別会社化するが，送配電会社と発電・小売会社の間に資本関係があることは許容される分離方式である。送配電部門の会社は，子会社として元の電力会社によって保有されている。

455)　機能分離は，送配電設備は電力会社に残したまま，送電線の運用・指令機能（系統運用機能）だけを別組織に分離する方式である。

456)　所有分離は，所有権分離ともいえる。電力会社の発電分野と送配電分野を資本関係のない別会社に移す方式である。4つの分離方式において最も透明性が高い分離方式だといわれている。

457)　舟田正之「電力産業における市場支配力のコントロールの在り方」ジュリスト第1335号96頁（2007.5）。

さらに，発送電分離を通して，より広域的な送配電網が形成され，地域間の電力融通が容易になる。長期的にみると，地域間の電力不足などのリスクを分散したり，再生能力等の出力変動負荷を調整したりして，全国範囲でのエネルギーの安全を保障することも可能である。エネルギー・セキュリティの確保のためには，電力自由化を一層進展させることが求められている[459]。

最後に，発送電分離を通して，発送配電分野の事業コスト構造を明確化して，電気事業者などの経営の効率化に結び付けることができること，地域の電力需給状況などの情報の公開性が高まることにより，新規参入事業者が経営判断などに必要な情報を公平に入手できるようになること，託送料金の透明性・公平性が確保されることなども列挙することができる[460]。

イ．分離反対派の主な観点

一方で，発送電分離によって生じるデメリットについて，以下のような指摘がなされている。

まず，投資に関する問題である。発送電分離の最大の問題点は，それが不確実性を増大させ，設備投資に対するインセンティブを減退させる点にある[461]。例えば，発電分野においては，発送電分離を行うと，事業の規模が小さくなるので，ファイナンスが難しくなり，事業としての規模の経済，範囲の経済が失われるので，投資リスクが高まり，投資が減退するおそれがある[462]。発送電分離の実施に伴う送配電分野に対する投資インセンティブの低減は無視できない問題である。

また，発電と送電の主体が異なることによって，両者の整合的な投資による投資コストの最小化が難しくなり，垂直統合の経済性が失われるといわれている[463]。発送電分離の是非に関しては，発電と送電分野の投資の代替関係を重視すべきだといえる[464]。つまり，この代替関係を利用して発送電の投資コスト

458) 長山・前掲注452) 407頁。
459) 橘川武郎「電力自由化とエネルギー・セキュリティ——歴史的経緯を踏まえた日本電力業の将来像の展望」社会科学研究58 (2) 183頁 (2007.12)。
460) 野口貴弘「電力システム改革をめぐる経緯と議論」レファレンス5月号41-43頁 (2013)。長山・前掲注452) 406-407頁。
461) 橘川・前掲注459) 194頁。
462) 長山・前掲注452) 410頁。
463) 矢島・前掲注416) 58頁。

を最小化することである。これは，価格メカニズムのみで実現できることではない。発送電一体化の経営方式を維持して，各分野の投資の主体が同一である場合に，発電と送電への投資の代替関係を利用することによって可能になると指摘されている[465]。

さらに，電力産業の異なる部門間での調整が難しくなるので，産業全体の安定性に対する影響が懸念される。「分離は日本の宝であるか」，高い系統運用能力を損なうのではないかと疑問を発し，発送電一貫体制を維持しながらでも，新電力を育てることはできるとの指摘がある[466]。系統運営の安定性・継続性を維持するため，系統調整システムを設置する必要があるので，新たな系統調整コストがかかる。再生可能エネルギーを含めた，発電事業者，新電力などの市場参加が自由になり，送電系統における複雑性が増大する[467]。発送配電間の整合性が維持し難いので，信頼度確保がより大きな課題となるので，従来のような発送電垂直一体の経営方式で運営する必要があるという見解もある[468]。

(2)　地域分割の撤廃について

日本の電力産業では自由化改革を行った後も，依然として水平的な地域分割が維持されている。したがって，現在の地域分割を撤廃するかどうかが改革の争点となっている[469]。

ア．撤廃のメリット

発電分野で地域分割を撤廃し地域を越えた発電グループができれば，まず発電分野において規模の経済が働き，化石燃料の調達がしやすくなる。また，新たな電源の技術開発も，最先端でリスクのある研究開発投資は，事業会社として大規模化していたほうが，研究から発電所建設の一連の動きは一体として進めやすく，研究開発投資効果が高まる。さらに，再生可能エネルギーの導入の

---

464)　矢島正之『電力改革再考——自由化モデルの評価と選択』167頁（東洋経済新報社，2004）。
465)　同上176頁。
466)　橘川武郎「電力改革，将来像は，完全自由化，議論大詰め——発送電分離，2案から選ぶ（検証）」日本経済新聞朝刊11頁（2012.12.2）。
467)　長山・前掲注452）410頁。
468)　矢島・前掲注416）60頁。
469)　以下の観点は，長山・前掲注452）414-416頁を参考にした。

公平性を制度的に担保できる。

　送電分野では，電力会社ごとに分割するのではなく，地域をより広域にして，オープンな送電線を作れば，電力の融通や再生可能なエネルギーの導入がしやすくなる[470]。特に，大規模風力やメガソーラーなど，不安定な出力，周波数変動を起こす再生可能エネルギーに対する調整機能が大きくなり，より大きな容量を導入できることになる[471]。

イ．撤廃のデメリット

　従来定められた供給エリアについて，責任を持った電力供給を行えなくなるとの指摘がある[472]。また，これまでの地域別の系統運用体制の結果でもあるが，送電部門が統合されても，系統運用については，国内にある9つの中央給電指令所を統合するのは，システム面からみても運用面からみても現実的には短期的な実現は困難である[473]。

（3）小売の全面自由化

ア．全面自由化のメリット

　まず，消費者の電力選択の自由が拡大するというメリットがある。現在一般家庭などの需要者は，一般電気事業者からしか電気を購入できない。電力産業の小売が全面自由化すれば，一般家庭は，供給区域の一般電気事業者だけではなく，他の区域の一般電気事業者，太陽光・風力などの自然エネルギー事業者などを選択することもできる。小売を全面自由化し，家庭を含める一般消費者への供給事業も自由化して，一般電気事業者の供給区域以外の電力会社および新電力が一般消費者へ電力を供給することができるようになれば，一般消費者は電源選択が可能になる。これにより，電力会社が多様な料金プランやサービスメニューを用意したり，太陽光や風力などの自然エネルギーによる電力が選択できるようになるなど需要家の選択が大きく広がることが想定されている[474]。

---

470)　長山・前掲注452) 415頁。
471)　同上。
472)　同上411頁。
473)　同上。
474)　野口貴弘「電力システム改革をめぐる経緯と議論」レファレンス5月号42頁（2013）。

　また，全面自由化の実現により，一般電気事業者の一般家庭などの需要家への供給独占が打破され，新電力と電力会社間の競争および電力会社間の競争が促進し，コスト削減などにより電気料金が低減することが想定されている。現在，存在する自由化部門と規制部門間の内部相互補助の懸念も解消されて一般家庭などの電気料金が下がることも期待されている[475]。

イ．全面自由化のデメリット

　小売の全面自由化に関しては，第一線の研究者の間では慎重論もある[476]。発電市場における十分な競争が存在していないのに，小口の需要家が価格低下のメリットを受けることは難しい[477]。また，現状では新電力のシェアは低いので，全面自由化しても新規参入が進まなければ実質的な選択肢がなく，価格だけが上がる可能性があることが懸念されている[478]。既存の一般電力事業者が市場支配力を持っている現状の下で，全面自由化のメリットを実現するため，新電力などの新規参加者の競争力を如何に高めるかが課題となっている。

　また，電力・エネルギー政策の見直しによって火力電源の新増設・リプレース，地域間連系線の強化などの対策コストが必要となり，このような状況下で全面自由化が実施されれば，電気料金は上昇する可能性があるとの意見もある[479]。

　さらに，小売の全面自由化を実現するため，様々な対応措置を行わなければならない。例えば，ユニバーサル・サービスの保障措置などの制度設計が必要である。

---

475)　長山・前掲注 452) 411 頁。
476)　矢島・前掲注 416) 61 頁。
477)　同上。
478)　野口・前掲注 474) 42 頁。
479)　同上。

第4節 「電気事業法」の規制内容

1 「電気事業法」における競争促進の目的規定

　日本の現行の「電気事業法」は，1964年の第46回通常国会で可決成立し，同年の7月11日に公布され，関係政省令も成案を得て，1965年7月1日に施行された[480]。同法第1条は，電気事業法全体の目的を「電気事業の運営を適正かつ合理的ならしめることによって，電気の使用者の利益を保護し，及び電気事業の健全な発達を図るとともに，電気工作物の工事，維持及び運用を規制することによって，公共の安全を確保し，及び環境の保全を図ること」としている。そのうち，「電気事業の運営を適正かつ合理的ならしめること」が「電気の使用者の利益を保護」および「電気事業の健全な発達を図る」という目的達成の手段または方法であるといえる。

　また，「電気事業の運営を適正かつ合理的ならしめる」ものであるかどうかの基準については，以下のような観点から判断されるべきである[481]。

　「電気は，国民生活および国民経済上不可欠のエネルギーであり，これを低廉な価格で豊富に，かつ，安定して供給することは国家的要請である。このため，電気事業法は，非特定規模需要について，いわゆる地域独占制を認める一方で，その独占による弊害を取り除くための規制などを行うとともに，供給者に対して交渉力を有する者（特定規模需要）に対しては供給者の選択を認め，供給者間の対等かつ有効な競争を確保するための接続供給に係る規制等により，電気の使用者の利益の保護および電気事業の健全な発達を図ることとしている」[482]。

　しかし，第1章で述べたように，伝統的な政府規制の政策の下では，競争させないことを基本的な仕組みとしてきたが，近時は，現代技術の発達と需要

480) 『電気事業発達史』200頁（電力新報社，1986）。
481) 資源エネルギー庁公益事業部『電力構造改革——改正電気事業法とガイドラインの解説』通商産業調査会15頁（2000）。
482) 同上。

の拡大のため，競争可能な分野（発電分野，小売分野）と独占分野（送電・配電分野）が共に存在している電力産業の産業特性が再認識されている。2000 年独占禁止法改正によって，電力産業に対する独占禁止法の適用除外規定は削除されたことから，電力事業と独占禁止法の関係が問題になるようになった。

　電気事業法の目的規定をみれば，競争の確保ないし促進も目的の 1 つであることは否定できない。しかし，事業法は単に事業の運営を規律するだけではなく，複合的な目的・法益（公正競争の確保など競争法制的な目的，利用者・消費者の保護など）を実現するものである[483]。独占禁止法の適用が除外されていた電力産業に競争メカニズムを導入する結果として，事業法および規制官庁が伝統的な政府規制機能と競争の促進に関する規制機能の両方を有することとなった。電気事業法と独占禁止法の距離がある程度接近しているといえる。

2　「電気事業法」の規制内容

　電気事業法[484]では，事業の許可，基準などに関する参入規制，託送供給料金などに関する料金規制のほか，供給区域や供給設備，事業の譲渡しおよび譲受け並びに法人の合併および分割，承継，休廃止等に関わる事業規制，供給約款，最終保障約款などに関する義務規制，会計および財務規制，技術基準規制，自主的な保安規制，環境影響評価，環境の保全等に関する規制，などの諸条項が設けられており，電気事業を全般的に規制している。以下では，図 4-1 のように，主要な規制内容を考察する。

(1)　規　制　分　野

ア．参　入　規　制

　まず，一般送配電事業と送電事業については参入規制が定められている。一般送配電事業を営もうとする者は，経済産業大臣の許可が必要である（第 3 条）。これらの事業の許可に際しては，経済産業大臣は，一般の需要，一般電気事業

---

483)　多賀谷一照「電気事業法と独占禁止法」日本エネルギー法研究所『電気事業と競争——その政策的課題の検討　平成 12, 13 年度公益事業法制班報告書』21 頁（2003）。

484)　2015 年に改正された電気事業法に基づくことである。同法の施行日は 2017 年 4 月 1 日である。

図 4-1　日本の電力産業における政府規制の内容

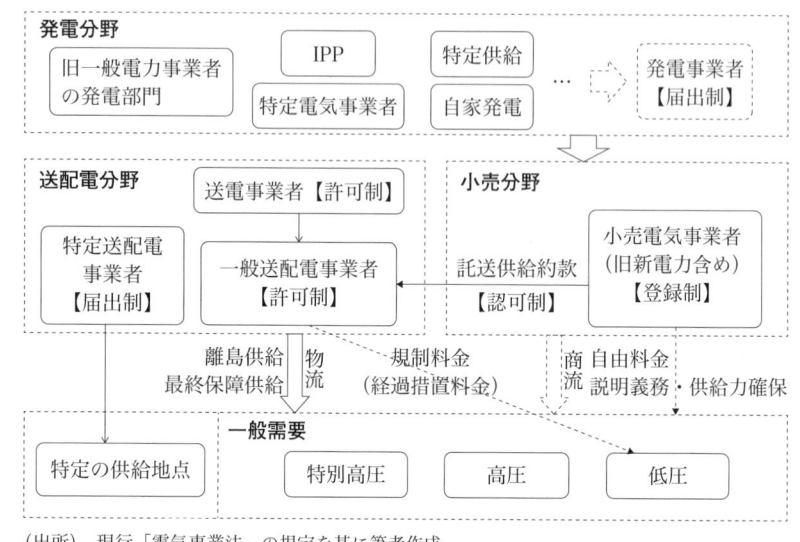

（出所）　現行「電気事業法」の規定を基に筆者作成。

の需要又は供給地点における需要への適合性，事業遂行に際しての財政的・技術的基礎，事業計画の確実性，二重投資，或いは，過剰投資を防止するための一般電気事業者の供給区域内の使用者の利益の保護；公共の利益への寄与等が基準とされる（第 5 条）[485]。送電事業を営もうとする者は，経済産業大臣の許可を受けなければならない（第 27 条の 4）。

　また，一般送配電事業者は，その供給区域以外の地域に自らが維持し，及び運用する電線路を設置し，当該電線路により電気の供給を行おうとするときは，供給する場所ごとに，経済産業大臣の許可を受けなければならない（第 24 条）。その供給を行うことがその供給を行おうとする一般送配電事業者の供給区域内の電気の使用者の利益を著しく阻害するおそれがない。

　さらに，一般電気事業者や特定電気事業者の供給地点で他の者が電気を需要家に直接供給することを自由に放任すれば，一般電気事業者や特定電気事業者の供給対象が不安定となり，電気の供給秩序に混乱が生ずるおそれがある[486]

485）　伊藤成康「公的規制の意義と問題」植草益編『講座・公的規制と産業 1　電力』132 頁（NTT 出版，1994）。

ので，同法第 27 条の 31 は「特定供給」（電気事業[487]）を営む場合以外の電気の供給）について経済産業大臣の許可を要する旨を定めている。本条に規定する「特定供給」は電気の使用者と供給者の間で密接な関係が存在することから自家発電自家消費に類似した性格を有すると認められる場合について，そのような関係がない場合に比して電気の使用者の利益の保護の観点が弱まっていることから，一般電気事業者や特定電気事業者の許可を受けることなく，電気の供給を行うことができるよう規定したものである[488]。

イ. 料 金 規 制

小売全面自由化が実施される前，一般家庭等の需要家のように自由化されていない小売分野では，一般電気事業者による独占的な電気の供給が認められているので，独占により過度の利益を得ることのないように，一般家庭等の電気消費者の電気料金については，認可料金を実施している。一般電気事業者は，一般の需要に応ずる電気の供給に係る料金その他の供給条件について，経済産業省令で定めるところにより，供給約款を定め，経済産業大臣の認可を受けなければならない（第 19 条 1 項）。料金の公平性・透明性を確保するため，一般電気事業供給約款料金算定規則（1999 年通商産業省令第 105 号）の規定により総括原価方式が行われていて，一般電気事業者は，規制分野において生じた費用の回収と一定の事業報酬の確保が認められている。

しかし，全面自由化が実施されたとしても，すぐに料金規制を撤廃することではなく，経過措置期間（原則 2018 年から 2020 年の間に実施することとしている）が設定された。経過措置期間においては，需要家保護を図るため，現在の一般電気事業者の小売部門に対しては，家庭など小口部門の需要家が規制料金で供給を受けられるよう義務付ける。一方で，需要家が選択できる環境を早期に実現することが期待されるため，経過措置の期間中においても，需要家が希望する場合には，一般電気事業者が規制料金によらず供給を行うことを認める[489]。現行の経過措置料金は 3 段階料金制度[490] となっており，第 1 段階の

486）　『電力構造改革──改正電気事業法とガイドラインの解説』通商産業調査会 89 頁（2000）。
487）　電気事業は，一般電気事業，卸電気事業，特定電気事業および特定規模電気事業を含んでいる。「電気事業法」第 2 条 9 項。
488）　前掲注 486）89 頁。
489）　電力システム改革専門委員会「電力システム改革専門委員会報告書」12 頁。

料金単価は比較的低廉なものとなっている。

ウ．供給義務規定

小売全面自由化が実施される前，規制分野において，一般電気事業者により独占的に電力を供給することが認められる一方，独占の弊害を防ぐために，一般電気事業者に供給義務を課しており，一般電気事業者は，「正当な理由がなければ，その供給区域における一般の需要に応ずる電気の供給を拒んではならない」とされている（第18条第1項）。また，特定電気事業者に対しても，供給義務を規定している。特定電気事業者は，正当な理由がなければ，その供給地点における需要に応ずる電気の供給を拒んではならない（同条第3項）。

全面自由化が実施された後，全面自由化により，供給義務と料金規制が撤廃され，需要家がどの小売事業者からも電力の供給が受けられない事態や，電気料金が不当に高額になるといった事態が生じるのを防ぐため，最終保障サービスの制度を創設し，最終的に必ず供給を行う主体とその方法を定める。発電事業者から受けた電気を小売電気事業者等に供給する者に対して，離島供給や最終保障供給義務を設定している。また，一般の需要に応じ電気を売る登録をした小売電気事業者が需要家への説明義務や供給力確保義務を定められている[491]。具体的にいえば，新「電気事業法」においては，小売全面自由化の経過措置として，一般送配電事業者に対して以下の5つの義務を定めている。① 託送供給義務[492]，② 供給義務[493]，③ 最終保障供給及び離島供給の義務[494]，④ 接続義務[495]，⑤ 対応義務[496]。

---

490) 3段階料金制度について：第1段階：ナショナルミニマムに基づく低廉な料金；第2段階：ほぼ平均費用に対する料金；第3段階：限界費用の上昇傾向を反映し，省エネにも対応する料金。
491) 電力システム改革専門委員会・前掲注489) 13頁。
492) 一般送配電事業者は，正当な理由がなければ，その供給区域における託送供給を拒んではならない（第17条1）。
493) 一般送配電事業者は，その電力量調整供給を行うために過剰な供給能力を確保しなければならないこととなるおそれがあるときその他正当な理由がなければ，その供給区域における電力量調整供給を拒んではならない（第17条2）。
494) 一般送配電事業者は，正当な理由がなければ，最終保障供給及び離島供給を拒んではならない（第17条3）。

(2)　自由化分野

ア．参入規制と料金規制の撤廃

　自由化された小売分野については，供給区域内の既存の一般電気事業者以外にも，供給区域外の一般電気事業者および新電力（PPS）が参入することが可能になった（小売電気事業者[497]）。原則として，電力需要者は，所在地域の電力会社と新電力のいずれから電力の供給を受けるかを選択することができる。自由化の対象となった需要者に対しては，当該需要者が所在する供給区域外の一般電気事業者も供給を行うことができるが，かかる供給を行う場合，当該一般電気事業者は，新電力と同様に扱われる[498]。

　特別高圧，高圧及び低圧の需要家のすべてが小売自由化の対象となったが，今の段階で料金規制が撤廃されたのは，特別高圧電線路または高圧電線路から契約電量が原則として 50kW 以上の受電を行う需要家に対する電力供給分野だけである。主な対象は，中小規模工場，デパート・大規模オフィスビル，大工場などである。これらの需要家への供給事業に対しては，従来の料金規制が撤廃され，自由化料金[499]が実施される。電気供給者である電力会社と，具体

495)　一般送配電事業者は，発電用の電気工作物を維持し，及び運用し，又は維持し，及び運用しようとする者から，当該発電用の電気工作物と当該一般送配電事業者が維持し，及び運用する電線路とを電気的に接続することを求められたときは，当該発電用の電気工作物が当該電線路の機能に電気的又は磁気的な障害を与えるおそれがあるときその他正当な理由がなければ，当該接続を拒んではならない（第 17 条 4）。

496)　一般送配電事業者は，当該一般送配電事業者の最終保障供給若しくは離島供給の業務の方法又は当該一般送配電事業者が行う最終保障供給若しくは離島供給に係る料金その他の供給条件についての最終保障供給又は離島供給の相手方からの苦情及び問合せについては，適切かつ迅速にこれを処理しなければならない（第 17 条 5）。

497)　電気事業法第 2 条の 2：小売電気事業を営もうとする者は，経済産業大臣の登録を受けなければならない。旧電気事業法第 16 条の 2：一般電気事業者以外の者は，特定規模電気事業を営もうとするときは，経済産業省令で定めるところにより，氏名又は名称および住所その他経済産業省令で定める事項を記載した書類を添えて，その旨を経済産業大臣に届け出なければならない。2．特定規模電気事業者は，前項の事項を変更しようとするときは，その旨を経済産業大臣に届け出なければならない。3．特定規模電気事業者は，その事業を廃止したときは，遅滞なく，その旨を経済産業大臣に届け出なければならない。

498)　公正取引委員会「電力市場における競争の在り方について」5 頁（2012.9）。http://www.meti.go.jp/committee/sougouenergy/sougou/denryoku_system_kaikaku/pdf/009_s01_00.pdf

499)　電気料金＝基本料金＋使用量料金。基本料金の設定については，実量制（年間の最大需要電力が原則として 50kW 以上 500kW 未満）と契約制（契約電力 500kW 以上が目安）という 2 種類の計算方法がある。前者の場合は，過去 11 か月最大電力（ピーク）で契約電力（基本料金）とする。後者とは，過去 11 か月の最大電力（ピーク）を基に需要家と電力会社の協議により契約電力（基本料金）を決定する。

的な料金，取引条件などを比較検討し，相対の交渉を行って，契約することも可能である。低圧レベルの一般家庭向けの小売供給などは，前述のように，参入規制が撤廃されたが，経過措置として規制料金が引き続き行われている。

イ．新電力（小売電気事業者）参入の登録制

旧電気事業法においては，一般電気事業者以外の者は，特定規模電気事業（自由化の対象となった需要家への電力供給事業）を営もうとするとき（「新電力」[500]）は，経済産業大臣に届出をする必要があると定めている。経済産業大臣は，当該届出により一般電気事業者の供給区域内の電気の使用者の利益が著しく阻害されるおそれがあると認めるときは，その届出の内容を変更し，又は中止すべきことを命ずることができる（第16条の3第5項）。2016年4月1日から実施された小売全面自由化に伴い，既存の新電力PPS事業者（特定規模電気事業者）は，電力契約事業を行うには「小売電気事業者」の登録が必要になった（新電気事業法第2条の2）。

さらに，送配電分野は，送配電網などの大規模な設備投資が必要なことから，依然として自然独占性が残っているため，既存の一般電力事業者が所有する送配電設備が存在している以上，他の事業者が参入する余地が少ないと思われるが，一般電力事業者以外の事業者が送配電分野へ参入することが禁止されるわけではない。電気事業法は，新電力が自らの電線路を維持・運用して特定規模電気事業を行うことを認めている。そのときは，その電線路ごとに，その電線路およびその電線路を介して電気を供給する場所に関する事項を経済産業大臣に届け出なければならない（第16条の3第1項）。同様に，当該届出に係る事項を変更しようとするときは，その旨を経済産業大臣に届け出なければならない（同条第7項）。

500）　新電気事業法で「小売電気事業者」と呼ばれる。

第5節　日本の電力産業における競争の現状と問題点

　以下では，改革後の日本の電力産業における各市場の競争状況および規制状況を具体的に分析する。まず，日本の電力産業の市場分野の区分方法を説明する。その区分方法は必ずしも一致しているわけではない。例えば，電気は，発電所で生産されてから，送電線⇒変電所⇒配電線の経路をたどり，最終の需要家まで届けられるので，電力供給のこのような経路に基づき区分すれば，電力産業は，大まかに発電部門，送配電部門，小売部門の3つの分野に分かれる。しかし，公正取引委員会・経済産業省が共同で策定した「適正な電力取引についての指針」（2011年9月5日，以下，「電力ガイドライン」という）は，電力産業を小売分野（自由化された小売分野と規制されている小売分野），託送分野，卸売分野，他のエネルギーと競合する分野という4つの分野に分けている。また，公正取引委員会が2012年9月に公表した「電力市場における競争の在り方について」は，小売分野，発電・卸売分野，送配電分野に分けて検討している。本書は，電力産業の供給の仕組みに基づき，全面自由化改革によってその規制状況および参入状況の相違の存在を考慮して，電力産業を「小売分野」「送配電分野」「発電・卸売分野」に分けて検討する。

1　小売分野

(1)　供給区域外の一般電気事業者の参入状況

　1つの供給区域に制限せずに，他の一般電気事業者の供給区域を跨ぐ「越境供給」は，より広い供給区域での供給力を有効に活用させ，地域間の競争を促進することができるだけではなく，緊急時における異なる地域間の電力の融通・補充を柔軟に行うことができるので，電力不足の状況を改善でき，より高いレベルの電気の安定供給が期待できる。したがって，一般電気事業者が自己の供給区域以外の地域（他の一般電気事業者の供給地域）の需要者に電力供給を行うことには様々な利点がある。しかしながら，現時点で，供給区域を跨いで

電力供給が認められた事例は1件しかない[501]。電力会社間で供給区域を越えた供給による競争が起きておらず，地域ごとの電力会社による地域独占が続いている。

　その原因としては，以下のものが挙げられている。まず，一般電気事業者は，地域区域外に営業範囲を拡大するインセンティブが存在しないと考えられる[502]。その理由としては，具体的には，既存の一般電気事業者は供給区域内の安定供給を優先していること，供給区域外では営業活動やアフターケアなどの新たな体制整備に多額の投資が必要になることなどのほか，一般電気事業者は長年の地域独占体制と供給義務の下で，自社の供給区域内の需要への対応に最適化するよう設備や営業体制を整備してきていることが考えられる[503]。

　また，地域を跨ぐ電力供給を達成するには，地域間連系線および周波数変換装置（FC）[504] が必要であるので，これらの措置は，地域間の電力輸送に対して一定の物理的制約を与えている。日本では，供給区域ごとの送電線網は，供給区域間を結ぶ送電設備という「連系線」により接続されていることに加えて，東日本と西日本の間で周波数が違うため，東西間で送電する場合には，周波数変換装置により周波数を変換する必要があるという事情が存在している[505]。電気事業者は，他の電気事業者の供給区域での需要家に電力を供給する際に，託送費用，輸送ロス等が発生するので，結果的に供給費用の増加をもたらすことが考えられる。

（2）　新電力（PPS）の参入状況

　新電力の参入数は，資源エネルギー庁が公布した統計データ[506] によると，

---

501)　中部電力が三菱商事の電力事業子会社であるダイヤモンドパワー（東京・中央）を買収し，2013年10月から首都圏の工場やオフィスビルに電力を販売する。既存の電力会社がほかの電力会社の営業区域で本格的に電力販売に乗り出すのは初めてである。「電力の地域独占崩す一歩に（社説）」日本経済新聞朝刊2頁（2013.8.8）。

502)　公正取引委員会・前掲注498）9頁。

503)　同上。

504)　日本の周波数変換装置（FC）は，東西の周波数の境目にあたる長野県に1か所（新信濃FC），静岡県に2か所（佐久間FCと東清水FC）がある。長谷川淳『日経ビジネス』（2007.3.5）。

505)　公正取引委員会・前掲注498）9頁。

506)　経済産業省資源エネルギー庁電力・ガス事業部電力市場整備課「電力小売市場の自由化について」11頁（2013.10）。http://www.enecho.meti.go.jp/denkihp/genjo/seido1206.pdf

2014 年 5 月 30 日時点で，特定規模電気事業の届出を行っている新電力は，ダイヤモンドパワー株式会社，丸紅株式会社，イーレックス株式会社，新日鉄住金エンジニアリング株式会社，株式会社エネット，大王製紙株式会社などを含めて 237 社となっている[507]。また，2013 年 8 月時点で，実際に自由化分野で供給を行っているのは 39 社である。しかし，自由化された小売分野における電力会社の市場シェア（販売電力量の占有率）をみると，既存の一般電気事業者 10 社の市場シェアが圧倒的に高く，新規参入者である新電力が全国および地域別の市場シェアは，表 4-1 と表 4-2 のように，2012 年で，日本における自由化分野の新電力の販売電力量でみて僅か 3.53％という現状である。

　つまり，小売分野の自由化の程度は，法制度上は，家庭向けの小売を除いてある程度達成されているが[508]，実際には新電力の市場シェアは依然として低く，1999 年に小売分野において参入が自由化され，新電力が登場してから既に 10 年以上が経ったにもかかわらず，有効な競争が行われていないといえる[509]。

　また，2012 年から 2016 年までのデータによると，販売電力量ベースでみた新電力の市場シェアは徐々にではあるが着実に上昇している。さらに，2015 年前半に特別高圧・高圧分野における新電力の市場シェアが大きく上昇し，現状では 2016 年度からの小売全面自由化も相まって，総需要に占める新電力の市場シェアは約 8％に達している[510]。電力供給区域別からみれば，2012 年から 2016 年までの販売電力量ベースでみた新電力の市場シェアは，どの地域でも上昇傾向にあるが，特別高圧・高圧では北海道・東京・関西地域，低圧では東京・関西地域における伸びが顕著である[511]。

507)　新電力の具体的な情報について，経済産業省資源エネルギー庁のホームページを参照。http://www.enecho.meti.go.jp/category/electricity_and_gas/electric/summary/operators_list/
508)　土田和博「大震災後の電気事業法制のあり方」駒村圭吾・中島徹編『3・11 で考える日本社会と国家の現在』87 頁（日本評論社，2012）。
509)　公正取引委員会・前掲注 498）1 頁。
510)　経済産業省電力・ガス市場取引監視等委員会「電力市場における競争状況の評価」5 頁（2017.4.5）。
511)　同上 6 頁。

表4-1　電力自由化部門における新電力の市場シェアの推移（2008 ～ 2012 年）

	2012 年	2011 年	2010 年	2009 年	2008 年
特定規模需要	3.53	3.56	3.47	2.82	2.54
うち特別高圧	3.56	3.86	4.17	3.95	3.73
うち高圧	3.51	3.33	2.95	2.00	1.67

(注)　単位：％。
(出所)　経済産業省資源エネルギー庁電力・ガス事業部電力市場整備課「電力小売市場の自由
　　　化について」2013 年 10 月，http://www.enecho.meti.go.jp/denkihp/genjo/seido1206.pdf
　　　を基に筆者作成。

表 4-2　電力供給区域別の新電力のシェア（2010 年度）

供給区域	北海道電力	東北電力	東京電力	中部電力	北陸電力	関西電力	中国電力	四国電力	九州電力
シェア	0.44	1.25	5.92	1.24	0.00	4.73	1.17	0.00	1.21

(注)　単位：％。
(出所)　公正取引委員会「電力市場における競争の在り方について」7 頁（2012.9）。

(3)　新電力（PPS）の市場シェアの低調の原因

　新電力の市場シェアが長い間極めて低い状態にとどまるその原因を考察すると，以下のようなものが挙げられる。

　①　新電力が電気料金および供給の安定性の面からみて競争力が低いことである（図 4-2「原因 1」参照）。

　まず，電源構成から分析すると，既存の一般電気事業者は，原子力・水力など，低い変動費で長時間・長期間継続して稼働させることが可能なベース電源を多く持っているので，業務用よりも産業用の料金を低く設定して，低料金で電力を供給することができる。したがって，夜間に大量に電力を使用する工場等の産業用分野の需要家との関係では，一般電気事業者の方が，競争上有利であるといわれている [512]。これに対して，新電力が保有する発電所の発電方式からみると，発電費が低いといわれる原子力発電所および水力発電所は保有しておらず，97％が火力発電であり，一般電気事業者よりも有利な料金の設定をすることや，大量の電力を安定的に供給することが困難であるので，業務用分野に比べて産業用分野での顧客獲得が困難である [513]。

512)　公正取引委員会・前掲注 498) 7 頁，8 頁。
513)　同上 13 頁，7 頁，8 頁。電力調査統計（資源エネルギー庁）発電所認可出力表（2011.4）。

図4-2　自由化後の「新電力」の市場シェア低調の原因

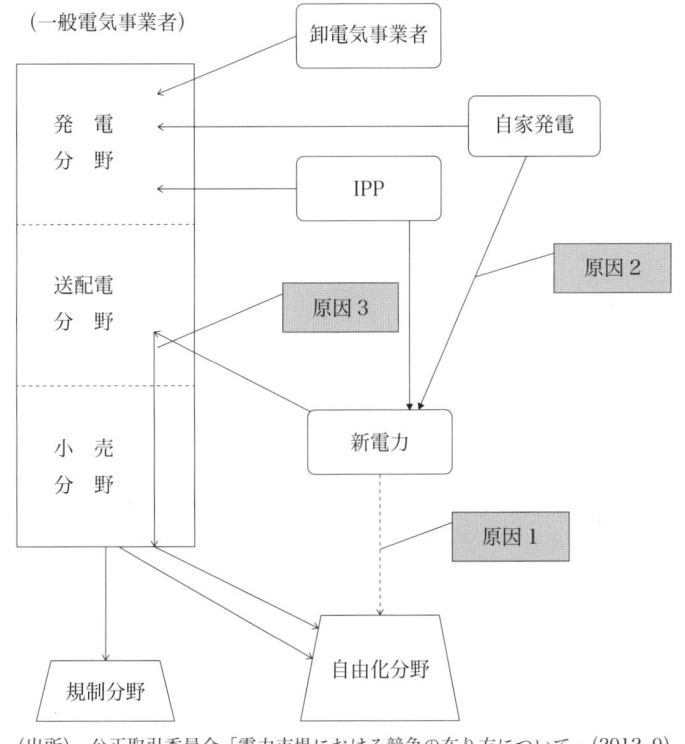

（出所）　公正取引委員会「電力市場における競争の在り方について」（2012. 9）
を参考に筆者作成。

②　新電力に対する電力供給量が低いことである（図4-2「原因2」参照）。

　まず，電気事業法第2条1項の3号[514]によると，IPPによる卸供給および卸電気事業はいずれも一般電気事業者に対する電力の供給を前提としているが，卸供給の法的な定義においては，一般電気事業者に対して5年以上または10年以上の供給契約を締結していることが要件とされている[515]ので，IPPと卸電気事業は，一般電気事業者と長期契約を結ぶのが一般的である[516]。

　また，IPPにとって，発電設備の償却期間が長いため，長期間安定的に電力

---

514)　電気事業法第2条1項3号：卸電気事業：一般電気事業者にその一般電気事業の用に供するための電気を供給する事業であって，その事業の用に供する電気工作物が経済産業省令で定める要件に該当するものをいう。

を販売できる契約を指向することが多い[517]。自家発電業者にとっては，一般電気事業者向けの電力供給において契約通りの電力供給を行うことができなかった場合の負担が新電力向けの電力供給に比べて小さいことが多い[518]。したがって，これらの発電事業者は，新電力よりも一般電気事業者への供給を優先的に選択するインセンティブが高いと考えられる。

さらに，地方公共団体の経営する水力発電事業者が公営企業体として，地元に根付いている一般電気事業者との関係を重視したり，一般電気事業者に電力を販売することによって，間接的に自己に電力を供給することを考慮しているため，一般電気事業者のみと長期契約を結んでいる場合も多い[519]。

このように，IPP および卸電気事業者が，新電力より一般電気事業者の方を選択して，一般電気事業者と長期契約を結び，生産した電力製品の98％を一般電気事業者に供給している事情がある[520]。よって，新電力に対する電力供給量は非常に限定されている。

③　託送分野において，新電力が一般電気事業者と公平に競争することが困難なことである（図4-2「原因3」参照）。

新電力は，自身は送配電線を持っていないため，需要家に電力を輸送しようとする際に，既存の一般電気事業者が所有・運営している送配電線を利用して，送配電部門の託送にしなければならない。電気事業法には「経済産業大臣は，一般電気事業者が正当な理由なく託送供給を拒んだときは，その一般電気事業者に対し，託送供給を行うべきことを命ずることができる。」[521] という規定

---

515)　電気事業法施行規則（平成7年通商産業省令第77号）第3条：法第2条第1項第11号の経済産業省令で定める電気の供給（卸供給）は，次のとおりとする。
　　　一．供給の相手方たる一般電気事業者との間で10年以上の期間にわたり行うことを約している電気の供給であって，その供給電力が1,000kW を超えるもの，
　　　二．供給の相手方たる一般電気事業者との間で5年以上の期間にわたり行うことを約している電気の供給であって，その供給電力が10万kW を超えるもの。
516)　公正取引委員会・前掲注498) 14頁。
517)　同上。
518)　例えば，インバランスに伴う負担が大きいため，新電力は，自家発電業者等から契約通りの受電ができなかった場合には，当該自家発電業者等に対してインバランス料金に係る負担の求償を行うことがあるが，一般電気事業者は，必ずしも自己に電力を供給する自家発電業者等に対して負担を求めていないので，新電力は自家発電業者等には電力の供給先として新電力よりも一般電気事業者を選ぶインセンティブが働き，新電力にとって電力調達の妨げになっている。以上，公正取引委員会・前掲注498) 23頁を参照。
519)　公正取引委員会・前掲注498) 14頁。
520)　同上13頁。

を定めている。また，経済産業省と公正取引委員会が共同で策定した「電力ガイドライン」においても，新電力に対する既存の電気事業者の様々な形での妨害行為が禁止されている。しかし，法律上は託送供給に関する禁止規定が設けられているにもかかわらず，法の施行においては，予想された規制目標を達成することはできない場合がある。「送電線の容量に余裕がないから，他社の電気を送電できない」といわれる場合，これを妨害行使として禁止することは極めて難しい[522]，などの事情も挙げられる。

　また，新電力から，託送料金の水準が高く，新電力の費用を押し上げており，参入障壁となっている旨の指摘や，託送料金の算定方法について，経済産業省令で定められているものの，実際の託送料金の算定に当たっての具体的な根拠が開示されておらず，不透明であるため，減価償却が適正に行われているか，料金に転嫁されている設備投資の水準が適正か等に疑義が残る，というような指摘があった[523]。

　さらに，一般電気事業者が自社の発電施設のみを検討の前提として計画を策定し，新電力が利用する発電設備への接続需要を考慮していないため，過小な設備形成がなされている[524]。このような現状について，新電力と自家発電業者や一般電気事業者との間に，競争関係があるため，一般電気事業者が託送供給に対して適切かつ積極的に協力することが極めて困難である。

　つまり，一般電気事業者と新電力の間は競争関係にあるので，託送制度の公平性，透明性を促進するため，託送義務および託送ルールの設定と送配電等業務支援機関の設置および卸電力取引所の設置等の改革措置だけでは，公正な競争を実現するには不十分である[525]。

---

521)　電気事業法第 24 条の 3 の 5 号による。
522)　土田和博「大震災と電気事業法制のあり方」法学セミナー 683 号注 4，27 頁（2011.12）。
523)　公正取引委員会・前掲注 498）19 頁。
524)　同上 18 頁。
525)　舟田正之「電力産業における市場支配力のコントロールの在り方」ジュリスト第 1335 号 96 頁（2007）。

2 送配電分野

(1) 改革後の現状

前述のように，日本の電気事業法は，一般電気事業者以外の事業者が送配電分野へ参入することを禁止しているわけではない。しかし，現実には，送配電設備を建設するには巨大な投資が必要であり，既存の一般電気事業者が既に送配電線を構築していることから，新電力は，一般電気事業者との間で「託送供給契約」を結んで，一般電気事業者の送配電網を使用して，自由化範囲の需要家への電力供給を行っている[526]。

したがって，一般電気事業者は，独占的に託送供給を行い，新電力は，小売分野のライバルである一般電気事業者からの託送供給に依存する関係にある[527]。もし既存の電力会社が送配電網を貸与しなかったり，高い託送料金を設定したり，接続条件を厳しく制約したり，託送拒否したりすると，新電力が生きる余地がなくなるといえる。一般電気事業者からの新電力への託送取引を適切かつ円滑に促進するため，託送料金および託送条件の設定について，法的ルールを整備する必要がある。

電気事業法は，託送供給制度を整備して，託送を拒絶する行為の禁止規定を設けるとともに，電力ガイドラインにおいても，既存の電力会社の妨害行為を防ぐため，問題となる行為を列挙して独占禁止法上の違法行為として禁止している。また，一般電気事業者の内部補助を禁止するため，一般電気事業者について託送供給を行う送配電部門と他の部門は法的に分離されている。一般電気事業者は，法的独立的な送配電部門に託送料金を支払う必要がある。

(2) 一般電気事業者の投資インセンティブに関する問題点

前述のように，新電力の参入シェアが低い程度にとどまっているという問題が存在することから，新規参入者の市場参入を促進するため，一般電気事業者に託送供給の義務を課すことには意義があるといえる。しかし，このような

---

526) 公正取引委員会・前掲注498) 17頁。
527) 同上。

措置は，送配電網を有する一般電気事業者の，送配電線などのインフラに積極的に投資するインセンティブを削減する可能性がある。したがって，新電力が一般電気事業者の送配電線網を公平に利用できることを保障しながら，一般電気事業者の送配電線網への投資インセンティブを高める方法は課題となっている。政府および規制機関などの中立的な立場からの一定の関与も必要である。

3　発電・卸売分野

(1)　当該分野における参加者の構成

日本では多様な発電方式（火力発電，地熱発電，中小規模水力発電，太陽光発電，バイオマス発電，原子力発電など）がとられている。現在，発電市場の参加者は一般電気事業者（「電力10社」）の他に，「自家発電業者」「卸電気事業者」「新電力」「特定電気事業者」などの新規参入事業者が多数存在している。自由化改革後の各種類の発電事業者の発電量と市場シェアをみると，表4-3のように，「一般電気事業者」が依然として市場支配力を有していることが分かる。その発電量は7,423億kWhであり，全発電市場において約69.7％を占めている（2015年度まで）。

また，新規参加者としての新電力の供給力は依然として低調である。発電分野では十分な競争が行われているとはいえないであろう。その原因を分析すると，以下のような要素が挙げられる。

表4-3　事業形態別発電電力量およびシェア（2015年度）[528]

参加者＼シェア	一般電気事業者	自家発電業者	卸電気事業者	新電力	特定電気事業者	合計
発電量	7,423	2,423	683	101	13	10,643
シェア	69.7	22.8	6.4	0.9	0.1	100.0

（注）　単位：億kWh，％。
（出所）　資源エネルギー庁の電力調査統計の「発電実績（総括）」（2015年度）および「自家用発電およびその他電力量実績」（2015年度）を基に筆者算出・作成。

---

528)　算出方法については，公正取引委員会・前掲注502)11頁に掲載された表5「事業形態別発電電力量およびシェア（2010年度）」を参考にした。「自家発電業者」の発電電力量は，「発電電力量」―「所内および損失電力量」で算出したものである。

　まず，建設時間と資金の制約である。発電設備を建設するためには長い時間と巨額の投資が必要であるが，一般的な中小企業がこれを負担することは困難である。発電所を建設するには環境影響評価法に基づく環境アセスメントに3年半から4年間を要し，最短でも計画から6，7年間が必要であるといわれている[529]。結果的に，発電分野は大手会社しか参入できない領域になった。発電分野における新規参加者の数が限定的になっている。

　また，電気事業者には，電気事業の公益性から，各種の公益事業特権が認められているが，その中には，土地収用法（昭和26年法律第219号）に基づく他人の土地の使用・収用，森林法（昭和26年法律第249号）に基づく開発行為の許可の免除，公共用地の取得に関する特別措置法（昭和36年法律第150号）に基づく公共用地の使用・収用，都市緑地法（昭和48年法律第72号）に基づく緑地保全地域等における電気工作物の設置等の行為についての届出・許可の免除等のように，新電力には認められていないものがある[530]。

　さらに，現在既存の電力会社に対抗できる発電会社は存在していない。既存の一般電気事業者は規模の経済性が大きいので，電気料金を下げて，他の新規参加者が競争できない価格を設定することで，中小規模の電力会社を排除することによって市場支配力を容易に行使することができる[531]。一般電気事業者は自社用の発電所の建設と送配電線網を一体的に建設・実施してきたため，専ら自社電源を使って電力の需給の調整を行うことで，安定供給を実現してきたといわれている[532]。しかし，一般電気事業者の発電所敷地には，発電所の建設にとって有利な条件が整っていると推定されるので，新規参入者にとっては，このような条件の発電所の建設用地を確保することは容易ではない。

(2)　卸電力取引所の状況と問題点

　日本卸電力取引所（JEPX）は，2005年4月から取引を開始したが，全体的

529)　第3回電力システム改革専門委員会「新電力から見た供給力確保に関する意見」6頁（2012.4.3）株式会社エネットが提供した資料。www.meti.go.jp/committee/sougouenergy/.../003_07_00.pdf
530)　公正取引委員会・前掲注498）12頁。
531)　矢島・前掲注464）98頁。
532)　資源エネルギー庁「電力システムに関する改革方針」（参考資料）（2013.4）www.enecho.meti.go.jp/denkihp/kaikaku/20130515-2-3.pdf

に取引量は低調にとどまっている。みなし小売電気事業者（旧一般電気事業者）が供給力の大部分を自社電源および電源開発から確保しているのに対して，新電力は独立系発電事業者や JEPX に供給力の多くを依存している。JEPX における取引量（約定量）は，2016年4～9月の約定量が前年同期比で1.4倍に増え，総需要に占める取引所取引の割合も上昇傾向にあるが，2016年9月時点における取引所取引の割合は，約2.8%（2016年7～9月では平均2.9%）と依然として低い水準となっている[533]。卸電力取引所の取引量が少ないため，供給力として当てにならないという批判が強い[534]。この原因として，欧米と取引習慣の違いがあるので，日本では，種々の相対契約のほうが取引所の提供する先渡市場より魅力的であるという点が指摘される[535] ほか，次のようなものも考えられる。

　まず，旧一般電気事業者が卸電力取引所に参入するインセンティブが高くないことが考えられる。小売分野で競争者関係を有する新電力によって市場シェアを奪われる可能性がある以上，積極的に卸電力取引所に電力を販売しない事情が存在している[536]。また，卸電力取引所は，強制プールではなく私設任意プールであり，電気事業法上に根拠規定等がないので，卸電力取引所における取引量を拡大させることは強制されていない[537]。さらに，卸電力取引所では，売手にとって売れ残るリスクがあり，買手にとっては調達ができないリスクがあるので，小規模な発電設備のみを有する事業者の参入が困難であること，卸電力取引所での取引の流動性が小さいこと，連系線および FC の容量を超えた取引は約定しても実行できない「市場分断」が発生することがあることも原因として考えられる[538]。

---

533)　経済産業省電力・ガス取引監視等委員会「電力市場における競争状況の評価」の資料3, 29頁（2017.4.5）。
534)　株式会社エネット「エネルギー基本計画の見直しに対する意見」6頁（2012.2.14）。www.enecho.meti.go.jp/info/committee/.../12th/12-2.pdf
535)　矢島・前掲注416) 56頁。
536)　第3回電力システム改革専門委員会・前掲注529)。
537)　舟田・前掲注525) 96頁。
538)　公正取引委員会・前掲注498) 16頁。

第6節 小　　括

　以上の日本の電力産業の自由化改革の進展によって得られた成果および問題点を踏まえると，以下のように結論づけることができる。

　まず，市場支配的事業者が存在する垂直的な独占体制の下では，単に規制緩和・規制改革を進めて，事業規制法に競争型の規制措置を設けたり，自由化分野の範囲を拡大したり，送配電線網を開放したりするだけでは，新規参加者に競争の機会を与えたとしても，新規参入者の参入程度は依然として低調であり，既存の一般電気事業者と公平かつ平等に競争することは達成されないであろう。自由化範囲の需要家の観点から，一般電気事業者は依然として市場支配的事業者であり，基本的に公表された標準メニューにより契約を行っているため，需要家からの交渉圧力が働きづらく，需要家の要望がメニューや価格に反映されにくいと考えられる[539]。また，一般電気事業者が料金引き上げ等の不利な取引条件の設定を求める場合には中小需要家が対等な立場で交渉できないという交渉力格差も存在する[540]。電力産業に公平で公正な競争環境を整備するためには，政府規制を緩和・撤廃するだけでは十分でなく，新規参入を促進するための競争政策が必要であることが明らかになった。

　また，1995年に電力自由化改革が実施されて以降，日本の電力産業は，競争の導入を重要な目標として業界の再編成が進んでいる。特に，2000年の独占禁止法の改正によって，自然独占事業に対する適用除外規定が削除されたことから，電力産業のような自然独占産業と独占禁止法との関係が変化しつつある。今後，電力システム改革を継続的に進め，特に発電分野と卸売分野，小売分野と発送電分野を分離させることを契機に，独占禁止法が積極的に適用されることも期待される。また，小売分野において自由化される範囲が拡大し，一般家庭などの消費者も自由化の対象となると，市場支配力の濫用行為による料金の上昇などの影響がさらに大きくなるので，消費者の利益を保護するため，

---

539)　同上。
540)　同上。

市場支配力を持つ事業者の違法行為に対する独占禁止法の厳正な適用が期待される。

　最後に，電力システム改革の進展および電力自由化の範囲の拡大につれて，公平で公正な競争環境を整備するために，電気事業法においても競争促進制度を整備している。これによって，電気事業法と独占禁止法は競合適用できる場合が多くなり，両者の関係が一層複雑になると考えられる。したがって，電力産業に対する独占禁止法の適用状況を考察するとともに，両者が「二重規制」になる場合に，どのように対応するかが課題となっている。

第5章
日本の電力産業における競争法の適用状況

　電力産業に対する独占禁止法（以下，「独禁法」という）の適用は，時代状況によって変化している。昭和22（1947）年に制定された日本の最初の独禁法の第6章には，自然独占に固有な行為[541]（旧21条）を独禁法の適用除外とする条項が設けられ，電力産業などの自然独占産業に独禁法は適用の対象とならなかった。このような状況は，平成12（2000）年の独禁法の改正において，本条が削除されるまで続いていた。

　しかし，同法の改正により，旧21条が削除され，自然独占産業に対しても独禁法が適用されることになった。その結果，電力産業が事業規制法のみによって規制されていた状況から，事業規制法と独禁法の両方から規制される状況になった。本章では，日本の電力産業が経済産業省により政府規制を受ける状況の下での独禁法の適用状況を検討する。

　本章では，独禁法の適用状況を包括的に検討する余裕はないので，中国の電力産業に対する何らかの示唆が得られることを念頭に置きながら，両国の電力産業において議論となっている点を中心に検討する。まず，垂直一体的な独占的経営体制が認められている日本の電力産業に対して，独禁法の適用可能性があるかを検討する。

541）　この法律の規定は，鉄道事業，電気事業，瓦斯事業その他その性質上当然に独占となる事業を営む者の行う生産，販売又は供給に関する行為であってその事業に固有なものについては，独禁法の禁止規定に違反しない。

第1節　電力産業に対する独禁法の適用可能性

1　適用除外について

　日本の独禁法には，特定の事業者，事業者団体，特定の事業・行為に関して，または特定の場合に，同法を適用することが経済的・社会的に妥当でないと判断される場合に，独禁法を適用しないという適用除外制度が設けられている[542]。

(1)　明示の適用除外およびその解釈

　明示の適用除外制度には，「独禁法自体に設けられている適用除外規定（独禁法21条，22条，23条）」および「個別の事業規制法で規定されているもの」がある[543]。これらの適用除外規定の趣旨について，従来の通説は，「創設的適用除外」と「確認的適用除外」を区別している[544]。「創設的適用除外」とは，元々独禁法違反となる行為に対して，競争政策と異なる他の個別の政策的考慮に基づいて設けられた適用除外規定である。「確認的適用除外」とは，元々当該行為が独禁法の違法要件に該当しない行為について独禁法に違反しない旨を確認的に明示するため設けられた適用除外規定である。

ア．旧21条の存在意義

　旧21条：「この法律の規定は，鉄道事業，電気事業，瓦斯事業その他その性質上当然に独占となる事業を営む者の行う生産，販売又は供給に関する行為であってその事業に固有なものについては，これを適用しない。」

　現行独禁法には，自然独占産業に対する明示的な適用除外規定は存在しないが，旧21条が削除される以前の段階では，この条文の趣旨および存在意義について議論があった。

---

542)　根岸哲・舟田正之『独占禁止法概説』（第4版）393頁（有斐閣，2010）。
543)　同上。
544)　同上394頁。

　まず，「自然独占」の解釈について，当時の日本の学説状況をみると，① 物理的に競争が不可能であるという性格を備えている場合を自然独占事業として捉える立場が当初唱えられていたが，② 事業の性質上自由競争を可能とする経済的基盤を欠く事業を自然独占事業と捉える見解が次第に強くなり，後者が一般的な見解となった[545]。

　また，本条で適用除外とされた自然独占産業には事業規制法が制定されている。これらの産業を競争法で規制する必要性（主に経済的な合理性）に欠けるという理由で，事業規制法による規制のみに委ねられたのである。つまり，適用除外規定が存在していたということは，個別の事業規制法の役割が重視されていたことを意味する。すなわち，事業規制法に基づく政府規制は，電力産業のようにその性質上当然に独占となる事業について，その独占地位によって与えられた市場支配力の行使をチェックし，自由競争であれば保障されるべき需要者の権利・利益を確保する機能を発揮すべきであるとされていた[546]。つまり，競争法で適用除外規定があったから独占事業者の独占力の行使が放任されていたわけではなく，自然独占産業を規制する事業規制法が，市場支配力の行使を規制する役割を発揮することが期待されていたのである。

イ．旧 21 条の解釈論

　明示的な競争法の適用除外規定は同法の適用に対する最大の制約であるので，その運用は極めて慎重になされるべきである。明示的適用除外の解釈および運用について，日本の独禁法の母法である米国反トラスト法は参考になる。米国では，反トラスト法による競争条件の維持という政策目的は一般法の基本原則であり，適用除外はその例外であるので，適用除外の範囲は厳格に解釈するべきとされている[547]。よって，一応明示の適用除外の対象とされている行為であっても，適用除外とした立法趣旨からみて正当化されないような目的の達成のためにその行為がなされている場合には，適用除外の恩恵を受けないのが原則である[548]。つまり，自然独占産業の事業者によって行われた行為に対して，適用除外規定の立法趣旨に基づき判断する必要がある。適用除外の規定が存在

---

545)　正田彬『全訂独占禁止法Ⅱ』208 頁（日本評論社，1981）。
546)　同上 211 頁。
547)　実方謙二『経済規制と競争政策』207 頁（成文堂，1983）。
548)　同上。

するからといって安易に競争法の適用が回避されるわけではない。

日本の独禁法においても米国反トラスト法と同様の立場がとられ，旧 21 条という競争法の適用除外条項が存在した時期においても，旧 21 条を厳格的に解釈するのが原則であるとされていた。すなわち，同条では，「生産，販売又は供給に関する行為であってその事業に固有なもの」に限って，独禁法の違反とはならないと定められていた。同条は，当該事業を営むために不可欠の生産・販売・供給行為そのものが，その事業者が独占的地位を占めていることから，支配力の行使としての意味を持つ場合を想定したものであり，ここで「生産，販売又は供給」としているのは，行為の具体的形態についての限界を定めたものである[549]。「不可欠の生産，販売又は供給」の規定はやや不明確であるが，具体的には，事業規制法によって認可された事業に係る生産，販売，供給に関する行為ということになる[550]。例えば，日本の旧電気事業法では，電力の供給事業は，一般電気事業（一般の需要に応じ電気を供給する事業），卸電気事業（一般電気事業者にその一般電気事業の用に供するための電気を供給する事業であって，その事業の用に供する電気工作物が経済産業省令で定める要件に該当するもの），特定電気事業（特定の供給地点における需要に応じ電気を供給する事業）[551] および特定規模電気事業（「特定規模需要」に応ずる電気の供給を行う事業）を含んでいる。これらの事業における電力の生産，販売，供給行為が，ここでいう「不可欠の生産・販売・供給」と看做しうる。それ以外の事業は，固有の自然独占事業ではないので，電気事業者がこれを兼営事業として営む場合には，兼営事業部分は，本条の独禁法の適用除外とはならない[552]。

したがって，旧 21 条は，電力産業などの自然独占産業に対して，特別の政府規制によって独占的地位を認めているが，電力事業者の不可欠の「生産，販売又は供給に関する行為であって」，かつ「電力事業に固有なもの」に限って独禁法の適用除外にしているに過ぎなかった。そこで，技術革新，需要拡大により電気事業者の業務範囲が拡大するにつれて，電力産業の事業者が営むすべての事業が「その性質上当然に独占となる事業」に該当するとはいえない状況

549）　正田・前掲注 545) 214 頁。
550）　同上。
551）　旧電気事業法第 2 条，第 3 条 2 項。
552）　正田・前掲注 545) 214 頁。

になり，これらの事業を一括して適用除外とすることがその合理性を失ってき
たので，事業や分野ごとに競争法の適用可能性を検討する必要が生じた。

(2)　黙示の適用除外

　自然独占産業それぞれに産業特性があるので，事業規制法による特別な規制
を行う必要性はある。独禁法が一般法であるのに対して，個別の事業規制法は
特別法であるが，事業規制法が一般法である独禁法の適用に影響を与える場合
として，自然独占産業に対する適用除外規定のような明示的適用除外のほか，
個別事業規制法の構造・当該規制の性格・規制内容等を勘案し，解釈によって
独禁法の適用が排除される場合である「黙示の適用除外」が考えうる[553]。

　日本の独禁法では，平成 11 (1999) 年および平成 12 (2000) 年の改正によ
り，明示的な政府規制に関わる禁止行為の適用除外規定は既に削除されたので，
電力産業等の規制産業に対しても独禁法の適用が可能となった。しかし，明示
の適用除外規定がなければ，独禁法は必ず適用できるわけではない。これらの
産業に対する独禁法の適用可能性を考慮する際には，黙示の適用除外となる場
合に該当するかについて留意する必要がある。

ア．黙示の適用除外の法理および判断基準

　「黙示の適用除外 (implied immunity)」の法理は，実体法の解釈問題にあた
り，米国連邦レベルでの政府規制と反トラスト法との関係を調整する際によく
用いられる判例法理である[554]。これは，問題となる行為について反トラスト法
の適用を除外する旨の制定法規定が存在しない場合に，連邦法と反トラスト法
との抵触を調整するための判例法理である[555]。規制法規の立法趣旨を根拠とし
ての解釈を通して，特別法により一般法が超克される権利を付与する[556]。この
法理を受け入れた場合，具体的な条文解釈を行う際には，明示的適用除外がな

---

553)　田中裕明「規制緩和市場への参入と独占的地位の濫用」神戸学院法学第 38 巻第 1 号
　　　167 頁 (2008.9)。
554)　反トラスト法と政府規制を調整する主な判例法理として州行為法理，Noerr-Pennington
　　　法理，黙示の適用法理がある。このうち，適用除外の要件については，問題の行為を行う
　　　際に事業者の自主的判断の余地があるかに着目する方法で収斂しつつあるといわれている。
　　　宮井雅明「政府規制と反トラスト法——連邦法レベルでの調整」土田和博・須網隆夫編著
　　　『政府規制と経済法——規制改革時代の独禁法と事業法』103 頁 (日本評論社，2006)。
555)　宮井・前掲注 554) 104 頁。
556)　実方・前掲注 547) 209 頁。

い場合であっても，黙示の適用除外とならないかが議論の対象となる。この場合には，「黙示の適用除外」が拡大解釈されて競争法が空洞化するおそれがあるので，これを防ぐため，「黙示の適用除外」該当性の解釈基準を厳格的に定めることが重要である。

その点について，米国最高裁判例では，黙示の適用除外法理について主に以下のような態度がとられている。

「(1) 黙示の含意による法の廃棄は好ましくないというのが，解釈の根本原則である；

(2) 我々は，反トラスト法が全国レベルでの基本的経済政策を代表することを長く認識してきたので，ある産業の特定の側面についての特別の規制スキームの制定によって，反トラスト法のより一般的な諸規定が当該産業に対して全面的に不適用となることが意図されていたと軽々しく想定することはできない[557]；

(3) 規制法規から反トラスト法の黙示の廃棄は強く嫌悪されており，反トラストと規制規定との間に明白な矛盾（plain repugnancy）があった事例にのみ見出される；

(4) 黙示の含意による法の廃棄は，政府規制を機能させるのに必要な場合にのみ，そして，その場合でも必要な最小限度でのみ認められるべきである」[558]。

以上のように，米国では，「黙示の適用除外」法理の適用範囲を厳格に定め，限定的に考えている。単に政府規制が存在すること自体を理由として「黙示の適用除外」としているのではない。適用除外が認められるとしても，政府規制と反トラスト法の間の明白な矛盾の有無，および政府規制の必要性および相当性という要素を考慮すべきである。

イ．Otter Tail 事件[559]（1973 年）の示唆

事件の概要[560]　米国の電力産業に関する事案で黙示の適用除外の法理の適用

---

557) Carnation Co. v. Pacific Westbound Conference（1966），宮井・前掲注 554）105 頁。

558) 宮井・前掲注 554）106 頁。

559) Otter Tail Power Co. v. United States, 410U.S.366（1973）.

560) 本件についての紹介は，岡田外司博教授の授業でいただいたレジュメを参考にしたものである。

が問題になった Otter Tail 事件（1973 年）を検討する。

　Otter 社は，ミネソタ州などの 465 の町において電力を小売で供給する，同地域において送電・配電設備を保有する垂直的に統合された唯一の民営の電気事業者であった。ミネソタ州のエルボーレイク，ノースダコタ州のハンキンソン，サウスダコタ州のコルマンとオーロラの 4 つの町で公営電力供給への転換が試みられ，これらの町では，町が Otter 社に与えた 10 年から 20 年の電力小売のフランチャイズが終了した際に，町による公営電力供給に切り替える旨の決定がなされた。ところが，これらの町が公営電力供給に切り替えようとした際に，Otter 社は，

　①　エルボーレイクとハンキンソンの同社への電力卸売の申込みを拒絶すること，

　②　この 2 つの町が他の電気事業者と契約し，Otter 社の送電線網によって電力の託送を受ける申込みも拒絶すること，

　③　これらの町の公営電力供給設備の設置を妨害し又は遅らせるための訴訟の提起の支援，

　④　これらの公営電力供給設備が他の電気事業者にアクセスするのを妨げるために，他の電気事業者との相互託送に関する契約条項を援用すること，

といった行為によって切替えを妨害した。

　なお，エルボーレイクは，自前の発電プラントを完成させた後，連邦動力委員会に救済を申し立て，連邦動力委員会が Otter 社に相互接続を命じた。しかし，ハンキンソンは，Otter 社の一連の行為を受けて，公営電力供給を断念し，Otter 社に再度小売の営業権を与えた。

　連邦司法省は，Otter 社の以上の行為を独占の企て又は独占化行為としてシャーマン法 2 条で供給・託送命令，妨害のための訴訟の追行禁止，他の電気事業者との契約条項の援用禁止等を求めて提訴した。地裁はシャーマン法 2 条違反を認めて，Otter 社に供給，託送等を命ずる差止命令（injunction）を発した。

　Otter 社の行為に対して，連邦最高裁は，黙示の適用除外の主張を否定して，以下のような判旨の判決を下した。

　①　連邦電力法は，相互接続命令を出す権限を連邦電力委員会に与えている

206

が，同法は第 1 次的には当事者の自主的な商取引を尊重したものであり，包括的な規制の仕組みによって電気事業者を強制することを定めたものではなく，反トラスト法の作用から電気事業者を隔離する意図は全く示されていない。したがって，裁判所としては，議会が反トラスト法で示された根本的な政策を覆す意図があったと結論づけることに慎重でなければならず，反トラスト法の適用を免除し，または規制がその代りをすると結論づける根拠はない。行政指導を必要とする事情があること；

② Otter 社は，競争を排除し，競争上の優位を確保し，又は競争者を破壊する目的で，その供給区域の町における独占力を行使したものであり，潜在的競争を破壊する目的でその独占力を行使することは，シャーマン法 2 条で違法とされる独占の企てになることは，Lorain Journal 判決[561] において示されている。

示　唆　本件では，電気の卸売販売に係る相互接続義務を定めた連邦電力法202条 (b) の本質的な特徴が自発的な相互接続の促進にあり，自主的な相互接続が拒否された場合に初めて連邦動力委員会（連邦電力委員会，筆者注）による相互接続命令を認めていること等が重視された[562]。結論として，電力規制事業法の存在，および相互接続義務付けの規定の存在を理由に競争法の適用は否定されなかった。

しかし，本件は米国で電力連邦法に送電線へのアクセス規制が導入される以前に，託送拒絶が不当な取引拒絶として反トラスト法違反とされた事例である[563]。もしこのような事件が現在の日本に生じた場合，結論は異なる可能性がある。まず，日本の電気事業法24条の 3 は，一般電気事業者に対する託送供給の義務付けを定めている。経済産業大臣は，一般電気事業者が正当な理由なく託送供給を拒んだときは，その一般電気事業者に対し，託送供給を行うべき

---

561) Lorain Journal 社は，新聞出版社として地域を独占していたが，競合するラジオ放送局の設立後，Lorain Journal 社は，ラジオ放送局上に広告した人からローカルの広告を受理することを拒否した。こうした行為は，独占を維持しようとする企てになるので，シャーマン法 2 条に違反すると判示した。Lorain Journal Co. v. United States, 342 U. S. 143 (1951) 参照。
562) 宮井・前掲注 554) 110-111 頁。
563) 佐藤佳邦「米国小売電力市場の排除型行為に対する反トラスト法による規制」電力中央研究所報告 ii 頁 (2008. 5)。

ことを命ずることができる[564]。一方，独禁法について検討すると，接続拒否行為が公正な競争を阻害するおそれがある場合，不公正な取引方法のうち取引拒絶等に該当し，一定の取引分野における競争を実質的に制限する場合私的独占にも該当する可能性がある。したがって，本件行為のような事案に対しては事業規制法と独禁法いずれからも規制できるので，「二重規制」となりうる[565]。

ウ．「黙示の適用除外」の運用

黙示の適用除外は「一定の行為に対して独禁法を適用すると，他の法律の規定並びにそれに基づく法の作動を損害する場合に，明示の適用除外規定がないにもかかわらず，当該行為に独禁法を適用しないこと」などと定義されている[566]。黙示の適用除外の適用範囲は，事業規制法や独禁法の解釈に依存する。ここで，日本の裁判例において明文の規定がない場合に独禁法の適用が除外さ

表5-1　日本における黙示の適用除外となりうる場面

検討された要素	黙示の適用除外についての判断	代表的な事例事案　論点　判旨
1.「特別法は一般法に優先する」という法解釈の基本原則[567]	否定：一般法と特別法の関係自体が否定された。	大阪バス協会事件（平成7・7・10 審判審決）[568]
2. 法律による強制—義的に強制された行為；事業者側に違法行為の自由な選択の余地がない；事業法の規制により余儀なくされた行為[569]	裁量の余地がある，事業者側に選択の幅ないし変更申請の余地が存在する限り，独禁法の適用を免れない。一義的に強制があっても，事業者間で協定することは認められない。	お年玉付き年賀葉書事件（大阪高判平成6・10・14）[570]；NTT 接続料認可取消訴訟事件（東京地判平成17・4・22）[571]；都営芝浦と畜場事件（最判平成元・12・14）[572]
3. 明白な矛盾：黙示の適用除外を認めないと，規制システム崩壊のおそれがある	行為が規制の実施に必要不可欠であり，かつ規制の崩壊を防ぐのに代替的方法がない場合に限定される手段の必要性など。	石油生産調整刑事事件（東京高判昭和55・9・26）；NTT東日本事件（平成19・3・26 審判審決）
4. 法益衡量論，公共の利益，目的解釈論 公益目的から出た行為は競争者排除の意図を欠く等	規制の仕組みや規制分野の特性に即して，問題となった行為の手段としての相当性。	大阪バス協会事件（平成7・7・10 審判審決）[573]；都営芝浦と畜場事件（平成元・12・14）

（出所）岸井大太郎・向田直範・和田健夫・内田耕作・稗貫俊文『経済法　独占禁止法と競争政策』（第6版）355頁（有斐閣，2011），また，岸井大太郎「政府規制と独占禁止法」日本経済法学会編『経済法講座第2巻　独禁法の理論と展開1』376-381頁（三省堂，2002）を参考に，筆者作成。

564）電気事業法24条の3第5項。
565）佐藤・前掲注563）20-21頁。
566）岸井大太郎「政府規制と独占禁止法」日本経済法学会編『経済法講座2　独禁法の理論と展開1』376頁（三省堂，2002）。

れるかが問題になった裁判例を分析すると，表 5-1 の通りとなる。

　これらの事例をみると，裁判所の基本的な立場は，適用除外は市場経済の基本的ルールである独禁法に対する例外であるからその許容には慎重であるべきであり，適用除外が必要な場合には明文の規定を設けるのが立法者の合理的な意思であるなどの理由から黙示の適用除外を認めることに消極的であるといえる[574]。よって，独禁法が明示的に適用除外を規定していない場合は，競争の余地があると解され[575]，独禁法の適用除外とすることは非常に困難である。さらに，現在独禁法の適用除外については，法律の規定や仕組みが独禁法違反行為の存在を容認しているようにみえる場合であっても，明文の除外規定によらない限り独禁法の適用は除外されないという取扱いについて「明示の適用除外の原則」が採られているとする論者もいる[576]。

---

567)　事業法と独禁法の関係を巡る日本の学説としては，特別法である道路運送法が競争制限的規制により自由な競争の余地を否定している範囲では一般法たる独禁法の適用は及ばないという「一般法・特別法論」がある。根岸哲「道路運送法上の認可運賃制と独占禁止法」公正取引 499 号 4 頁（1992）。根岸哲「貸切バス運賃カルテルと独占禁止法」公正取引 541 号 11 頁（1995）。

568)　審決によると，「明示的な適用除外規定がないにもかかわらず，当然に独禁法の適用が排除されて終わる，ということはできない……道路運送法の定める運賃などの認可制度が独禁法の規律する競争秩序を規定，拘束することはないという意味においては，双方の法律に一般法と特別法との関係はないと言わなければならない」とされており，本審決は「独禁法独自論」（根岸哲「貸切バス運賃カルテルと独占禁止法」公正取引 541 号 11 頁（1995））を採っていた。

569)　ある行為が事業法によって強制されている場合は，当該行為は違法でない意思に基づく行為と評価できない。

570)　図画などの記載がないくじ付き年賀葉書の料金は，「法定されている」ため，不当廉売に該当する余地はないと判示した。

571)　事業者はその内容を自由に決定できないから，共同意思に基づく行為と評価できず，3条適用の前提を欠くとし，省令による NTT 東西の統一接続料での認可申請を認めた。

572)　事業者側に自主的・裁量的判断の働く余地があれば，料金認可制の下でも独禁法の規制は適用される（前掲都営芝浦と畜場事件，金井貴嗣・川濱昇・泉水文雄編著『ケースブック独占禁止法』（第 3 版）312 頁（弘文堂，2013）。

573)　本件審決は排除措置を命ずることができるかを検討する際に，形式的に独禁法に違反する行為であるようにみえるとしても，実質的にみれば独禁法の趣旨・目的に反するとはいえない場合があるという理論を適用した。これは「公共の利益に反して」という要件の解釈問題と共通することが分かる。本件は独禁法の 8 条適用事件であるので，「公共の利益に反して」という要件はない。しかし，本件審決においては，「ある行為が排除措置の対象となるかどうかは独禁法の観点すなわち，一条の目的に照らして検討されるべきである」という理論を適用した。上杉秋則「事業法と独禁法の関係の一考察──大阪バス協会事件審決を題材として」石川正先生古稀記念論文集『経済社会と法の役割』商事法務，2013 年，279-280 頁。

574)　岸井・前掲注 566）375 頁。

575)　土田和博執筆第 10 章，金井ほか編著・前掲注 572）450 頁。

576)　岸井・前掲注 566）372 頁。

エ. 電力産業に対する黙示の適用除外の運用における注意点

　電力産業のような規制産業の事業規制法の中に独禁法の適用を除外する旨の明文規定がある場合，これらの規定に基づく行為には独禁法は適用されない。しかし，事業法が存在するということ自体から当然に独禁法の適用が除外されるということにはならない。この点を踏まえれば，電力産業に運用される際に，以下のようなことに注意しなければならない。

　まず，独禁法の適用除外規定の運用にあたっては，慎重な態度で判断する必要がある。独禁法旧21条の削除により電力産業に対する明文規定の適用除外の根拠がなくなった。しかし，黙示の適用除外法理により，一般法としての独禁法の適用を除外する解釈は可能である。明示の適用除外の原則に従い，黙示の適用除外は例外として，極めて特殊的，且つ限定的な場合にのみ認められるべきである。経済活動の基本原則である独禁法の適用除外に対しては，慎重な態度を採らなければならない。

　現在，電力産業への競争の導入を目標とする自由化改革が展開し，電気事業法に競争促進型の規制が設けられているので，電力産業について黙示の適用除外を認める意義は以前より薄くなったといえる。従来は，電気事業法と独禁法は「特別法と一般法」の関係にあるとされることもあったが，現在では「競争促進型の事業法」と「独禁法」の関係をどのように扱うかが課題となっている。したがって，独禁法の適用の中で，「競争促進型の事業法規制」の存在，および規制機関が行った執行措置を考慮しなければならなくなった。これは独禁法の適用可能性に対する新たな挑戦であるといえるであろう。電気事業者が事業法上の違法行為を行った場合，その違法行為が同時に独禁法上の違法要件を満たすことがある。この行為が既に経済産業省から変更または中止命令を受けた場合には，独禁法の適用可能性および必要性についてどのように解釈すべきかが問題となる。

　さらに，理論的には，そのような事業法違反の行為に対して，独禁法が適用されるとすれば，具体的に判断する際に，行為要件，効果要件および正当化事由の判断基準についての解釈が，独禁法の有効性に重要な影響を与えるので，これも独禁法の適用の効果を十分に発揮させるために克服しなければならない問題である。

2 「公的主体」の事業者性に関する解釈

独禁法の適用の対象となるのは事業者および事業者団体である。独禁法において「事業者」とは「商業，工業，金融業その他の事業を行う者」（同法2条1項）であり，「事業者団体」とは，「事業者としての共通の利益を増進することを主たる目的とする二以上の事業者の結合体またはその連合体」をいう（同法2条2項）。しかし，国や地方公共団体などの公的主体の事業者性についてどのように判断すべきであるか，これらの公的主体が独禁法上の「事業者」に該当するか否かが問題となる。

(1) 判例上の解釈

まず，公的主体の「事業者性」に関わる判例を整理する。

公的主体の事業者性については，都営芝浦と畜場事件（最判平元・12・14）で初めて問題となった[577]。地方公共団体（東京都）によって運営されていた芝浦と畜場が，継続して原価を著しく下回ると場料を徴収して営業した行為に対して，独禁法を適用できるか否かを判断する前提として，まず，地方公共団体が独禁法上の事業者となりうるかを確定する必要が生じたのである。この判決は，「独禁法2条1項にいう「事業」とは，「なんらかの経済的利益の供給に対応し反対給付を反覆継続して受ける経済活動」を指し，その主体の法的性格は問うところではないから，地方公共団体も，独禁法の適用除外規定がない以上，かかる経済活動の主体たる関係において事業者に当たると解すべきであり，したがって，地方公共団体がと場料を徴収して，と畜場事業を経営する場合には，と畜場法による料金認可制度の下においても不当廉売規制を受けるものというべきである」とした[578]。つまり，経営主体が，「反対給付を反覆継続して受ける」という要件を満たせば，事業者性が認められることになる。

また，国の事業者性が問題となった事例としては，お年玉付き年賀葉書事件[579]がある。国は，第1審において，独禁法は国等の営む独占的事業には適

---

577) 来生新『経済法判例・審決百選』5頁（有斐閣，2010）。
578) 『ケースブック独占禁止法』（第2版）289頁（弘文堂，2010）。

用されない郵便法が郵便業務を国の独占事業としている制度下で，私製葉書と官製葉書は競争関係にないなどと主張した[580]。しかし，第 1 審判決（大阪地裁平成 4 年 8 月 31 日）[581] は，事業者性について，① 官製葉書と私製葉書は，一定の競合関係に立つこと，② 官製葉書の発行販売について国は法的な独占を認められており，独禁法の適用の余地はないが，お年玉付き年賀葉書等のように「独占事業に固有の行為でない行為を付加して，官製葉書の価値を高めて発行，販売することは，私製葉書の市場との競争をもたらすものであるから」独禁法の適用があるとし，国は，郵便事業の活動の主体として独禁法 2 条 1 項にいう「事業者」であるとした。この事件では，第 1 審から最高裁を通じて「事業者」の概念そのものについては，ほとんど議論されていないことから，都営芝浦と畜場事件最高裁判決の事業者概念を前提に議論をしているものといってよい[582]。

　要するに，判決は，公的主体の事業者性について，国や地方公共団体などの公的主体についても，経済活動を行っているならば，独禁法上の事業者性が肯定されるという立場をとっているといえよう。

(2)　学説上の見解と批判

　現在の日本の様々な学説や公取委の実務もこれらの最高裁判決を前提に事業者性を論じているといってよい[583]。

　学説上は，「事業者性」が認められる要件として商法上の商人概念のような営利性は必要ないとする見解が一般的である。また，ここでいう「事業」には，商法上の商人概念のような営利性は必要とされておらず，自然人，法人，私法人，公法人なども問われない[584]。事業者は機能的概念であり，それを行う者の組織的形態がどのようなものであるかは原則としては関係がないので，自然人か，法人か，法人であるとして株式会社か，合名会社か，合資会社かは問わないと解するのが一般的である[585]。

579)　最判（平成 10 年 12 月 18 日）審決集 45・467，原審大阪高裁（平成 6 年 10 月 14 日）。
580)　来生・前掲注 577）4 頁。
581)　判例時報第 1458 号 111 頁（1993. 8. 1）。
582)　来生・前掲注 577）5 頁。
583)　同上。
584)　金井ほか編著・前掲注 572）21 頁。

　また，公的主体により提供されるサービスの一部が無償ないしは名目的には低額であっても，例えば，事業体として原価主義をとっているなど，問題とされる行為を含む活動を全体としてみると有償性が前提とされている場合には，事業者性は肯定されると考えるべきである[586]。さらに，近年は，反対給付の要件を相対化し，たとえ無償で提供されていても，私人による対価的取引が成立可能で，そこに競争が生じる可能性が存在する場合には，事業者性を肯定すべきであるとの考え方も提唱されている[587]。

　特殊会社による事業の独占が認められている郵便事業などの「公的独占」については，法による独占が認められている範囲では，競争成立の余地がないから，そこでの行為の事業者性は否定されるとする見解もありうる[588]。しかし，上記の判例にしたがえば，公的主体と私的主体との一定の競合関係が存在する限り，単に公的独占であることを根拠に事業者性を否定することはできないと解する見解が一般的である。

　これらの見解が，実務上も，学説においても，広く受け入れられているが，最高裁の定義に対しては，独禁法上の事業者概念の必要条件を規定したものにすぎず十分条件についての規定がなく，受益者負担行政が一般化しつつある今日の日本の状況の下での独禁法の事業者の定義としてふさわしくないとの批判もある[589]。この批判の論者は，事業者の定義にあたって，行政と市場の理論的な役割分担を，事業者の定義の十分条件の中核とすべきであるとする。つまり，事業者性の判断にあたっては，料金徴収に類似する外見があるかどうかにとらわれずに，その活動の採算性を前提にしているかどうかから判断すべきであるとし，外形的にみれば料金徴収類似の行為をしている行政活動であっても，企業と同一の活動原理に基づくもの以外の行政活動を，独禁法の適用対象から外すことが妥当であると主張している[590]。また，この説の論者は，採算性を前提にしているか否かを判断する際に，当該行政活動を規定する会計制度がどのよ

585)　松下満雄『経済法概説』（第5版）35頁（東京大学出版会，2011）。
586)　岸井大太郎「政府規制と独占禁止法」岸井大太郎・向田直範・和田健夫・大槻文俊・川島富士雄・稗貫俊文『経済法——独占禁止法と競争政策』（第7版）354頁（有斐閣，2013）。
587)　同上。
588)　同上。
589)　来生・前掲注577）5頁。
590)　同上。

うなものであるかを中心に，当該行政が企業原理に基づいているか，他の業者
との競争を前提とするものとなっているかを検討しなければならないと主張し
ている[591]。

3　独禁法の適用における「正当化事由」

(1)　正当化事由と政府規制の関係

　事業法に基づく政府規制が，専門的な知見を背景としていることから，反競
争性の不存在または正当化事由として考慮される場合がある[592]。つまり，事業
法規制の存在が正当化事由として考慮される可能性がある。独禁法の違法性の
判断の中で事業法規制を尊重する必要がある。しかし，独禁法の正当化事由に
該当するか否かを判断する際に，事業法規制の存在をどこまで尊重すべきか，
あるいは，事業法規制により独禁法の違法性に対する影響をどのように考慮す
べきかが課題となっている。

　当該問題について，まず，事業法規制にしたがう行為は独禁法違法とするこ
とはないので，事業法規制の存在は，独禁法の違法性に対する影響をもたらす
可能性があるといえるが，規制の存在自体が独禁法の正当化事由となるわけで
はない。また，行為の目的が事業法の目的に沿うもので，手段も事業法の認め
る範囲内にとどまる場合には，事業法の目的実現のために必要かつ相当な範囲
内の行為として，正当化事由が成立しうる[593]。

　政府規制の存在によって正当化事由が認められるかは，① 問題となった行
為の競争制限効果，② それがもたらす社会的便益，③ より制限的でない代替
的な手段の可能性，という 3 つの要素を比較考慮して，独禁法の違法性が判
定される[594]。

(2)　正当化事由の法律構成を巡る学説

　正当化事由の法律構成について，以下のような学説[595] が対立している。

---

591)　同上。
592)　白石忠志『独占禁止法』353 頁（有斐閣，2006）。
593)　観音寺市三豊郡医師会事件（東京高判平成 13 年 2 月 16 日）。
594)　岸井・前掲注 566) 394 頁。

ア.「公共の利益」説

公取委が事案に対応する際に,「公共の利益に反して」という要件についての解釈問題は,「パンドラの箱をあけるようなもの」といわれている[596]。この問題を検討すると,独禁法に関する様々な根本的な問題を引き出すことにつながるからである。しかし,独禁法を運用して,公益事業としての電力産業を評価する際に,「公共の利益」という争点について検討する必要がある。日本の独禁法では,「私的独占」および「不当な取引制限」は,他の規定にない概念「公共の利益に反して」を要件としている。「公共の利益」の解釈如何で独禁法の適用範囲に差異が生じ,これを広く捉えすぎると独禁法の運用が骨抜きになるおそれがあるからである[597]。「公共の利益」の解釈は,公益事業である電力産業への独禁法の適用にも影響を及ぼす問題である。

しかし,「公共の利益」の解釈について学説は多岐にわたっており,「公共の利益」の解釈問題は,正当化事由の法律構成という問題を一層複雑にさせている。さらに,この「公共の利益」を巡る学説の対立は,独禁法の立法目的の捉え方に関する学説の対立にほぼ対応しているといわれる[598]。そこでまず,日本での「公共の利益」に関する主要学説について検討する。

独禁法上の「公共の利益」 第1説（通説） 「公共の利益」とは,自由競争経済秩序そのものであり,競争の実質的制限などの他の要件が満たされれば常に公共の利益に反する[599],つまり自由競争経済秩序の維持それ自体であるとする見解である[600]。この説は学説の通説的見解であり,公取委はこの見解を支持してきた[601]。

通説が支持を受けてきたのは,① この解釈が独禁法の立法目的に沿うこと。② 独禁法の3条と「公共の利益」の文言のない諸規定との間でバランスを守ること（「公共の利益」の要件は不当な取引制限および私的独占にしかなく,私的独占禁止規制規定の予防的および補完的規制である企業結合を規制する諸規定（第4

---

595) 学説についての分類は,岸井・前掲注566) 407-413頁を参照した。
596) 上杉秋則「事業法と独禁法の関係の一考察——大阪バス協会事件審決を題材として」石川正先生古稀記念論文集『経済社会と法の役割』商事法務279頁（2013）。
597) 泉水文雄・土佐和生・宮井雅明・林秀弥編著『経済法』28-29頁（有斐閣,2010）。
598) 根岸ほか・前掲注542) 55頁。
599) 金井ほか編著・前掲注572) 33頁。
600) 根岸ほか・前掲注542) 55頁。
601) 同上55-56頁。

章）および不当な取引制限禁止規定の補完的規定である事業者団体の競争制限行為を禁止する 8 条 1 号には，「公共の利益」の文言がないので，もし他の説を採用するならば，この要件がないことについて合理的な説明ができなくなり，3 条と第 4 章諸規定および 8 条 1 号これらの諸規定との間で均衡を失うことになってしまうこと[602]）。および③独禁法の適用除外規定との関係についての考慮（自由競争経済秩序以外の法益については，適用除外制度が用意されているが，この解釈を採れなければ適用除外制度を置く必要性または理由が乏しくなること）からである[603]。④他の説を採用するならば，競争制限行為であっても「公共の利益」に反しないとして違法とならない場合が生じ，独禁法の 3 条の運用が骨抜きになるおそれが強い。⑤ 3 条違反に対しては刑罰が科せられるが，「公共の利益」に他の説のような不明確な定義を与えることは罪刑法定主義の精神に反することなどといった根拠も挙げられている[604]。

　しかし，この考え方では，不当な取引制限の構成要件が満たされるためには，共同行為と競争の実質的制限があれば足りるのであり，「公共の利益に反して」という文言は宣言的意味を有するにとどまるといわれることもある[605]。これに対しては，①通説によっても，私的独占規制における排除・支配行為の解釈や不当な取引制限の行為類型のうち非ハードコア・カルテルの違法性判断において，自由競争経済秩序の維持の観点から実質的に判断するという解釈の指針を示す意味はある[606]。また，②「競争を実質的に制限する」排除・支配行為または共同行為があれば原則として違法となるが，形式的にそれらの手段行為に該当すればすべては直ちに 3 条違反となるのではなく，3 条違反となるのは「公共の利益」に反する行為，すなわち自由競争経済秩序の維持という観点から実質的に評価して非難に値する行為に基づく場合においてのみである[607]などとして，「公共の利益」は，私的独占または不当な取引制限の手段行為に対する評価要素として，その存在意義を有していると説明することも可能であるといった再反論がされている[608]。

602）　同上 56 頁。
603）　金井ほか編著・前掲注 572）33 頁。
604）　根岸ほか・前掲注 542）56 頁。
605）　松下満雄『経済法概説』（第 5 版）54-58 頁（東京大学出版会，2011）参照。
606）　金井ほか編著・前掲注 572）33 頁。
607）　根岸ほか・前掲注 542）57 頁。

第2説　財界において有力な見解であるが，「公共の利益」とは，単に自由競争に基づく経済秩序を意味するのみならず，国民経済の均衡的発展，不況の克服，消費者の利益等，経済の総体的利益[609]，または，より高次の生産者・消費者を含めた国民経済全般の利益であるとする見解である。この説は，かつて産業調整政策による競争制限の余地を広範に認める学説として唱えられたが，現在ではほぼ克服されているといえる[610]。

第3説　公共の利益とは，中小企業者・消費者などの経済的従属者ないし弱者の利益であるとする見解である。故正田彬教授等は，公共の利益とは，経済的優越者と従属者の不平等取引を是正し，対等取引権を確保し，競争の前提である事業者の自由独立を達成することであるとされる[611]。つまり，独禁法の究極の目的に基づき，一般消費者の利益確保および国民経済の民主的で健全な促進を実現することが「公共の利益」であるとするのである。この説は，特に国民経済が「民主的」に発展することを強調し，小規模企業の利益を保護すべきと主張している。

第4説　石油カルテル価格協定事件（昭和59年2月24日）の最高裁判決の解釈である。本件の最高裁判決は，以上のいずれの見解にも与せず，独禁法の立法の趣旨・目的およびその改正の経緯などに照らして，不当な取引制限の「公共の利益に反して」の要件について，原則として独禁法の直接の保護法益である自由競争経済秩序に反することを指すが，現に行われた行為は形式的に右に該当する場合であっても，右法益と当該行為によって守られる利益とを比較衡量して「一般消費者の利益を確保するとともに，国民経済の民主的で健全な発達を促進する」という究極の目的に実質的に反しないと認められる例外的な場合を不当な取引制限行為から除外する趣旨と解すべきである，と判示するに至った[612]。

つまり，独禁法の「直接の目的」と「究極の目的」を比較衡量した上で判断すべきという見方である。問題となっている行為が形式的に独禁法に違反する

---

608)　同上。
609)　松下・前掲注605) 55頁。
610)　横川和博「公共の利益に反しての意義」土田和博・岡田外司博編『演習ノート経済法』42頁（法学書院，2008）。
611)　松下・前掲注605) 55頁。
612)　根岸ほか・前掲注542) 56頁。

行為であるとしても，独禁法の究極の目的に照らして，「公共の利益に反して」
という要件を満たさないので，例外的に違法性を阻却され独禁法上適法な行為
となることを認めている。

　しかし，最高裁判決によると，自由競争に基づく経済秩序を守って競争を維
持することによって実現される価値よりも，競争を実質的に制限するようにみ
える行為によって実現されるべき社会的価値の方が大きい場合には，かかる行
為は公共の利益に反しないことになる[613]が，その比較衡量の判断基準にやや
不明確な部分が残り，どのような場合に「公共の利益」に反しないことになる
のかが問題となる[614]。

　行政指導における「公共の利益」の衡量　石油価格カルテル価格協定事件では，
経済産業省が，民生安定の観点から石油製品価格の異常な高騰を抑えるため，
石油元売り各社に対し石油製品の最高値上げ価格帯を行政指導で要請し，各社
は合意に基づき，共同してこの最高価格限度いっぱいまで販売する石油製品の
価格を引き上げたことが問題になった。最高裁は，価格カルテルであっても，
それが「適法な行政指導」に基づき，これに協力して行われた場合には，「公
共の利益に反しない」ものとして，カルテルから除外されると判示した。

　そして，石油業法に直接の根拠を持たない価格に関する指導であっても，以
下のような場合に「適法な行政指導」となると判示した。

① 　行政指導を必要とする事情があること，
② 　これに対処するため，社会通念上，相当と認められる方法によって行わ
　　れること，
③ 　「一般消費者の利益を確保するとともに，国民経済の民主的で，健全的
　　発達を促進する」という独禁法の究極の目的に実質的に抵触しない価格に
　　関する行政指導であること[615]。

　このように，「公共の利益」に対する理解の違いによって独禁法の違法性に
ついて異なる結論が導けるので，以下のような判断プロセス（表 5-2 参照）に
したがって，諸事情を総合的に衡量しながら判断すべきと思われる。

---

613)　松下・前掲注 605) 54-58 頁。
614)　根岸ほか・前掲注 542) 58 頁。
615)　「石油価格カルテル刑事事件」『ケースブック独占禁止法』（第 2 版）89 頁（弘文堂，
　　2010)。

表5-2　判断のプロセス

	判断要素	分析結果
1	「公共の利益」とは国民経済全般の利益・価値である	行政指導にしたがって，石油製品の価格を安定させることは国民経済全体の見地から重要なことであるから，公共の利益に反するものでなく，独禁法違法ではない。
2	公共の利益要件に特別の意義なし，自由競争経済秩序そのものである	自由競争秩序を混乱させるので独禁法に違反するというほかないことになる。
3	独禁法の「直接の目的」と「究極の目的」を比較衡量した上で判断する	独禁法の究極の目的に実質的に反しないと認められる場合には独禁法の違法性が阻却される。
4	目的の合理性と目的達成方法の相当性	(1) 普通の経済状態で行われるものであれば，1条の目的の趣旨に照らして一定の合理性が認められる → (2) しかし，達成手段に相当性が欠けており，独禁法違反とされる → (3) 仮に，例外的・緊急避難的な場合に，それ以外の代替的な手段がないとすれば，独禁法違反ではないとされる余地がある。

（出所）　泉水文雄・土佐和生・宮井雅明・林秀弥編著『経済法』30–31頁（有斐閣，2010）を参考に筆者作成。

官製談合における「公共の利益」の衡量——日本における官製談合の規制　日本における官製談合とは，国，地方公共団体または特殊法人の役員もしくは職員が入札談合等関与行為を行った入札談合であり，その構成要件は，「入札談合等関与行為＋入札談合」である[616]。官製談合に対する主要な規制法は，「入札談合等関与行為の排除および防止並びに職員による入札等の公正を害すべき行為の処罰に関する法律」（以下，「官製談合防止法」と略称する）である。

　この法律によると，「入札談合等」とは，国，地方公共団体又は特定法人（以下，「国等」という）が入札，競り売りその他競争により相手方を選定する方法（以下，「入札等」という）により行う売買，貸借，請負その他の契約の締結に関し，当該入札に参加しようとする事業者が他の事業者と共同して落札すべき者若しくは落札すべき価格を決定し，又は事業者団体が当該入札に参加しようとする事業者に当該行為を行わせること等により，独禁法第3条，又は第8条第1号の規定に違反する行為をいう[617]。

　また，「入札談合等関与行為」とは，国若しくは地方公共団体の職員又は特

616)　中川政直「日本における行政独占の規制——官製談合規制を中心に」ジュリストコンサルタス第20号8-9頁（2011.1）。
617)　官製談合防止法第2条4項。

定法人の役員若しくは職員（主体要件）が入札談合等に関与する行為であって，次の各号のいずれかに該当するものをいう [618]（行為要件）。

①　事業者又は事業者団体に入札談合等を行わせること，

②　契約の相手方となるべき者をあらかじめ指名することその他特定の者を契約の相手方となるべき者として希望する旨の意向をあらかじめ教示し，又は示唆すること，

③　入札又は契約に関する情報のうち特定の事業者又は事業者団体が知ることによりこれらの者が入札談合等を行うことが容易となる情報であって秘密として管理されているものを，特定の者に対して教示し，又は示唆すること，

④　特定の入札談合等に関し，事業者，事業者団体その他の者の明示若しくは黙示の依頼を受け，又はこれらの者に自ら働きかけ，かつ，当該入札談合等を容易にする目的で，職務に反し，入札に参加する者として特定の者を指名し，又はその他の方法により，入札談合等を幇助すること。

「公共の利益に反する」という要件の関係　日本における官製談合に関する 2 つの事例を通して分析する。

防衛庁石油製品入札談合刑事事件（東京高判平成 16 年 3 月 24 日）[619] においては，弁護人は，「仮に本件受注調整が独禁法 2 条 6 項の不当な取引制限行為に該当するとしても，公共の利益に反しないから違法性が阻却されると主張する」[620]。当該受注調整は「国防にとって極めて重要且つ重大な利益が守られており，したがって，本件受注調整は，それによって守られた利益との比較衡量において，独禁法の究極の目的に反しない，というものである」[621] と主張した。

また，北海道岩見沢市長に対する事件（2003 年 1 月 30 日）[622] においては，複数の発注担当職員が，同市の幹部の承認を得ていた上で，地元企業の安定的および継続的な受注の確保等を目的として，反復継続して，落札予定者を選定し，落札予定者の名称および工事の設計金額などを業界団体の役員等に教示し

---

618)　同条 5 項。
619)　『ケースブック独占禁止法』（第 2 版）585 頁（弘文堂，2010）。
620)　同上 591 頁。
621)　同上。
622)　中川・前掲注 616) 11 頁。

表5-3　判断のプロセス

	判断要素	分析結果
1	「公共の利益」とは国民経済全般の利益・価値である	国防にとって重要な利益，または地元企業の利益を保護するという重要な目的達成のために行われた行為であり，公共の利益に反するものでなく，独禁法違法ではないという結論。
2	公共の利益要件に特別の意義なし，自由競争経済秩序そのものである	競争秩序を乱させる。独禁法に違反するというほかないことになる。
3	独禁法の「直接の目的」と「究極の目的」を比較衡量した上で判断する	独禁法の究極の目的に実質的に反しないと認められる場合には独禁法の違法性が阻却される。
4	目的の合理性と目的達成方法の相当性	① 普通の経済状態で行われるものであれば，1条の目的の趣旨に照らして一定の合理性が認められる→② しかし，平日にそれを達成する手段としての談合には相当性が欠けており，独禁法違反とされる→③ 仮に，例外的・緊急避難的な場合に，それ以外の代替的な手段がないとすれば，独禁法違反ではないとされる余地がある。

（出所）　泉水文雄・土佐和生・宮井雅明・林秀弥編著『経済法』30–31頁（有斐閣，2010）を参考に筆者作成。

ていた。

　同様に，これらの事例を表5-3のような判断プロセスにしたがって判断すると，異なる結論を導くことができる。

　「公共の利益」説に対する批判　本説に対する批判は，主に以下のようなものがある。

　第1に，「公共の利益」の文言は独禁法の2条5項と6項にしか存在しておらず，他の条項違反が問題となっている事案について正当化事由を判断する際は，結局は独禁法1条に示された究極目的に照らし正当化事由を判断することになるので，あえて公共の利益の要件を持ち出す必要はなくなってしまう[623]。独禁法に「公共の利益に反して」の要件がある規定とない規定が存在する以上，制限または損害される競争が実質的に独禁法上保護に値する競争であるか否かの評価を独禁法1条の目的規定に照らして行うのであれば，「公共の利益に反して」という要件それ自体の存在意義は乏しいものとなるというものである[624]。

　第2に，通説によれば，「公共の利益に反して」の要件のある規定とない規

623)　岸井・前掲注566) 408頁。
624)　根岸ほか・前掲注542) 61頁。

定を統一的・整合的に解釈することができるといわれる[625]が，そこでは目的規定に照らした法益衡量ということが抽象的にいわれるだけにすぎない。しかも，前述のように，元々「公共の利益」を巡る学説が一致していないことに加えて，正当化事由の判断枠組みが不明確であり，究極目的の捉え方や競争制限効果の位置づけなど，基本的な点が明らかにされていないので，結論の正当化のために安易に法益衡量が持ち出される危険がある[626]。

　第 3 に，公共の利益に反することについての立証責任を，違反を主張する側（被害者や公取委）が負うことにならざるをえないので，被害者や公取委側に過度の立証負担を強いる危険がある[627]。

　以上のように，公共の利益説は，文言上の難点があるほか，恣意的に正当化事由の認められる場合を拡大する危険があり，法律構成としてはふさわしくないと批判するのである[628]。

イ．「保護に値する競争」説

　この説は，環境保全や安全確保のための自主規制等（例えば，日本遊技銃協同組合事件[629]＝東京地判平 9・4・9），他の法律により刑罰が定められている行為（例えば，大阪バス協会事件＝平 7・7・10），効率性の向上をもたらす企業結合や排除行為，業績不振企業を救済する企業結合等は，形式的に競争の実質的制限または公正競争阻害性が認められうるとしても，このような行為により制限される競争は実質的に独禁法上保護に値しない競争であると評価しうることから，独禁法 1 条の目的規定に照らして，正当化事由が認められるとするものである[630]。

　しかし，この説に対しては「保護に値する競争」と保護に値しない競争の区別が不明確である[631]，行為の目的や手段の合理性・必要性に応じて違法性を評価する判断の枠組みを示すことが困難である，政府規制が存在することを理由に安易に適用除外を認めるロジックとして利用される危険もある，被害者・公

---

625)　同上 60 頁。
626)　岸井・前掲注 566) 408 頁。
627)　同上。
628)　同上。
629)　前掲注 619) 92 頁。
630)　根岸ほか・前掲注 542) 61 頁。
631)　岸井・前掲注 566) 408 頁。

取委に過度の立証責任を強いる危険がある，正当化事由を保護に値する競争といい換えているだけで競争制限行為効果の位置づけなどの問題は依然として明確にされていないなどの批判がある[632]。

ウ.「競争の実質的制限」説

日本の独禁法上，「競争の実質的制限」の概念は，「私的独占」「不当な取引制限」「事業者団体の行為」および「企業結合」といった事業者の各種行為の規制に共通する「反競争効果要件」として最も重要な概念の1つである[633]。日本の独禁法は，競争の実質的制限の規制を中心に構成されており，競争の実質的制限は，市場支配力の形成を中心とすることが一般的な理解である[634]。

まず，審・判決からみると，東宝・スバル事件東京高裁判決（東京高判昭26・9・19）は，「競争の実質的制限」とは「競争自体が減少して，特定の事業者または事業者団体が，他各般の条件を左右することによって，市場を支配することができる形態が現れているか，または少なくとも現れようとする程度に至っている状態をいうのである」としており，この判決の考え方はその後の判決においても踏襲されており，今日の公取委の実務においても採用されている[635]。

また，学説においても，東宝・スバル事件東京高判を支持する形で展開している。例えば，松下教授は，「競争の実質的制限」とは，「その本質においては数量的概念ではなく機能的概念である。すなわち，ある事業者が単独でまたは連合してある取引分野の一定数量を支配しているということそれ自体が実質的制限ではなく，ある事業者の競争制限的行為によって，市場において有効競争が機能せず，価格機能が麻痺している状態をいう」[636]としている。

そして，「競争の実質的制限」説は，問題となった行為の正当化事由を，「競争の実質的制限」の要件の中で，競争制限効果についての判断と関連し評価すべきであるという見解である[637]。しかし，本説に対しては，競争制限効果の

632）同上409頁。
633）田中裕明「市場支配力を巡る議論について——競争の実質的制限についての検討」一橋論叢125（1）1頁（2001）。
634）正田彬「市場支配的事業者の規制制度の必要性」公正取引第675号28頁（2007）。
635）田中・前掲注633）2頁。
636）松下満雄『経済法概説』（第2版）68-69頁（東京大学出版会，1995）。田中・前掲注633）6頁。

判断と正当化事由の判断を関連づけた場合，法益衡量と競争制限効果が混同され，本来客観的な効果の問題として処理できることが法益衡量として処理されたり，逆に法益衡量の問題が客観的な効果として処理されたりして，競争の実質的制限の判断基準を歪めてしまう危険があるという批判がある[638]。

エ.「不当な拘束」説

この説は岸井教授によるもので，正当化事由の問題を，独禁法1条の目的規定「その他一切の事業活動の不当な拘束を排除することにより」における「不当な拘束」の解釈の中で考慮する見解である[639]。ある行為には「不当な事業活動の拘束」が排除されれば，独禁法違法の正当化事由として考慮されるという考え方である。正当化事由の判断にあたっては，また競争制限効果を有する行為について，独禁法の究極目的を踏まえ，その手段としての必要性を中心に審査する必要があるとする[640]。

第2節　電力産業に対する独禁法適用の課題

1　独禁法における市場支配的事業者に対するコントロール

(1)　独禁法における市場支配的事業者に対する規制制度

日本の独禁法上，私的独占（2条5項），不当な取引制限（同条6項），市場の集中規制としての企業結合規制（10条，15条など）に共通する効果要件は「競争の実質的制限」である。前述のように，「競争の実質的制限」とは，市場支配力の形成を中心に理解するのが一般的である[641]。また，市場支配力の形成行為に加えて，市場支配力を維持する行為・小売分野への新規参入を排除したり，これらの事業活動を困難にさせたりして強化する行為も「競争の実質的制

---

637)　岸井・前掲注566）409頁。村上政博「事業者団体による自主基準の設定と共同の取引拒絶（下）」NBL第623号21頁以下（1997.8.15）。金井貴嗣「独占禁止法50年——回顧と今後の課題」『独占禁止法50年』経済法学会年報第18号107頁以下（1997）。

638)　岸井・前掲注566）410頁。

639)　同上412頁。

640)　同上。

641)　正田・前掲注634）28頁。

限」に該当するとされている。例えば，すでに市場支配力を形成している市場支配的事業者が，他の事業者を「支配」・「排除」して，その市場支配力を維持・強化した場合には，私的独占に該当する。一般的に，市場支配的事業者の行為に対しては，私的独占が適用される場合が多く，私的独占規制で，当面の極端な市場支配的事業者による排除行為に対応することがある[642]。

市場支配力とは具体的に何を指すかについて必ずしも一義的ではないとされるが，法律学と経済学に共通する最も標準的な定義は，市場支配力を有する事業者が商品または役務の価格に対する影響力に着目して，これを「価格支配力」と等値とするものである[643]。例えば，市場支配力は「競争価格を相当程度上回る販売価格を設定できる力」[644]「市場における価格その他の取引条件を支配する力又は競争を排除する力」[645]「産出を制限することによって価格を引き上げることができる能力」「価格の引き上げが利益を上げず，これは撤回せざるを得ないほど多数の販売を急速に失うことなく，競争水準以上に価格を引き上げることができる企業」などと定義されている[646]。

ここで，価格支配力として問題にされる場合は，その価格支配力は，一時的な価格への影響力があるだけでは足りず，一定以上の有意な強度と継続性を有する必要がある。さらに，価格支配力の有無を判断する際に，結果の発生は必要ではない[647]。

経済学的にみた場合，企業の市場占有率（HHI 指数など）が大きいほど市場支配力は大きくなり，また供給や需要の価格弾力性が小さいほど市場支配力は大きくなる[648]。電力産業の場合，特定企業の市場占有率は各国とも高い傾向があり[649]，この点をみれば特定企業の市場支配力が強い市場構造といえる。また，価格弾力性をみても，「電力」という財は代替性が極めて低いことから価格弾力性は一般的に小さく，これも特定企業が市場支配力を行使しやすい要因と

---

642) 同上。
643) 岸井大太郎「市場支配力と規制改革」法政大学現代法研究所『公益事業の規制改革と競争政策』127 頁（2005）。
644) 大橋弘「独占禁止法と経済学」公正取引第 738 号 13 頁（2012.4）。
645) 大橋弘「市場支配力と市場画定」公正取引第 740 号 60 頁（2012.6）。
646) 岸井・前掲注 643）130–131 頁。
647) 同上 131 頁。
648) 尾形清一「エネルギー政策における「参入」過程の構造」政策科学 97 頁（2004）。
649) 矢島正之『世界の電力ビッグバン』23 頁（東洋経済新報社，1999）。

なっている[650]。

　また，市場支配的事業者に対しては，私的独占，不当な取引制限，企業結合規制に関する規定のほか，公正競争阻害性のある競争手段を規制する不公正な取引方法の禁止規定により，個別的な一定の市場支配的地位の濫用行為を規制することもできると考えられる[651]。例えば，自己の取引上の地位が相手方に優越していることを利用して行った行為に対する規制である「優越的地位の濫用」禁止規定によっても，ある程度市場支配力の濫用を規制することができる。

(2)　独禁法における市場支配的事業者に対する規制制度の不十分性

　しかしながら，独禁法の私的独占，不当な取引制限および不公正な取引方法に関する規制が，市場支配的事業者に対する規制として十分かについては疑問が残る。

　市場支配力に基づいて，取引の相手方に不当に不利益を課す行為は，市場支配力の不当な利用行為ではあっても，必ずしも自己の市場支配力を維持・強化することにつながらないこともあるので，私的独占が成立しない場合もありそうである[652]。また，私的独占に該当するためには行為要件としての支配・排除という要件が必要であるが，市場支配的事業者が市場支配力を行使したとしても，支配・排除行為を伴わない場合もある。市場支配的地位を維持するため，競争事業者への対抗行為として行われる市場支配力の濫用行為も存在するが，これも規制する必要がある[653]。

　常識的にみれば，市場支配的事業者が行った行為が，当該事業者の市場支配力の維持・強化（市場支配力の濫用行為ともいえる）と関係していれば，違法性が問われるべきである。しかし，私的独占は，市場支配力の濫用それ自体を問題とするものではないので，市場支配力の濫用行為が独禁法によって規制されない場合もありうる[654]。私的独占の禁止規制は，市場支配的地位を有する事業者の行為についての規制を中心とした制度ではない上に，違反行為が排除行為

---

650)　尾形・前掲注 648) 97 頁。
651)　正田・前掲注 634) 28 頁。
652)　舟田正之「電力産業における市場支配力のコントロールの在り方」ジュリスト第 1335 号 101 頁（2007. 6. 1）。
653)　正田・前掲注 634) 28 頁。
654)　舟田・前掲注 652) 101 頁。

226

と支配行為に限定されており，これらの行為に該当しない行為類型には対応できない[655]。いかなる事業者が市場支配的事業者か，寡占が高度に進んだ市場の構成事業者はどう扱われるかは明確ではなく，何が濫用行為にあたるかについての明確な基準もない[656]。

また，不公正な取引方法の規制は，制定の趣旨や位置づけからみて，期待できる役割に一定の限界がある。つまり，不公正な取引方法の規制は，本来は競争が実質的に制限されるには至っていない市場において公正な競争秩序を維持するために設けられた制度であり，基本的に違反行為を中止させることを目的とした制度であるから，市場全体に影響するような行為への対応は予定されていないので，市場支配的地位の濫用行為に対する規制制度としては極めて不十分である[657]。

さらに，不公正な取引方法の1つである優越的地位の濫用の規定は，市場支配力ではなく，取引の相手方に対する優越的地位を捉えるにとどまり，実態に見合った規制およびサンクション（排除措置，課徴金等）とはなり得ない[658]。

ここで，市場支配的事業者が独占・寡占している市場における競争を回復させるための規制として独占的状態の規制が考えられる。日本では昭和52（1977）年の独禁法改正で独占的状態の規制が導入された。独占的状態の規制は1970年代まで有力であった産業組織論の構造＝行動＝成果パラダイム（SCPパラダイム）に依拠している[659]。独占的状態の規制は，集中度の高い市場に対して，構造改革を通して独占および寡占状態を打破して，事業者の経済行動に影響を与えて，最終的に競争が乏しい状態に生じた弊害を是正して，競争を再現する効果を意図するという考え方から生まれた規制方法である。独占的状態があるときは，公取委は，事業者に対して，事業の一部の譲渡その他の当該商品または役務について競争を回復させるために必要な措置を命ずることができる。

しかし，その後の経験や研究から，構造と行動と成果の間には，SCPパラ

655）　正田・前掲注634）28頁。
656）　同上。
657）　舟田・前掲注652）112頁。
658）　同上。
659）　同上。

ダイムが強調するほど因果関係は明確でないことが分かり，企業分割による産業構造の改善に要する長い時間と莫大なコストに対し，その便益が不明確であることが明らかになった[660]。独占的状態の規制は，現在も残っているが，一度も利用されることがないまま推移している[661]。また，競争を回復させるための「措置により，当該事業者につき，その供給する商品若しくは役務の供給に要する費用の著しい上昇をもたらす程度に事業の規模が縮小し，経理が不健全になり，または国際競争力の維持が困難になると認められる場合および当該商品または役務について競争を回復するに足りると認められる他の措置が講ぜられる場合は」，前述の競争回復措置は適用されないと定められているが，例外規定が適用の有無の判断は非常に難しく，結局，独占的状態についての規制の適用は極めて困難である。

　以上のように，日本の独禁法において市場支配的事業者に対する規制が不十分であることを考慮した上，「現存する市場支配的事業者を前提とした制度を独禁法に導入することは不可欠であり，また可及的速やかに実現することが求められていると考える」[662] 見解がある。また，市場支配的事業者に対して健全な規制を行うため，市場支配的事業者に該当する事業者の範囲を明確にした上で[663]，いかなる行為が市場支配的地位の濫用行為に該当するか，いかなる場合が市場支配力の維持・強化にあたるかの実質的な判断基準を明示することが必要であるという提案がある[664]。

(3)　電力産業における市場支配力のコントロールおよび困難性

　電力産業の場合，電力自由化の改革以前は，独占事業者が独占地位を持つことが法的に認められていたので，その市場支配力に対する競争法の適用可能性がほとんど検討されていなかった。

---

660)　同上。
661)　同上。
662)　正田・前掲注 634) 28 頁。
663)　独占・寡占という独占的状態の前提となる市場構造における支配的事業者に加えて，高度寡占市場を形成する支配的事業者を，明確に定義することなどを通して，市場支配的事業者に該当する事業者を明らかにすることが必要とされる。正田・前掲注 634) 28 頁。
664)　正田彬「独占禁止法による市場支配力の規制」ジュリスト第 1327 号 117-126 頁 (2007. 2. 1)。

228

しかし，電力産業の規制緩和および体制改革が行われ，公的独占が認められていた事業は民営化し，独禁法改正によりこうした事業に対する適用除外制度も廃止されたにもかかわらず，制度改革以前の独占事業者が，市場支配的事業者としての地位を維持したまま事業を展開している[665]。つまり，電力産業の場合，検討対象とすべき市場支配的事業者は，既に市場支配力を獲得しているので，これらの事業者による市場支配的地位を維持・強化する行為が問題になりうる。そもそも，規制改革による競争の導入と促進は，市場支配力が存在しない競争的市場の確立を，最終的な目標にしているということができる[666]。したがって，改革後，電力産業において市場支配的事業者が存在し市場支配力を行使していることに対して，競争法がどのように対応するか，つまり，市場支配的事業者に対する規制の在り方が重要な課題になった。

しかし，電力産業における市場支配力を抑制するため，単に市場メカニズムに委ねて，競争政策のみによって規制することは無理があると思われる。市場メカニズムが有効に機能する状況とは，市場に十分な供給が存在するときであり，供給が乏しく需給が逼迫する場合には，市場メカニズムは価格を上昇させる方向へと機能する[667]といわれているように，市場支配力を持つ電力生産者が需給逼迫時に恣意的に発電機を止めるなど供給を削ぎ，さらに価格を吊り上げることで超過利潤を得ることが可能になる[668]。したがって，電力産業は市場支配力に対する対抗手段が弱く，競争政策の運用が極めて難しい分野であるといえる[669]。また，地域ごとに独立し地域独占的な電力供給市場の競争を促進し，供給区域間の価格競争を通して，市場支配力の行使を抑制することも考えられる[670]。

665)　正田・前掲注634）28頁。
666)　岸井・前掲注643）134頁。
667)　例えば，2000年にカリフォルニア州で起きた大停電時に，2倍以上に高騰した卸売価格の実に50%以上が電気事業者による恣意的な発電停止が原因であったとの実証研究も存在する。大橋弘「電力自由化に関する経済学的な論点」公正取引第754号58頁（2013.8）。
668)　大橋・前掲注667）。
669)　同上。
670)　同上。

2　不可欠施設の理論の運用

(1)　EF 理論の考え方および同理論に対する批判

　電力産業においては，送配電線網が，電力という商品を提供するために不可欠な施設である。1980 年代の規制緩和と情報化社会の進展につれて，「不可欠施設」(Essential Facility，以下，「EF」という) が，新たな競争阻害要因として認識されるようになってきた[671]。これらの施設を特定の事業者のみが保有しているので，EF の保有者が当該施設の利用を拒絶し，または他の事業者の当該施設へのアクセスを差別して，当該事業への参入を阻害して，競争への障壁を作り出すおそれがある。電力自由化により，発電分野と小売分野に競争が導入されたが，EF である送配電線網に発電分野および小売分野に参入しようとする事業者を利用・アクセスさせないと，競争が導入できる部分が存在していても，その分野における競争も制限されるので，競争導入の意味がなくなるおそれがある。したがって，EF を開放し，EF への公平アクセスを認めることが，電力産業分野での競争を促進する前提となる。

　不可欠施設の法理 (以下，「EF 理論」という) は，1970 年代末の反トラスト法の判例法理に由来し，1980 年代以降，積極であれ消極であれ，下級審判例にしばしば登場するようになった[672]。また，EF 問題を政府規制または競争法でいかに対処するかが重要な課題となり，事業規制のみならず，EU 競争法でも明示的に EF 理論が採用されるようになった[673]。1998 年にはドイツ競争制限禁止法において明文化されるに至っている[674]。

　この法理の基本的な考え方は，競争上不可欠な施設を保有する事業者は，正当な理由がない限り，合理的・無差別の条件で適切な対価の下で，競争者に当該施設を利用させなければならないというものである。EF 理論が適用される要件については諸説あるが，代表的な定式として，① 独占者が EF を支配して

---

671)　川濱昇「不可欠施設に係る独占・寡占規制について」ジュリスト第 1270 号 60 頁 (2004.6)。
672)　同上。
673)　同上 61 頁。
674)　川原勝美「不可欠施設の法理の独占禁止法上の意義について──米国法・EC 法及びドイツ法を手がかりとして」一橋法学 4 (2) 669 頁 (2005)。

おり，②競争者が実際的若しくは合理的に EF を重ねて作り出すことができず，③競争者が EF の利用を拒絶されており，④ファシリティを利用させることが実現可能である場合には，拒絶することに事業上の合理性がない限り，合理的・無差別な条件で当該 EF の利用を認めなければならない[675]といったものがある。

しかし，元々，EF 理論は，複数事業者の合意による取引制限に関する裁判例の中で発達したもので，市場で独占的な地位を有する事業者であっても，単独の行為であれば取引の相手を自由に選択することが認められるべきであるという考え方もあるので，EF 理論の運用の仕方によっては，事業者（施設保有者）の取引先を選択する自由を侵害するという批判もある[676]。また，事業者が保有する EF を他企業と共有するよう強制することは，施設保有者の投資のインセンティブを阻害するデメリットがあるという批判もある[677]。また，利用料金の規制を行う必要があり継続的な価格規制と変わらなくなるなどの批判もある[678]。

(2)　日本の電力産業における EF 理論の運用

一方，日本では，2003 年 10 月 28 日に独禁法研究会の独占・寡占規制見直し検討部会によって公表された「独禁法研究会報告書」において，EF 理論を独禁法において明文化することも提案された[679]。しかし，これに対しては，EF に対する事業法と競争法の二重規制となるという問題が指摘されたほか[680]，現行の独禁法でも対処可能であるとか，EF の存在によって危険となる行為を

---

675)　川濱・前掲注671) 60 頁。
676)　岸井大太郎『経済法』（第 7 版）373 頁（有斐閣，2013）。
677)　米国のトリンコ判決は，このような批判的な見解を示した。この判決の意義は，以下の 2 点に整理できる。①競争にとって不可欠施設へのアクセスを認めることを一般的に義務づけられるものではない。また，単独事業者による取引拒絶が反トラスト法違反となるかの判断は，事例ごとにケースバイケースで行われる。②反トラスト法の過度の介入は，革新や経済発展を産むために事業者が行う，リスクを採った自由な活動（インフラに対する投資インセンティブなど）を萎縮させるおそれがある。したがって，事業法によって独占を排除し，公正な競争を確保するという目的を達成するために，反競争的な行為を是正するための仕組みが準備されている場合には，反トラスト法による是正を適用することは差し控えるべきである。以上は，丸山真弘「米国反トラスト法における不可欠施設の法理の論点整理——トリンコ事件判決を中心にして」社会経済研究所，iii頁（2005）を引用した。
678)　岸井・前掲注676) 373 頁。
679)　川原・前掲注674) 669 頁。

明示すべき，アクセス料金の決定が困難である，EF の定義が不明確である，垂直分離命令によって競争を回復することが可能であるなどの批判があった。

　近年，公取委の法運用や電力ガイドラインにおいて EF 理論と共通する考え方が登場するようになった。電力ガイドラインでは，一般電気事業者の送電網を利用した託送について，必要となる情報を開示しない，必要な機材を調達しない，手続きを遅延させるなど「実質的に託送を拒否していると認められる行為」および「新規参入者を自己に比べて不利にさせるような取扱い」をする行為，並びに連系線等の利用申請に対してこれを制限する行為などが，取引拒絶，差別的取扱いに該当するおそれがあるとされている[681]。

　また，不可欠施設の利用拒絶について EF 理論を適用して私的独占または不公正な取引方法として規制するに当たって，① 私的独占として規制する場合，どのような市場においていかなる事実があれば競争の実質的制限の要件は充足されるか，② 競争者等の利用を認めると施設保有者の新たな設備投資意欲を削いだり，技術的障害を生むことにならないか，③ 排除措置として何を命じるか（利用拒絶行為の差止か，取引命令か，企業分割など構造的措置か），④ 事業法で同様な行為を規制している場合にも独禁法が適用されるべきか，などの点が考慮される必要がある[682]。

3　マージンスクイーズの規制

(1)　マージンスクイーズ規制の必要性

　日本の「排除型私的独占に係る独占禁止法上の指針」（平成 21 年公正取引委員会，以下，「排除型私的独占ガイドライン」という）においては，マージンスクイーズを「川下市場で事業活動を行うために必要な商品を供給する川上市場における事業者が，自ら川下市場においても事業活動を行っている場合」において，「供給先事業者に供給する川上市場における商品の価格について，自らの

---

680)　その考え方は，そもそも，独禁法が事業法の存在する領域に二重に重ねるかのようにリソースを振り向けること自体に疑問がある。事業法規制のない分野にも適用できる一般性こそが，独禁法の最大の存在意義であると主張している。白石忠志「独占寡占規制見直し報告書について」NBL 第 776 号 54 頁（2004. 1. 1）。

681)　岸井・前掲注 676) 54 頁。

682)　土田和博執筆第 10 章，金井ほか編著・前掲注 572) 463-464 頁。

川下市場における商品の価格よりも高い水準に設定したり，供給先事業者が経済的合理性のある事業活動によって対抗できないほど近接した価格に設定したりする行為」と定義している。

また，マージンスクイーズが排除行為に該当するかの判断は，「供給拒絶・差別的取扱い」と同様の観点からなされる[683]。つまり，供給先事業者が市場で事業活動を行うために必要な商品について，合理的な範囲を超えて供給拒絶等をする行為は排除行為に該当しうるとされている。

電力産業のようにネットワーク施設が必要となる産業においては，独占的なネットワーク施設を保有する者は，垂直統合型事業者として，川上市場と川下市場に同時に参入している場合，川上市場における独占的な地位を利用して，川下市場における競争者の経営活動を困難にさせる可能性がある。例えば，一般電気事業者は，送配電部門（川上市場）における独占的な地位を利用して，小売分野（川下市場）の新規参入競争者に提供する送配電網の託送料金を，新規参入競争者が経済的合理性のある事業活動によって対抗できないほど高く設定すると，小売分野における新規参入競争者は経営できない状態に陥る（図5-1参照）。

A（託送料金）に対する規制（届出制＋変更命令）が存在しているので，一般電気事業者は，Aを自由に設定できず，川上市場において十分に利益を得ることができないため，マージンスクイーズを行って，小売市場において一般電気事業者と同等またはそれ以上に効率的な競争者を排除し独占利潤を得ようとするインセンティブを有する[684]。Aが新規参入競争者にとって対抗できないほど高く設定されると，Bと比べてCの方が競争力が低下すると考えられる。

以上のような行為は，単に取引拒絶または差別的取扱いではなく，送配電線網の利用料金と小売市場における小売料金との価格差，つまりマージンスクイーズを利用して，小売市場における新規参入競争者の事業活動を困難にさせるものである。したがって，このような垂直統合型の市場支配的事業者に対して，取引拒絶・差別的取扱いなどの規制に加え，マージンスクイーズ規制が必

683）　公正取引委員会「排除型私的独占に係る独占禁止法上の指針」注17（2009.10.28）。

684）　泉水文雄「ネットワーク産業に関する競争政策——日米欧のマージンスクイーズ規制の比較分析及び経済学的検証」公正取引第747号54頁（2013.1）。

図 5-1　電力産業におけるマージンスクイーズ

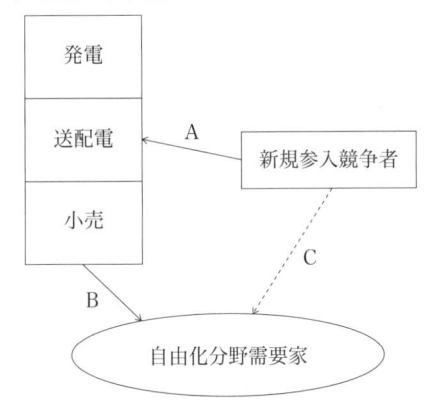

（注）　A：託送料金，B：一般電気事業者の小売
　　　料金，C：新規参入競争者の小売料金。
（出所）　筆者作成。

要である。

(2) NTT 東日本事件

　日本におけるマージンスクイーズに対する規制の典型的な事例は，NTT 東日本事件（東京高裁平成 21 年 5 月 29 日，最判平成 22 年 12 月 17 日）である。

　本件は，NTT 東日本が，最終ユーザー料金を低く設定していたため，新規事業者は NTT 東日本に接続料金を支払いながら，NTT 東日本が設定したユーザー料金に対抗するユーザー料金を設定しなければならなかったため，接続料金とユーザー料金とに逆ザヤが生じて，大幅な赤字を負担せざるを得なくなった。そのため，新規事業者は，NTT 東日本に対抗して経済的に合理性のある事業を継続することが見込まれず，芯線直結方式で NTT 東日本の加入者光ファイバ設備に接続して FTTH サービス事業に参入することが事実上著しく困難だと認められた。そして，このようなマージンスクイーズを設定する行為は，川下市場における競争を困難にするので，独禁法 2 条 5 項の私的独占の排除行為に該当し，同法 3 条に違反すると認定された。

　最高裁は，本件行為の私的独占の該当性について，「本件行為が独禁法 2 条

5 項にいう他の事業者の事業活動を排除する行為に該当するか否かは，本件行為の単独かつ一方的な取引拒絶ないし廉売としての側面が，自らの市場支配力の形成，維持ないし強化という観点からみて正常な競争手段の範囲を逸脱するような人為性を有するものであり，競争者の FTTH サービス市場への参入を著しく困難にするなどの効果を持つものといえるか否かによって決すべきものである」と判示している。そして，「本件行為は，上告人が，その設置する加入者光ファイバ設備を，自ら加入者に直接提供しつつ，競争者である他の電気通信事業者に接続のための設備として提供するにあたり，加入者光ファイバ設備接続市場における事実上唯一の供給者としての地位を利用して，当該競争者が経済的合理性の見地から受け入れることのできない接続条件を設定し提示したもので，その単独かつ一方的な取引拒絶ないし廉売としての側面が，自らの市場支配力の形成，維持ないし強化という観点からみて正常な競争手段の範囲を逸脱するような人為性を有するものであり，当該競争者の FTTH サービス市場への参入を著しく困難にする効果を持つものといえるから，同市場における排除行為に該当するというべきである。」と認定している。

(3)　事業法と独禁法の関係

　前出 NTT 東日本事件において，NTT 東日本は，電気通信事業法において，接続料およびユーザー料金を公正競争の促進の観点から是正する諸制度が定められている以上，総務大臣による認可等を受けた接続料・ユーザー料金に従った事業活動には，独禁法の適用が排除されると解すべきである，仮に独禁法の適用自体が排除されないとしても，総務省が接続料変更認可申請命令を発しておらず，ユーザー料金変更命令を発していない事実があるので，独禁法の適用においても特段の事情がない限り適法と判断すべきである，と主張した。

　しかし，判決は，「総務大臣が上告人に対し本件行為期間において電気通信事業法に基づく変更認可申請命令や料金変更命令を発出していなかったことは，独禁法上本件行為を適法なものと判断していたことを示すものでないことは明らかであり，このことにより，本件行為の独占禁止法上の評価が左右される余地もないものというべきであり」，また，「分岐方式を用いて提供するとして接続料金の認可を受けたことが電気通信事業法上適法であるとしても，行為者が

実際には分岐方式ではなく，芯線直結方式を用いていたことについて，独禁法の適用が当然に除外されると解する余地はないし，独禁法の適用において特段の事情がない限り適法であると解する余地もないというべきである。総務大臣が変更命令を出していないとしても，そのことは，行為者の行為が独禁法に違反するか否かの判断に影響を与えるものではない」として，「事業法上の義務を前提とするか否かは明らかではないものの，事業法により競争行動を採ることが一切排除されている場合や，明示の適用除外がない限り，独占禁止法が適用されると考えられる」と判示している[685]。

　なお，最高裁調査官解説は，本判決は一般法・特別法説ではなく相互補完説を採用しているとして[686]，独禁法と電気通信事業法とが重畳的に適用されうる可能性を認める以上，両法は相互に矛盾抵触しないように解釈する必要があると指摘した[687]。

第3節　これまでの事例の分析

　本節では，日本の電力産業におけるいくつかの事例を分析することによって，日本の電力産業の競争の実態およびこれに対する規制法と競争法の対応を考察する。

1　東京電力独禁法違反被疑事件[688]

(1)　事件の概要[689]

　関係人（東京電力株式会社）について：東京電力株式会社（以下，「東京電力」という）は，東京都千代田区に本店を置き，東京都，茨城県，栃木県，群馬県，

685)　公正取引委員会競争政策研究センター泉水文雄ほか執筆「ネットワーク産業に関する競争政策——日米欧のマージンスクイーズ規制の比較分析及び経済学的検証」49頁（2013）。
686)　岡田幸人「最高裁時の判例　民事」ジュリスト第1443号87頁（2012.7）。
687)　公正取引委員会競争政策研究センター泉水文雄ほか・前掲注685) 49頁。
688)　本件の情報は公正取引委員会ホームページによる。
689)　「東京電力株式会社に対する独占被疑事件の処理について」公正取引第743号80頁（2012.9）。

埼玉県，千葉県，神奈川県，山梨県，静岡県（富士川以東）の区域において電力を供給する一般電気事業を営む者である[690]。また，東京電力の当該供給区域における特定規模電気事業者の自由化対象需要家向け販売電力量は全体の約6パーセントと小さく，東京電力は，同社の供給区域における自由化対象需要家向け販売電力量のほとんどを占めており，一方，当該供給区域における特定規模電気事業者の供給余力は小さい状況にある[691]。

東京電力は，同社の供給区域において，東京電力と取引している自由化対象需要家に対し電力供給を行うに当たり，2012年1月頃から同年3月頃までの間，以下のような2つの行為を行っていた。

ア．すべての自由化対象需要家に対して行われた行為

東京電力は，同社の供給区域において，自由化対象需要家との間で締結している契約上，事前の合意がなければ，契約途中で電気料金の引上げを行うことができないにもかかわらず，一斉に同年4月1日以降の使用に係る電気料金の引上げを行うこととしていた[692]。

イ．自由化対象需要家の一部分の需要家に対して行われた行為

自由化対象需要家のうち東京電力との契約電力が500kW未満の需要家に対しては，当該需要家から異議がない場合には，電気料金の引上げに合意したとみなして書面により電気料金の引上げの要請を行っていた。

(2) 法的措置

以上の行為に対して，東京電力の行為は，2012年6月22日に，公正取引委員会は，東京電力の行為が独禁法第2条第9項第5号（優越的地位の濫用）に該当し，同法第19条の規定に違反する行為につながるおそれがあると判断した。

したがって，公正取引委員会は，東京電力に対し，今後，東京電力と取引している自由化対象需要家に対して電気料金の引上げ等の取引条件を変更するに当たっては，当該条件を提示した理由について必要な情報を十分に開示した上

---

690) 同上。
691) 同上。
692) 公正取引委員会ホームページによる。

で説明するなどして，自由化対象需要家向け電力取引について，独禁法違反となるような行為を行うことのないよう注意した。

(3)　分　　析

「優越的地位の濫用」（独禁法一般指定 14）に該当するには，①「自己の取引上の地位が相手方に優越していることを利用して」，②「正常な商慣習に照らして不当に……」（つまり「濫用」行為）[693] という 2 つの要件をみたす必要がある。

ア．本件における「優越的地位」の判断

まず，本件において，東京電力が，契約電力が 50kW 以上の自由化対象需要家との関係で，「優越的地位」にあたるかを検討する。

「優越的地位の濫用に関する独占禁止法上の考え方」（2010 年 11 月 30 日，公正取引委員会）（以下，「優越地位ガイドライン」という）によると，「甲が取引先である乙に対して優越した地位にある」とは，乙にとって甲との取引の継続が困難になることが事業経営上大きな支障を来すため，甲が乙にとって著しく不利な要請等を行っても，乙がこれを受け入れざるを得ないような場合を指す（優越地位ガイドライン第 2 の 1）。

この判断に当たっては，乙の甲に対する取引依存度，甲の市場における地位，乙にとっての取引先変更の可能性，その他甲と取引することの必要性を示す具体的事実を総合的に考慮する（優越地位ガイドライン第 2 の 2）。

当時，日本の電力産業では，電力自由化改革により，電力小売分野の部分自由化が実現され，契約電力が 500kW 以上の需要家は，自由化対象需要家として，一般電気事業者や新電力などの新規参入事業者と自由な契約を結び，電力の供給を受けることができた。しかし，実際には，東京電力が「供給区域における自由化対象需要家向け電力供給量のほとんどを占めて」いた。また，一般

---

693)　つまり，「一，継続して取引する相手方に対し，当該取引に係る商品又は役務以外の商品又は役務を購入させること；二，継続して取引する相手方に対し，自己のために金銭，役務その他経済上の利益を提供させること；三，相手方に不利益となるように取引条件を設定し，又は変更すること；四，前三号に該当する行為のほか，取引の条件又は実施について相手方に不利益を与えること；五，取引の相手方である会社に対し，当該会社の役員の選任についてあらかじめ自己の指示に従わせ，又は自己の承認を受けさせること」（公正取引委員会の一般指定）。

電気事業者の競争者となる新規参入者の電力供給量は未だ低い状態[694]であった。したがって，自由化対象需要家は，一般電気事業者からの電力の供給を受けざるを得なかったといえる。

また，本件において注意すべき点は，自由化対象需要家が「契約電力が500kW未満の需要家」と「それ以上の需要家」の2つに分けられている点である。2つの種類の需要家が自由化された需要家として，原則として，東京電力などの一般電気事業者と相対取引が可能である。しかし，実態としては，500kW未満の需要家が数多いので，一般電気事業者と契約する際に，個別に契約書を作成せず，ほとんどが一般家庭など規制されている需要家と同じように，供給約款（「標準メニュー」）に基づき取り扱っている[695]。500kW未満の自由化対象需要家に対して，東京電力が優越的地位にあることは自明であろう[696]。

したがって，東京電力の供給区域において，自由化対象需要家にとって，「東京電力との取引の継続が困難になれば事業経営上大きな支障を来すため，東京電力が当該需要家にとって著しく不利な取引条件の提示等を行っても，当該需要家がこれを受け入れざるを得ない状況に」あるので，東京電力は，自由化対象需要家に対し，「優越的地位」にあると判断できる。

イ．濫用行為について

本件における東京電力の濫用行為は，「相手方に不利益となるように取引条件を設定し，又は変更すること」（一般指定14），または「取引の対価の一方的決定」（「優越地位ガイドライン」第4，3（5）ア[697]）に該当しうる。

具体的には，以前の契約条件を変更して，値上げすることは「不利益」に該当する。さらに，取引条件の一方的変更を強いられたこと自体が「不利益」で

---

694) 本件の違法行為が行われた2012年において，新電力の市場シェアは僅か3.53%であった。資源エネルギー庁電力・ガス事業部電力市場整備課による公表された統計データである「新電力の市場シェア」（2008～2012年）の第3章を参照。
695) 舟田正之「東京電力の料金値上げ注意事件について」公正取引第744号48頁（2012.10）。
696) 同上。
697) 「優越地位ガイドライン」第4，3（5）ア：取引上の地位が相手方に優越している事業者が，取引の相手方に対し，一方的に，著しく低い対価又は著しく高い対価での取引を要請する場合であって，当該取引の相手方が，今後の取引に与える影響等を懸念して当該要請を受け入れざるを得ない場合には，正常な商慣習に照らして不当に不利益を与えることとなり，優越的地位の濫用として問題となる。

あると解される[698]。

　また，東京電力が自由化対象需要家に対して値上げをする際に，取引の相手方が値上げ要請を受け入れるか否かについて自主的に判断し，これを拒否したり価格を交渉することは実際上不可能である[699]。よって「需要家から異議の連絡がない場合には料金の引上げに合意したとみなす」という値上げの決定方法は「一方的決定」にも該当すると考えられる。

ウ．本件における独禁法の適用

　しかし，本件について，公取委は，東京電力の行為が優越的地位の濫用に該当すると判断せず「優越的地位の濫用に該当し第 19 条の規定に違反する行為につながるおそれがある」として「独占禁止法違反となるような行為を行うことのないよう注意」することにとどめている。その理由は，東京電力は本件値上げを実際に行ったわけではなく要請段階にとどまっていることのほか，東京電力が経済産業省から電気料金引上げ要請に当たり顧客へ十分な説明を行うように等の指導を受け，2012 年 3 月下旬頃以降，取引している自由化対象需要家に対し，契約期間満了までは契約中の電気料金での取引の継続が可能であることを伝えた上で，電気料金の引上げの要請を行うとともに，当該需要家のうち東京電力との契約電力が 500kW 未満の需要家に対する電気料金の引上げの要請に当たっては，書面に加え，電話や訪問により口頭で電気料金の引上げ理由等について説明していたため，「一方的」行為でなくなったと認定されたからであると推測される[700]。

　小売分野の自由化対象需要家に対する従来の料金規制を撤廃した等の事情があることから，本件が独禁法上の違反行為に該当すると扱わなかったことには反対しない。本件では経済産業省の行政指導に基づき元々の行為をやり直したなどの事情があるので，独禁法上の違法行為に該当することとして取り扱わなかった。しかし，今後，規制緩和，特に小売分野の全面自由化が進展した際，既存の一般電気事業者が優越的地位を濫用して，需要家にとって不利益となる料金等の取引条件を設定した場合には，独禁法による対応が適切であると考え

---

698)　舟田・前掲注 695) 50 頁。
699)　同上。
700)　同上 53 頁。

る。

なお，現在は一般電気事業者が優越的地位にある可能性が非常に高いといえるが，今後，新電力などの新規参入者が成長して，需要家の選択が拡大した場合には，事業者が優越的地位にあるか否かに対する判断は本件のように自明なことではないと考えられる。

2　中部電力株式会社による独禁法違反被疑事件[701]

(1)　事実の概要

中部電力株式会社（以下，「中部電力」という）が特定規模電気事業者（以下，「新電力」という）であるＡ社の電力小売事業への「部分供給」による参入を妨害しているという独禁法違反の疑いで，公正取引委員会は調査を実施した。

結果的に，公取委は，中部電力に「独禁法の問題は認められなかった」という結論を出し，中部電力に対して，部分供給料金メニューとして，季節別・時間帯別料金のみではなく，事故時バックアップメニューの多様化を行うこと，またバックアップを受ける新電力が増加した場合は料金を見直すことなどを指摘するにとどまった。

(2)　電力の部分供給について

電力の部分供給について，「適正な電力取引についての指針」[702] は，「複数の電気事業者の電源から１つの需要場所に対して，各々の発電した電気が物理的に区分されることなく，１つの引き込みを通じて一体として供給される形態」と説明している。しかし，実務上は全量供給または常時バックアップによる参入が一般的で，部分供給の具体例が集積されているとはいえない状況なので，公取委は，一般論を「電力の部分供給等に係る独占禁止法の考え方」としてまとめ，全量供給，部分供給および常時バックアップの区別を明確にした[703]。

---

701)　公正取引委員会「中部電力株式会社による独占禁止法違反被疑事件の処理および『電力の部分供給等に係る独占禁止法上の考え方』の公表について」（2001.11.16）。
702)　公取委・経産省「適正な電力取引についての指針」7頁（2011.9.5）。
703)　公取委『電力の部分供給等に係る独占禁止法上の考え方（概要）』「新規参入者による電力供給形態」参照。

ア．新電力による「全量供給」の場合

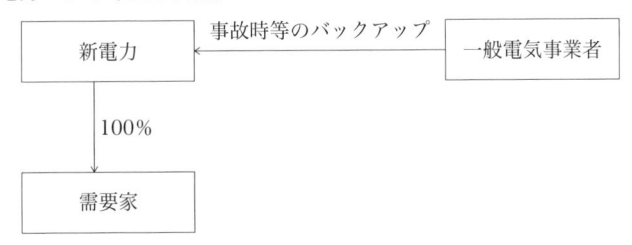

　新電力が需要家（自由化された需要家が前提）に電力を全量供給する。しかし，それには，新電力は自分に所有する発電設備が少ないことから供給できる電力に一定の限界があるため，一般電気事業者から事故時等のバックアップ供給[704]を受ける必要がある。

イ．新電力による「部分供給」の場合

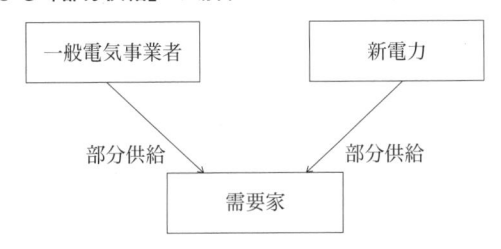

　新電力と一般電気事業者がそれぞれ 1 つの電力需要家に対して電力を供給する方式である。しかし，現在まで，日本国内で部分供給が実施された事例は皆無に等しいとのことである。

ウ．新電力による「常時バックアップ」の仕組み

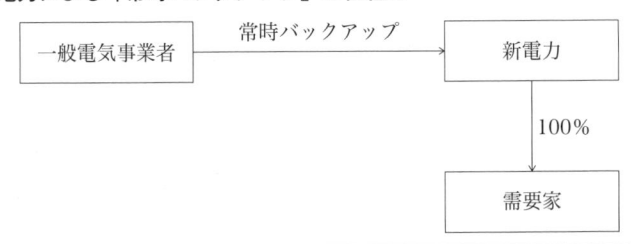

---

704)　新規参入者の発電設備の事故などにより需要家の需要に応じて供給する電力に不足が生じた場合に，当該不足電力を電力会社が補給すること。託送約款における「事故時補給電力」に当たり，料金その他の供給条件は同約款に規定される。公取委「電力の部分供給等に係る独占禁止法上の考え方（概要）」参照。

新電力が一般電気事業者から継続的に電力の一部の卸売を受け，需要家に電力を供給する仕組みである。

(3) 部分供給に係る競争制限行為に対する独禁法上の評価

部分供給に係る競争制限行為は，独禁法に違反するおそれがある。この点に関連して，本件に対する審査を踏まえ作成された「電力の部分供給等に係る独占禁止法上の考え方」は以下のような考え方を示した。

「既存の電力事業者が，部分供給により小売電力市場に参入しようとする新規参入者から供給を受ける需要家に対して，取引拒絶，排他条件付き取引，差別的取扱い等を行うことにより，新規参入者の事業活動を困難にし，市場における競争を実質的に制限する場合には，私的独占に該当し，独禁法第3条の規定に違反することとなる。また，市場における競争を実質的に制限するまでには至らない場合であっても，これらの行為により，新規参入者の事業活動を困難にするときには，個々の行為が不公正な取引方法に該当し，独禁法第19条（不公正な取引方法）の規定に違反することとなる。例えば，需要家などからの部分供給の要請を放置し，部分供給の拒絶およびその条件を不当に厳しくすることにより事実上部分供給を拒絶すると，排他条件付き取引などに該当しうる。既存電力事業者が需要家に部分供給する新規参入者に対して，自己から常時バックアップ供給を受けることを強要することは，抱き合わせ販売，優越的地位の濫用に該当しうる。」[705]

3 九州電力株式会社による独禁法違反被疑事件 [706]

公取委は，九州電力株式会社（以下，「九州電力」という）が特定規模電気事業者であるA社の電力小売事業への常時バックアップによる参入を妨害している疑いで審査を行い，結局独禁法上の問題は認められなかったが，本件審査を打ち切る際に常時バックアップ契約に関して以下のような指摘を行った。

---

705) 公正取引委員会・前掲注701)。
706) 公正取引委員会「九州電力株式会社による独占禁止法違反被疑事件の処理について」（2002.3.26)。

　すなわち，既存の一般電気事業者と常時バックアップ契約を既に締結している新規参入者が，他の新規需要家を獲得したので，当該一般電気事業者に対し常時バックアップ契約電力を増加しようとする際に，一般電気事業者が常時バックアップ契約の一本化しか認めない，あるいは，期限付きの需要の終了に伴い契約電力を伝送させた場合に新規参入者に対し精算金を課すなどの行為は，新規参入者が市場に参入することが困難となる場合には，独禁法上問題となるおそれが強い。また，一般電気事業者が，常時バックアップ契約において，新規参入者に対して不当に高い価格を設定する場合には独禁法上問題となるおそれがあると指摘した。

4　北海道電力私的独占警告事件

（1）　事実の概要

　北海道電力株式会社（以下，「北海道電力」という）は 2000 年 10 月ごろから，地方自治体や公共団体との間で，契約期間が 3 年または 5 年の長期にわたる場合に，基本料金から数％を割り引く契約を締結した際，契約条項に途中解約すればそれまで割り引いた全額の返還に加え，残りの契約期間の基本料金の 20％に相当する違約金を支払うことを義務付けていた[707]。公正取引委員会は 2002 年 6 月 28 日に，北海道電力に対し，大口需要家を長期契約で囲い込み新規参入を阻んだことが私的独占の禁止規定に違反するおそれがあるとして，警告した。

　北海道電力が結んでいた長期契約は，2000 年度の北海道電力の総販売電力量の約 14％を占めている。契約者がほかの電力小売業者に乗り換えた場合や，自家発電装置を導入した場合には違約金が課され，事業撤退による解約の場合は免除する規定になっていた[708]。

　また，電力の小売分野は 2000 年 3 月に自由化されたが，北海道内では 2 社が参入の意向を示しているが，実際に契約に至った例はない[709]。公取委は，

---

707)　日本経済新聞北海道朝刊社会面 38 頁（2002.6.29）。
708)　同上 35 頁。
709)　同上。

北海道電力がこうした契約手法で契約者が他の電力会社に乗り換えることを困難にし，新規参入者の経営の妨害につながる可能性があると判断した。

(2) 評　価

　既存の電力事業者としての北海道電力は，新規参入者と比べて，経営の規模が巨大であり，既に市場のほとんどのシェアを占めている状態であるので，市場支配的地位を維持して，競争者としての新規参入者に抵抗するため，既に契約している需要家が新規参入者に流出しないように様々な手段を通して需要家を囲い込むインセンティブが高い。そうすると，新規参入者が市場に参入しようとしても，需要家を容易に獲得することができないので，結局，事業の展開ができない。本件における支配的地位を有する北海道電力による新規参入者の参入を排除して，市場支配力を維持・強化する行為は，私的独占に該当する。

　また，既存事業者と新規参入者との間に，巨大な経営体力格差などが存在するため，小売分野に競争メカニズムを導入したとしても，競争者の市場参入が依然として困難である。発電部門と送配電部門がまだ分離されず，送配電線網運送の中立性を確保することができない現状の下で，単に競争を導入することだけでは十分ではないと考えられる。新規参入者を促進し，公平な競争環境を作り出すため，まだ弱い位置にある新規参入者により有利になる特別な措置を行う必要がある。北海道電力が公正取引委員会から警告を受けた事例をみると，「電力会社の自主的な取り組みによる公平・透明性の確保には限界があると感じざるを得ない。したがって構造分離により透明性を確保することが最善の策」という意見がある[710]。

5　オール電化警告事件
——公取委・関西電力株式会社に対する警告

(1)　事実の概要

関西電力株式会社（以下，「関西電力」という）は集合住宅の開発業者等に対

---

[710]　経済産業省自然エネルギー庁総合資源エネルギー調査会電気事業分科会「第10回電気事業分科会議事要旨」7頁（2002.7.4）。

して，すべての熱源を電気で賄う「オール電化」を採用した場合には，開発業者にとって負担となるマンションの受電室設備を免除して柱上変圧器による供給を行うこととする一方，電気ガスが併用される場合には，将来の需要見込みによって，それ以外の方法による電気供給が可能であるのにもかかわらず集合住宅の建物内に充電室の設置を求めるなどの行為を行った[711]。これがオール電化を採用する住宅開発業者と比べて，ガスを併用する住宅開発業者を不当に不利に取り扱っているとして不公正な取引方法（取引条件等の差別的取扱い）に該当するおそれがあるとして警告が行われた[712]。

(2)　事業法上の規制可能性および本件の対応

　電気事業法19条（一般電気事業者の供給約款等）2項の規定によると，一般電気事業者が一般の需要に応ずる供給約款における「料金が能率的な経営の下における適正な原価に適正な利潤を加えたもの」（同条同項の1号）であるか，または供給約款が「特定の者に対して不当な差別的取扱いをするもの」でなければ（同条同項の4号），経済産業大臣は，その供給約款を認めない。本件における関西電力の行為は，オール電化を採用する住宅開発業者と，ガスを併用する住宅開発業者を区別する不当な差別的取扱いに該当すると思われる。

　実は，本件は，公取委によって独禁法違反の疑いがあるとされたが，公取委は事前に経産省と連絡し，独禁法違反については「警告」とし，経産省は違法な補助の疑いがある（電気事業法19条2項1号・4号，21条1項等）として「行政指導」を行うという対応がなされた。この経産省の行政指導は，熱源供給サービス市場における電力会社の競争的行為を，電力会社の内部で，規制分野において，一部のユーザーにのみ補助をした行為として捉えたものともいえる。

(3)　本件と類似する問題

　本件においては，関西電力は，第1市場（電力サービス市場）における市場支配力を梃子に，第2市場（熱源供給サービス市場）における競争を有利に進

---

711)　土田和博執筆第10章，金井ほか編著・前掲注572) 442頁。
712)　同上。

めた。一方，本件と比べて，電力会社がガス事業に参入する場合，自己のガスの購入者に限って電気料金を割り引くことは不当な顧客誘引に，またガスを購入しなければ電気の取引で不利益を与えるとすることは抱き合わせ販売に該当し，電力会社が電気通信分野に参入した場合にも同様の問題が生じる。

第4節 小 括
——事業法と競争法の役割区分と「二重規制」問題

　電力産業だけではなく，ガス，電気通信など自然独占産業と呼ばれる産業について，従来は，規模の経済性などの経済学上の理論を前提に，電気を供給する事業に従事する電気事業者に対して発送電一体化の独占的供給を認めるべきであり，参入規制が必要であると考えられていた。しかし政府機関からの料金規制によってその独占の弊害を防止することも必要である。そこで，2005年から行われた電力自由化の改革において，従来「常識」とされていた考え方が見直されたといえる。

　一方，独禁法についてみると，2000年改正前旧21条には「鉄道事業，電気事業，瓦斯事業等のその他その性質上当然に独占となる事業を営む者の行う生産，販売又は供給に関する行為であってその事業に固有のもの」について独禁法の適用を除外すると定められていた。さらに，2000年改正前旧22条では，別の法律が存在する特別の事業に対して，事業者がその法律に基づいて行う正当な行為についても独禁法の適用は除外されていた。当時の法的仕組みおよび一般的な認識からみれば，電力産業のすべての分野が法的独占となっていた。つまり，電気事業法と独占禁止法の競合の問題は生じなかった。

　しかし，2000年独禁法改正において旧21条・22条が削除され，電気事業法も改正されたことで，従来の電気事業法と独禁法の関係に変化が生じた。そして，電力自由化の範囲が拡大し，電気事業法においても競争促進制度が整備されたことから電力産業を電気事業法と独禁法が「二重規制」する状態になったのではないかとの懸念も生じ，両者の関係は一層複雑になっている。例えば，既存事業者（一般送配電事業者）が競争事業者に対抗するため，送配電線網へ

の託送料金を不当に高く設定して，競争事業者が参入することを困難にさせる行為に対しては，電気事業法に基づく料金規制という手段で規制することが考えられる。一方，既存事業者は新規参入者に対して市場支配力を有するとも考えられるので，競争を実質的に制限するという効果要件を認められる場合，排除型私的独占に該当しうるとして独禁法で規制することも考えられる。したがって，事業者の同一の行為に対して事業法と競争法の二重規制になる場合がある。

　また，自由化された小売分野における事業者の競争制限行為に対して，電気事業法は既存の電力事業者に最終供給義務を課すが，既存事業者と自由化された需要家の間での取引行為は市場メカニズムのみに委ねているので，専ら独禁法が適用される場合が多いと考えられる。電気事業法と競争法の関係について，伝統的考え方に影響を及ぼしていた，「一般法と特別法」（独禁法が一般法，事業法が特別法にあたるとして特別法である事業法が一般法である独禁法に優先するとする考え方）や，「事前規制法と事後規制法」（事業法が事前規制法，独禁法が事後規制法にあたるとする考え方）などの区別も考え直さなければならないと考える（例えば，電気事業法においても変更命令などの事後規制があるので事業法を事前規制法であるといい切ることはできない）。仮に政府規制と競争政策が相互補完関係にあるとしても，両者のバランスを確保し，規制機関の衝突を解決するために，各々のメリットとデメリットを比較することによって考えるべきである。

第6章
電力産業における政府規制および競争政策の相互補完

　日本では，電力産業のような独占が認められていた市場に競争を導入するため，従来の政府規制に競争促進型の規定が設けられた。その結果，電力産業に対する事業法と競争法の「二重規制」が生じ，両法の関係が検討されるようになった。実は，電力産業だけではなく，政府規制と競争法の運用が共存している事業分野（バス事業，電気通信事業など）においても，両法の相互関係が検討されていた。本章は，日本における両法の相互関係を巡る学説を考察し，電力産業における政府規制と競争法のそれぞれのデメリットと限界を踏まえた上で，電力産業における両法の相互補完説を主張する。また，相互補完説の立場から，電力産業における政府規制と競争政策の関係の具体的な在り方を検討する。

　また，中国の電力産業における政府規制と競争法の規制現状について考察すると，現在の中国の電力産業においては政府規制（産業政策）を競争法に優先させる傾向があることが分かる。こうした「政府規制優先主義」は，経済体制の過渡期において一定程度避けられないが，今後，電力改革および競争導入を進めていく上で，競争法の実効性を強化することが喫緊の課題となってくる。政府規制と競争政策との関係が一層複雑になることも考えられる。日本の電力産業に対する考察から，中国の電力産業における競争法の実効性を如何に強化させるか，また，政府規制と競争政策との相互関係を如何に認識するかについて，どのような示唆を得ることができるかを検討する。

第1節　日本における事業法規制と独禁法規制の関係

1　「一般法と特別法」から「競合適用」の関係へ

　事業法と独禁法の関係を検討する際に，まず，事業法の存在がどこまで競争法の適用に影響するか，同一の行為に対して事業法と競争法が共に適用できるかについて明確にする必要がある。この問題は，大阪バス協会事件（審判審決平7・7・10）において道路運送法が適用される行為に独禁法を適用できるかという形で問題になった。この問題について，従来から主に3つの学説[713]が対立していた。

① 　独禁法の全面適用説：独禁法と道路運送法は次元の異なる規制であり，適用除外規定がおかれていない限り，道路運送法は独禁法の適用を否定するわけではないとする考え方である[714]。

② 　独禁法と道路運送法が「一般法と特別法」の関係であると主張する説：特別法である道路運送法が自由な競争を否定する範囲においては，一般法である独禁法の適用は及ばないから，認可を受けた幅の範囲を超えた運賃で競争する自由は否定され，認可の下限額まで運賃を引き上げようという決定には独禁法の適用がないという説である[715]。

③ 　違法性阻却説：この説は，独禁法の適用を肯定するが，認可運賃が単に形式上適法であるだけでなく，社会の全体的法秩序からみて，規範として妥当であり，その内容も実質的にみて適正であり，その維持のためにカルテルを結ぶことが妥当と判断されるときには違法性が阻却されるとするものである[716]。

---

713)　川濵昇「大阪バス協会運賃等カルテル事件」私法判例リマークス121頁（1996）。
714)　辻吉彦「認可運賃遵守カルテルと独占禁止法」公正取引第499号16頁（1992）。古城誠「認可運賃に反する運賃競争を制限することは許されるか」公正取引第541号21-22頁（1995.11）。
715)　根岸哲「貸切バス運賃カルテルと独占禁止法——大阪バス協会事件審決の検討」公正取引第541号12-16頁（1995.11）。
716)　舟田正之「事業規制とカルテル」公正取引第499号10頁（1992）。

　ここで，同事件の審決は，事業規制法である道路運送法が自由な競争を否定する内容を規定する場合，明文の除外規定のない時であっても，専ら特別法たる事業規制法を適用し，一般法である独禁法の適用は及ばないという主張に対して，事業規制法の定める運賃等の認可制度が独禁法の規律する競争秩序を規定，拘束することはないという意味においては，双方の法律に一般法と特別法との関係はなく，明示的な適用除外規定がないにもかかわらず，当然に独禁法の適用が排除されて終わるということはできない，と判断した[717]。

　現在では，事業法規制の存在が直ちに独禁法の適用を排除しないと一般的に認識されている。規制産業に対する事業法と独禁法の適用関係について，通説および公取委の実務は，事業法の存在に独禁法の適用を排除する効果はなく，ある行為が事業法と独禁法のそれぞれの要件を満たす限り，同一の規制産業においても事業法と独禁法の重畳的な適用ができると考えている。つまり，規制産業を規律する事業規制法の中に，明文で独禁法の適用を除外する規定がない限り，独禁法も適用される[718]。さらに，独禁法の旧 21 条の削除により，電力産業などの自然独占産業においては，事業法と独禁法との「競合適用」が認められる。

2　異なる政府規制との競合適用

　前述のように，伝統的政府規制と異なり，1980 年代以降政府規制の緩和ないし改革の潮流の中で，政府規制には「競争制限型の規制」だけではなく，「競争中立型の規制」および「競争促進型の規制」が設けられた。そのため，事業法と独禁法が同一行為に競合して適用する時に，「競争制限型の規制」を定めた事業法と独禁法が矛盾抵触することもあれば，「競争促進型の規制」を定めた事業法と独禁法が同じ方向に働くこともある。以下具体的に検討する。

---

717)　『ケースブック独占禁止法』（第 2 版）119-120 頁（弘文堂，2010）。
718)　土田和博執筆第 10 章，金井貴嗣・川濱昇・泉水文雄編著『独占禁止法』（第 3 版）431頁（弘文堂，2010）。

(1) 「競争制限型の政府規制」との競合適用

競争制限型の政府規制は，自由競争を制限する内容を含むので，独禁法と規制方向・目標・規制手段などが異なる。異なる方向・手段で規制している2つの法律を同一の行為に対して適用すると，両者が抵触するという問題が生じうる。そこで，これらの競争制限型の政府規制は，特定の産業と事情に基づいて規定されたので，独禁法と一般法・特別法の関係にあるという考え方の下で，両方が競合するのではなく，専ら特別法たる事業規制法が適用されるべきで，一般法である独禁法の適用には及ばないという主張が出てきた。

しかし，前述の大阪バス協会事件（審判審決平7・7・10）の審決は，このような主張に対して，事業規制法の定める運賃等の認可制度が独禁法の規律する競争秩序を規定，拘束することはないという意味においては，双方の法律に一般法と特別法との関係はなく，独禁法の適用は排除されないと判断した。

「競争制限型の政府規制」は，事業規制法と独禁法の規制方向・目標が異なるとしても，当然に一般法と特別法の関係に立ち独禁法の適用が排除されるということではなく，明示の適用除外規定がない限り，独禁法の適用を認めるべきであるという対応方法が明らかになった。

(2) 「競争促進型の政府規制」との競合適用

「競争促進型の政府規制」は，独禁法と同様に公正な競争を促進することを目的として，同じ方向で並行して規制している。同一の行為に対して競争促進型の事業規制法と独禁法の適用に抵触は生じにくい。しかし，二重規制の問題が生じるので，両者をどのように調整するのかが問題となる。

特に，事業規制法は，特定の産業の産業特性および規制の実効性を考慮して設けられた規制であるので，独禁法より専門的かつ詳細な規制である場合，当該事業規制法にしたがって行った行為に対する独禁法の適用は排除されるべきか，仮に独禁法が適用されると，一方の法律（事業規制法）にしたがえば他方の法律（独禁法）に違反するという二律背反となった場合にどのように調整すべきであるかが問題となる。

こうした問題に対して，NTT東日本事件は以下のように対応した。

まず，同事件審判審決は，事業規制法に違反しないという要件が，独禁法に

違反するかどうかを左右することではない，と明確にした。つまり，「接続料金については，電気通信事業を所管する専門官庁としての総務省が，同事業における競争の促進や利用者の利益の観点から考察を行い……当該認可の対象となった料金水準は，特段の事情がない限り，電気通信事業法上は，問題がないものと言える」が，「ある行為が一方の法律に違反しないというだけで，当該行為に対し，明文の適用除外規定がない限り，他方の法律の適用それ自体が排除されることはなく」と判示した（審判審決平19・3・26）。

　また，同事件最高裁判決は，事業規制法に基づく規制措置を採ったかどうかは，独禁法に違反するかどうかの判断に直接影響しない。つまり，総務大臣が事業法の変更認可申請命令や料金変更命令を出していないことは，独禁法上適法と判断したことを示すものではない（最判平22・12・17）。

　しかし，同事件で注意すべき点は，独禁法と電気通信事業法とが重畳的に適用され得る可能性を認める以上，両法は相互に矛盾抵触しないように解釈する必要があるということである[719]。

3　日本における政府規制と競争政策の関係を巡る従来の学説[720]

　日本の規制産業における政府規制と競争政策の関係を巡って最大の論点は，事業法も競争促進を目的とする場合に，事業法と独禁法との関係についての交通整理である。両法が競合適用する場合，両者の優先度に関する学説を簡潔にまとめると，以下のとおりである。

(1)　独禁法優先説
この説は，事業法を制定する場合には，独禁法に加えて，領域特定規制を設

719)　岡田幸人「最高裁時の判例　民事」ジュリスト第1443号86頁（2012.7）。
720)　事業規制と独禁法関係を検討する教科書としては，岸井大太郎『経済法』（第7版）335頁以下（有斐閣，2013），宮坂富之助・本間重紀・高橋岩和『現代経済法』171頁以下（三省堂，1995），土田和博執筆第10章，金井ほか編著・前掲注718）430頁以下がある。村上政博「独占禁止法と事業法の調整ルール」ジュリスト第1101号58頁（1996.11.15）。日本における独禁法と事業法の関係についての従来の考え方を検討する文献としては，土田和博・須網隆夫編著『政府規制と経済法——規制改革時代の独禁法と事業法』（日本評論社，2006），その第6章「独禁法と事業法による公益事業規制の在り方に関する一考察」156-160頁が詳しいと考えられるので，以下はこれを参照。

ける必要性が明確に示されるべきであり，独禁法による規制が可能であれば，独禁法を優先するという原則が採用されるべきであるとする。

そして，領域特定規制の必要性を認めるとしても，これは経過的・過渡的な規制という性格を持っているもの[721]であり，競争導入後も長期にわたって必要なのは，ネットワーク部門などで自然独占性が残存する場合における料金などの規制，取引所等の市場制度の設置・監督が必要な場合の規制などに限られ，ユニバーサル・サービスの提供や不可欠施設へのアクセスや利用権の割り当て等以外の社会的・技術的規制と係る部分も競争中立的規制への組み換えが可能であり望ましいとする。

さらに，領域特定規制の必要性が認められる場合でも，独禁法との間で競争法のルールとしての統一性・整合性が担保されるべきで，領域特定規制の主体に関して規制の独占性・中立性を確保する組織や仕組みを設けるべきであるなどを主張している[722]。

また，事業法と独禁法の適用関係に対応する際に，「明示の適用除外の原則」[723]にしたがうべきであると主張するほか，「黙示の適用除外」が認められる場合を厳格に解釈すべきという慎重な姿勢を採っている。黙示の除外の考え方で適用除外を認めることができるのは，「法律による強制」ないしは「明白な矛盾」の場合に限定され，違法な競争論ないし特別法優先の原則によってその範囲を拡大することは認められないとする[724]。

(2) 独禁法限界説

この説は，独禁法のデメリットを重視している。独禁法の内在的限界が存在することを主な理由として，事業法が適用される分野に独禁法を適用すること

---

721)　岸井大太郎「公益事業の規制改革と独占禁止法——領域特定規制と独占禁止法・公正取引委員会」日本経済法学会編『公益事業の規制改革と競争政策』第23号42頁（有斐閣, 2002)。

722)　土田和博「第6章　独禁法と事業法による公益事業規制の在り方に関する一考察」土田ほか編著・前掲注720) 156頁。

723)　事業法の要件は独禁法とズレがあり，独禁法から特定の事項を取り出してこれを特別に扱う趣旨とはいえないこと，問題となった競争制限行為をすべて事業法によって規制することは予定していないこと，明文の規制による除外の原則が確立していることなどから，一般法・特別法の関係自体が否定されるのが通例である。岸井・前掲注720) 355頁。

724)　岸井大太郎「政府規制と独占禁止法」日本経済法学会編『経済法講座　第2巻　独禁法の理論と展開1』379頁（三省堂, 2002)。

は，適当ではないと指摘している。つまり，独禁法の理論的根拠である「価格理論モデルが示す資源配分の効率性」は，理論上「静態的性格に由来する限界を抱えるものであり，動態的な問題に対する最善の解決が独禁法の内在的な考え方によって与えられるという保証がない」ことから，従来の適用除外制度が存在し，各監督官庁がその判断を行ってきたとする[725]。また，公取委は，「準司法的機関として職権行使の独立性を保障されて」おり，そのような機関は，動態的な資源配分状態の望ましさという政治的・行政的な判断を下す主体としては適当ではなく，むしろ公取委が事業法の適用される分野に独禁法を適用することは，「事業法的世界への侵入」であると指摘している[726]。

(3)　独禁法規制の差控え説

この説は，事業法規制と独禁法規制が重複している場合に，両者は別個各々に適用されることを承認して，競争環境を整備するための事業法規制と競争法規制との市場の競争環境を積極的に構築するように相互補完すべきと主張しているが，「より専門的・技術的知見を有する事業法上の規制当局によって，ある競争制限的行為が現に実効的に規制されている場合，独禁法規制は実際には必ずしも発動されることを要さない」こと，競争制限的行為の特性に関連して高度に専門的・技術的な背景を有する場合独禁法規制より事業法規制による方が規制の妥当性・効率性を達成することができることなどを主張している[727]。つまり，事業法規制と独禁法規制との相互補完を肯定しながら，場合によって独禁法の規制を差控えるという主張である。

(4)　事業法優先説

この説は，事業法において競争法と同様の規制が存在して，両法が競合する場合に，事業法を優先する説である[728]。つまり，事業法で競争制限行為を強制または許容し，競争制限行為を前提としてある種の法政策を実現することが

---

725)　渡辺昭成「規制産業に対する独禁法の適用──独禁法と事業法の関係に関する試論」静岡大学法政研究7，126頁。
726)　同上。来生新「政府と競争」法律時報73巻8号22-23頁（2001）。「公益事業の規制改革と競争政策」日本経済法学会年報23号8-9頁（2002）。
727)　土佐和生「情報通信の規制改革と競争政策」日本経済法学会年報23号『公益事業の規制改革と競争政策』91-92頁（有斐閣，2002）。

立法者の意思であるので，独禁法は事業法の重要性を尊重すべきである。事業法の解釈は独禁法のみから導かれるものではなく，公取委は事業官庁の解釈を尊重すべきである。また，公取委は当該事業分野における行政事務を遂行する専門的能力・スタッフを有していないこと，各種事業法に基づく行政責任を期待されておらず，日常的にこれらの事業者を監督する立場にないことなどから，独禁法の競争原理を1つの考慮要素としつつ，事業官庁が主として事業法の観点から行う判断が優先されると主張する。独禁法は，各事業法の規制の目的と趣旨に矛盾しない限度で適用されるべきであるとする。

しかし，この説に対して様々な批判がある。例えば，事業法が「我が国の法秩序」を形成しうるかが不明であること，監督官庁が当該事業法を適切に運用していない場合に，独禁法が適用されないのは適切ではないこと，事業法と独禁法の法目的が異なることを認めるのに，事業法に基づく解釈を独禁法に優先させるべきという主張には矛盾があることである[729]。

(5) 事業法と独禁法の棲み分け的アプローチ[730]

この説は，施設の安全性確保，将来のエネルギー供給計画など事業法と独禁法が競合しない場合において，事業法の領域を承認する点や独禁法の横断的意義を容認して，事業法規制の内容が「経済憲法」からかけ離れたものとなりえないと主張している。しかし，事業法と独禁法が競合する場合について，どちらに振り分けて棲み分けを実現すべきかが必ずしも明らかでないという批判がある[731]。

また，事業法規制が用意されている場合に事業法規制により，それ以外の自由な事業活動の領域では独禁法を適用すべきであることを提唱する説も「棲み分け説」に分類されることがある[732]。

---

728) 石川正「規制分野における独禁法のエンフォースメントについて」小早川光郎・宇賀克也編『行政法の発展と変革──塩野宏先生古稀記念（下巻）』570頁（有斐閣，2001）。
729) 渡辺昭成「規制産業に対する独禁法の適用──独禁法と事業法の関係に関する試論」静岡大学法政研究10（123）-11（122）頁。
730) 多賀谷一照「電気事業法と独占禁止法」日本エネルギー法研究所『電気事業と競争──その政策的課題の検討　平成12，13年度公益事業法制班報告書』15頁（2003）。土田・前掲注722）160頁。
731) 土田・前掲注722）161頁。
732) 渡辺・前掲注729）127頁。

　この説は，公益事業分野での技術革新，規制改革が事業法規制に「時代遅れや抜け穴等」を生じせしめることから，（独禁法が）規制改革によって開かれた自由な事業活動の領域に対し適用されるべきであり，事業法規制が風化した場合，技術革新により乗り越えられた結果生じている競争の場においては，適用されるべきであると主張している[733]。つまり，この主張は，各々の事業の特性に見合った形で，事業法規制と独禁法規制の最低選択を求めるべきと考えており，次の「相互補完説」の考え方と非常に近い。

(6)　相互補完説

　事業法が時代を経て，競争制限的事業法から競争維持・促進的事業法に変わりつつあるという背景の下で，事業法と独禁法の関係について，競争制限的事業法と独禁法が衝突する場合に，「独禁法優先説」をとり，競争維持・促進的事業法と独禁法が並行適用可能な場合には，独禁法を優先するのではなく，「相互補完説」をとるという主張である[734]。つまり，この説は，事業法の進化（競争維持・促進的な規定の盛り込みということである）を動態的に考えることを重視して，事業法と独禁法が対立する場合，および事業法と独禁法の態度が一貫している場合を区別して検討している。事業法の競争制限的規定と独禁法の競争促進的規定が衝突して両立されない場合には，独禁法が積極的に適用されることを肯定している。一方，競争促進的事業法と独禁法が共に競争促進を目指す場合には，どちらかを優先させるわけではなく，両者が相互補完して競合的に適用すべきであるとしている。

第2節　電力産業における事業法と競争法の相互補完および具体的な在り方

　様々な改革措置が行われている日本の電力産業では，「競争促進型の政府規制」の新設につれて，競争可能分野が拡大された。しかし，電力産業の送配電

---

733)　土佐和生「市場の自由化と経済法」法律時報第75巻1号59頁（2001）。
734)　土田・前掲注722）161頁。

分野が自由競争に馴染まないと思われるので，日本の電力産業の現在は，まだ「移行期」にあると判断するほかない。移行期にある電力産業では，同一行為に対して電気事業法と独禁法が競合適用する場合，どのように対応するかが最も重要なポイントになっている。ここで，市場支配的地位を有する既存事業者が行った競争制限行為に対して，専ら競争促進型に「進化」した電気事業法によって，あるいは，専ら業種横断的に適用できる独禁法によって，十分に規制できるかが問われる。

この点について本書は，① まず，競争制限行為に対して両法の非代替性を検討する。両法の規制は相違が存在して，相互代替の関係ではなく，いずれかを優先適用するのは難しい。② また，専ら一方の規制によっては十分ではないので，両法は組み合わせて相互補完する必要があると考えている。③ さらに，この説に基づき，電力産業における相互補完説の具体的な在り方および運用可能性を実証する。

1　両法の非代替性に関する検討

前述のように，そもそも，電力産業の事業法は，電力産業の産業特性に基づき，技術的・専門的な視点から制定され，電力産業に限定して適用される産業法である。規模の経済性などの経済的理由およびユニバーサル・サービスの維持などの社会的理由で競争法と異なる規制法である。世界中の規制緩和ないし規制改革が展開するにつれて，規制産業においても一定の競争性があることが認められたため，事業規制法の一部分，特に「競争促進型の規制事業法」は，公平な競争の維持・促進を重視していることもある。しかし，事業法と競争法が同じような方向で並行しているとしても，それぞれの役割を果たしていることは違いない。事業法と競争法のいずれが優先的に適用されるべきかを判断することは極めて困難である。双方の規制における相違があり，どちらの法律も完璧ではないのであり，それぞれの利点および規制に不十分な点があり，法律と法律の関係を一般的にみて，いずれを優先するか決められるものではない[735]。

(1)　競争法と電気事業法の規制目的の相違

日本の独禁法でも，中国の反壟断法でも，直接の目的は，公正かつ自由な競争を促進する，または独占的行為を予防および防止し，市場の公平的競争を保護することである。電気事業法は主に電気事業の健全な発達の促進，安定供給の確保などを目的としている。究極目的[736]からいえば競争法の目的と電気事業法の目的は重複する点があると解しうるが，2つの法律が制定された当初から期待された役割は根本的に異なると考えられる。したがって，事業法における競争促進型の規制は，外形からみれば，競争法と同じ方向で規制しているようにみえるが，競争法と目的が異なることがある。つまり，事業法における競争促進型の規制は，独禁法と同じく競争の促進という目的を第一義として考慮するものではなく，産業自体の健全な発展または，利用者の利益の保護などの規制目的と密接な関係を有する。事業法は，その目的規定および条文の構造から独禁法とは異なる趣旨を規定していると考えられ，競争法と完全にはその内容が一致していない[737]。各種事業法と競争法の目的は，一見重なり合うと思われる部分も確かに存在するが，その一方で異なる側面も存在する[738]。

(2)　両者の規制基準の相違

電気事業法は独禁法と異なり，電力産業の安定性・継続性の保障，ユニバーサル・サービスの確保を重視しながら，異なる視点からより技術的・専門的な判断基準に基づき，ある行為の違法性を判断する。両者の判断基準は完全に一致するわけではないので，電気事業法と独禁法との規制の特徴と相違を看過するものではない。

例えば，独禁法上，接続拒絶は，私的独占または単独の取引拒絶に該当するおそれがある。これに対して，電気事業法第24条の3第5項は，経済産業大臣は一般電気事業者が正当な理由なく，託送供給を拒んだとき，当該一般電気

735)　上杉秋則「事業法と独禁法の関係の一考察——大阪バス協会事件審決を題材として」石川正先生古稀記念論文集『経済社会と法の役割』267頁（商事法務，2013.8）。

736)　日本の独禁法の究極目的：国民経済の民主的で健全な発達を促進すること。中国反壟断法：社会主義市場経済の健全な発展を促進することを目的とする。

737)　渡辺昭成「独禁法と事業法の関係——イギリス法における両法の関係を参考として」土田ほか編著・前掲注720）180頁。

738)　渡辺・前掲注729）122頁。

事業者に対し，託送供給を行うべきことを命じることができると定め，正当な理由なく託送供給を拒むことそれ自体を禁止している。託送供給命令は，他の新規参入者が不可欠施設を利用できるように規制するもので，最終的には競争を促進する効果を果たすという目的を持っているといえるが，託送拒否という違法行為を判断する際の運用基準は，独禁法のような競争基準ではなく，他の事業者の事業参入活動への影響を基準としている。

電気事業法第 24 条の 3 第 5 項にいう「正当な理由」とは，① 電力会社の規制需要家への電気の供給に支障が生じる場合，② 託送料金を支払わずに契約を解除された者が滞納料金を支払わずに託送契約を申し込むような場合，③ 同時同量の逸脱を繰り返し，是正が見込まれない等，託送の利用にあたって系統への悪影響を与え続け正常な系統運用に支障を生じさせるような場合，などが想定しうるとされている [739]。つまり，電気事業法上の「正当な理由」は，独禁法の「正当化事由」と異なる判断基準が用いられている。前者は，より技術的・専門的な視点から細かく判断されるものである。

また，託送供給約款（または託送供給業務）に関する規制についても同様にこうした相違が存在している。電気事業法の「不当な差別的取扱い」[740]，「不当な取扱い」[741] と独禁法の「差別対価」（一般指定 3 項），「取引条件の差別的取扱い」（一般指定 4 項）の関係が問われる。独禁法上の「差別対価」，「取引条件の差別的取扱い」は，地域または相手方によって差別すること自体を違法とするものではなく，それによって低い対価が提供される地位または相手に対して同種の商品・役務を提供する競争者を排除しようとすることが問題であり，これを禁止することによって公正かつ自由な競争（独禁法 1 条）を維持しようとしている [742]。これに対して，電気事業法では，託送供給約款が託送供給を利用す

---

739) 資源エネルギー庁電力・ガス事業部　原子力安全・保安院編『2005 年版電気事業法の解説』229-230 頁（経済産業調査会，2005）。

740) 電気事業法 24 条の 3 の 5。経済産業大臣は，一般電気事業者が特定の者に対して不当な差別的取扱いをする場合に，当該一般電気事業者に対して，託送供給約款を変更すべきことを命ずることができる。

741) 同法 24 条の 6 第 2 項：託送供給の業務について，特定の電気供給事業者に対し，不当に優先的な取扱いをし，若しくは利益を与え，又は不当に不利な取扱いをし，若しくは不利益を与えること。経済産業大臣は，前項の規定に違反する行為があると認めるときは，一般電気事業者に対し，当該行為の停止又は変更を命ずることができる。

742) 土田・前掲注 722) 170 頁。

る者に対して一律に適用され，託送供給約款の全記載事項にわたって平等に実施されることを中心としているので，電気事業法の違法性を判断する際に，託送供給の利用者間の不合理的な「差」が存在するか否かが最も重要な違法基準である[743]。また，電気事業法上の「正当な理由」については，各託送供給利用者の間に「託送供給の利用形態の相違」等を有することによって，料金その他の供給条件に合理的な差を設ける場合と解釈されている[744]。

2　競争制限的行為に対する一方的規制の不十分性

(1)　専ら事業法で規制する場合

自然独占産業への競争の導入の影響による新規参入者の脅威をうけて，既存会社が，自分の利益を守るため，ライバルの新規参入者に対して競争制限的行為を行うことがある。このような競争制限的行為に対して，政府規制に競争促進的ルールが新たに導入された。しかし，専ら競争促進型の電気事業法で規制すると，どの程度競争促進を達成できるかが疑問視されている。

ア．接続料金の設定の合理性に対する疑問

電力産業の改革によって導入された不可欠施設への接続規制が，発電市場や小売市場への新規参入の促進に重要な役割を果たしている。不可欠施設への接続規制は，既存電力事業者が送配電施設に対する独占で生じた市場支配力を利用して電力市場を弊害することを抑制する意図を持つ規制手段である。接続規制は，一定の合理性があるが，実施面からみれば，不可欠施設の認定基準，不可欠施設の開放の程度および接続対価となる接続料金の設定など様々な問題が存在しているが，特に，問題なのは接続料金算定の基準の不在である[745]。

新規参入者に有利な接続規制の弊害（「弱い接続規制」）　規制機関が，新規参入者の接続可能な条件を低く設定し，不可欠施設について広く認定して，接続料金を低く設定する場合，既存電力事業者は，その緩和された条件の下で新規参入者に接続させなければならない。

---

743)　資源エネルギー庁電力・ガス事業部・前掲注739）226頁。
744)　同上。
745)　川濱昇「不可欠施設にかかる独占・寡占規制について」ジュリスト第1270号64頁（2004.6.15）。

　そうすると，新規参入者は，自前では建設することが困難な施設を利用することができるようになった。これは，新たな参入主体を育成して，電力市場に競争を促進する点で有利である。しかし，既存電力事業者にとっては，競争相手に提供するための施設を建設しなければならなくなる等の負担を負うことになるので，設備投資へのインセンティブを歪め，不可欠施設分野における技術革新を遅らせるおそれが高くなる。長期的に送配電施設等の設備を配置し，維持し，発展させるために必要な金銭面の投資を促進することが困難になり，最終的には，電力産業の全体の発展に影響を与えることになる。

　新規参入者に厳しい接続規制の弊害（「強い接続規制」）　一方，不可欠施設に対して，高い接続料金を規制することなど厳しい接続規制を実施すると，上記の投資へのインセンティブ問題が回避できるかもしれないが，潜在的参入者はそのような厳しい接続規制に対応できないため，電力市場に参入することを断念せざるを得なくなり，電力市場において競争を導入・促進する目的を損なうことになる。また，接続料金を高く設定すれば，小売料金にも影響を与え，最終消費者に転嫁されることになる。現在，日本の電力産業の「接続供給約款料金算定規則」は，経営効率化等を織り込んだ「原価主義」を採用している[746]。しかし，これによって設定された託送料金の合理性・透明性に疑問があり，新電力からの「託送料金が高い」という不満の声が確かに存在している[747]。

　規制機関が接続規制を行う際に，公正かつ合理的な規制ルールを設定して，競争促進と投資のインセンティブのバランスをとるのは困難であるが，価格規制における問題と同様に，情報の非対称性，接続料金を確定するための諸費用の確定等を克服しなければならない。

イ．競争制限行為に対する判断の不安定性

　日本の電気事業法は，一般電気事業者に託送義務を課して，正当な理由なく託送供給を拒んではならないと規定している（電気事業法第24条の3第5項）。また，託送供給約款には「特定の者に対して不当な差別的取扱いを」してはな

---

746)　同規則3条1項：事業者は，接続供給約款料金を算定しようとするときは，四月一日又は十月一日を始期とする一年間を単位とした将来の合理的な期間（以下，「原価算定期間」という）を定め，当該期間において電気事業を運営するに当たって必要であると見込まれる原価に利潤を加えて得た額（以下，「原価等」という）を算定しなければならない。
747)　公正取引委員会「電力市場における競争の在り方について」19-20頁（2012.9）。

らないという禁止規定が定められている。また，電気事業法の解説は，託送拒絶行為の「正当な理由」について，① 電力会社の規制需要家への電気の供給に支障が生じる場合，② 託送料金を支払わずに契約を解除された者が滞納料金を支払わずに託送契約を申し込むような場合，③ 同時同量の逸脱を繰り返し，是正が見込まれない等，託送の利用にあたって系統への悪影響を与え続け正常な系統運用に支障を生じさせるような場合，などが想定しうる，と列挙している[748]。また，同解説は，託送約款における差別的取扱いの「正当な理由」について，各託送供給利用者の間に「託送供給の利用形態の相違」等を有することによって，料金その他の供給条件に合理的な差を設ける場合と解釈されている[749]。

　しかし，それにもかかわらず，本書の第 4 章で考察したように，自由化改革実施後，新電力の市場シェアは，依然として低調である。電力産業における送電線ネットワークを所有する既存事業者が，新規参入者に対する事実上の妨害行為（例えば，送電線の容量に余裕がないから，他社の電気を送電できない，或いは，他の規制需要家への電気の供給に影響するおそれがある等の理由で託送供給を拒絶する場合），送電線網へのアクセスの拒絶または不公平な取扱いなどを行っており，これが新規参入者の市場シェアが低調な原因であるといわれる[750]。多様な手段で行われた「事実上」の違法行為について，専ら事業規制法上の違法基準に基づき判断すれば，有効に規制することができない場合がある。

　したがって，電気事業法には，競争制限行為を規制するため一定の判断基準，裁量範囲が設けられているが，こうした「事実上」の託送拒絶行為，差別的取扱い行為を規制する場合，これらの基準は，やや不明で曖昧なものである。特に，規制機関と被規制事業者との間に従来から緊密な関係を有する国では，規制機関は，完全に独立的，公平，科学的に規制するのは極めて困難である。規制機関の裁量が大きくなれば，規制のプロセスが不透明・恣意的になったり，規制の内容が過度に競争制限的になったりしがちになる[751]。専ら電気事業法で

---

748)　資源エネルギー庁電力・ガス事業部・前掲注 739) 229-230 頁。
749)　同上 226 頁。
750)　土田和博「大震災後の電気事業法制のあり方」駒村圭吾・中島徹編『3・11 で考える日本社会と国家の現在』88 頁（日本評論社，2012）。
751)　岸井・前掲注 724) 373 頁。

規制する場合，規制に伴う判断の不安定性が存在している。

(2) 専ら競争法で規制する場合

競争制限行為に対して独禁法のみで規制すると，確かに，電力産業における公正かつ自由な競争秩序を維持するという一貫した基準に基づき，競争的な市場を維持・促進させることを第一義的な目標として，政府規制に比して，より競争的な市場状態を追求しているといえる。しかし，専ら独禁法で規制すると，以下のような限界があると考えている。

ア．電気事業法の事前規制の必要性

独禁法は事後規制であるので，基本的には競争制限的行為を排除するものであり，電力市場を積極的に競争的に移行させていく役割を果たしていく上では一定の限界がある。正当な理由なく託送拒絶行為又は不当な差別的取扱いの禁止，託送供給約款に定めるべき事項[752]，託送供給の料金算定方法等[753]，その他の託送供給条件の原則（「同時同量の原則」[754]）等に関する規定は，産業横断的に適用できる独禁法で設けられて，公取委のみが決定するのは適当ではなく，事前規制である電気事業法に明確に規定する必要がある。

イ．電力産業の産業特性への考慮

電力産業における競争制限行為を独禁法のみで規制するとしても，当該違法行為が独禁法に違法するか否かを判断する際に，電力産業の特有な産業特性を考慮した上で最終的な判断を下さなければならないであろう。

例えば，電気事業法における託送供給制度に関する規定（および託送供給約款を変更する命令の発動基準[755]）に基づき，規制需要家への安定供給を確保する義務や，系統全体についての電圧・周波数の維持義務等も課されており，単に競争上の観点からのみで送配電部門を規律することは適切ではない[756]。事業法

---

752) 「電気事業法施行規則」（平成7年10月18日通商産業省令第77号）第39条第2項第1号。

753) 「一般電気事業託送供給約款料金算定規則」（平成11年12月3日通商産業省令第106号）。

754) 「電気事業法施行規則」（平成7年10月18日通商産業省令第77号）第39条第2項第2号。

755) 当該変更命令の発動基準によると，自由化分野にある需要家と規制分野にある需要家との間，又は，電力事業者間の公平確保という原則がある。資源エネルギー庁電力・ガス事業部・前掲注739) 225-226頁。

756) 同上246頁。

に具体的な禁止行為を規定し，経済産業大臣が，競争上の観点のみならず，専門技術的な観点から作成された判断基準に基づき，安定供給の確保その他の事業法の保護法益を総合的に勘案する必要がある[757]。

　この点について，「正当な理由なく託送拒絶行為」に対する判断を例として，より細かく分析しよう。日本の電力産業は，託送制度を導入するに当たり，新電力の無秩序な系統利用を抑制するため，新電力が一般電気事業者の送配電線を利用する際に，発電と需要を極力一致させるべきであり，つまり新電力の「同時同量の原則」を要求している[758]。こうした原則によって，新電力の「変動範囲」（接続供給に係る電気の量の変動）は，「30分を単位として，契約電力の3パーセントの範囲内」（「30分3パーセント」）のものを基本とする。しかし，30分を単位として契約電力の3パーセントの範囲内を超えるものについて定めることを妨げるものではない[759]。したがって，一般電気事業者が，「30分3パーセント」の変動範囲の選択しか認めない行為は，実質的に託送供給を拒否しているものとみなされ，託送供給命令の対象となりうる[760]。こうした託送供給拒絶行為に対して，独禁法のみで規制すれば到底十分ではない。独禁法の私的独占または取引拒絶などに基づき規制しようとしても，電気事業法（電気事業法施行規則など）に定められている技術的な判断基準・原則を根拠として分析しなければならない。このような技術的，専門的な分析を独禁法または公取委のみに任せるのは適当ではない。

ウ．違法行為を解消するための規制措置の専門性と即時性

　競争制限行為を解消するため，電気事業法は，託送供給約款の変更命令（電気事業法第24条の3第3項），託送供給命令（同条第5項），差別的取扱いの停止または変更命令（同法第24条の6第1項）などの規制措置を設置している。これに対して，独禁法には，排除措置命令，課徴金納付命令等が設けられているが，これらの規制措置は専門的に電力産業の具体的な事情を考慮するものではない。また，独禁法の執行機関である公取委は，違法行為を判定して，直接に託送供給料金を変更したり，託送供給の提供を命じたりする権限を持ってい

---

757)　同上。
758)　同上218頁。
759)　電気事業法施行規則第39条第2項。
760)　資源エネルギー庁電力・ガス事業部・前掲注739）219頁。

ない。当事者間の争議が一旦訴訟に提出されたら，双方の交渉が長期化になるおそれもある。政府規制の方は，具体的な変更命令発動基準は，電気事業法（電気事業法施行規則その他の行政手続法）に基づき定められているほか，「電気・ガスの取引に関する紛争処理ガイドライン」にしたがって，託送供給約款に関する紛争が生じている場合にあっては，変更命令の発動の要否を判断することができる。したがって，電力産業における政府規制の方は，変更命令等の発動基準を独禁法より詳細かつ専門的に規定して，独禁法より迅速かつ具体的に命令を発することができる。

(3) 事業法と独禁法の役割の棲み分けの困難性

　電力産業においても競争法が既に機能している現状の下で，規制産業における政府規制の不十分性を考慮すれば，事業法と競争法の両法によって規制することのメリットとデメリットを考慮しながら，両法の役割の棲み分けを行うという考え方を採ることもできる。しかし，現実的には，競争法と事業法の棲み分けは困難である。

　まず，両者の規制内容からみれば，完全に明確な棲み分けを行うことはできない。伝統的な政府規制においては，規制緩和および規制改革の結果，競争制限型の規制だけではなく，競争促進型の規制が設けられているので，事業規制と競争法規制は全く関係のないものではなく，同じ方向で並行して規制できる場合が出てきたのである。したがって，ユニバーサル・サービスを確保するための経済的規制および環境保全などの社会的規制の場合には，事業法の規制に委ねることが合理的であるが，同じく競争の促進を目標とする規制によって両法が重複して規制される場合には，一方の規制の存在が他方の規制を排除する理由はない。

　また，競争法と事業法の規制機関の規制実態からみれば，両法の規制機関がそれぞれの規制範囲または執行権限について明確に棲み分けを行うのは難しい。ある行為に対して，事業法の規制機関と競争法の執行機関は，それぞれの異なる発動プロセスに基づき規制措置を行う。両法のそれぞれの違法要件を満たすと，それぞれの規制機関によって規制を実施することができる。事業法に基づく規制において専門性・技術性に優れるなどの利点が存在するといったことに

ついても疑問が呈され,両者が「棲み分け」を行う理由は見当たらない[761]。当該違法行為に対する規制権限をどちらに振り分けて棲み分けを実現すべきかについては,明確にするのは困難である。

(4) 規制機関間の管轄権の協調の可能性

事業法と独禁法を相互補完的に組み合わせるべきという主張がある。例えば,日本の電力市場を競争的に機能させていこうとするもう1つの理由は,この説によれば事業法と独禁法の二重規制の問題を柔軟に解決することの他,事業法の規制機関と競争法の執行機関の間を協調するための仕組み・スキームを整備することが期待されることである。電気事業法の事前規制と市場における一般的なルールである独禁法の両法が必要であると認識した上で,公取委と経産省が共同して「適正な電力取引についての指針」(電力取引ガイドライン)を制定した。電力取引ガイドラインにおいては,「公正かつ有効な競争の観点」および「適正な電力取引の観点」,独禁法上違法となるおそれがある行為類型と事業法上の排除措置を発動する場合を明確化している。電気事業法と独禁法の規制機関が違法行為に対して積極的に規制することを促進する一方,両法規制の整合性も図られる。

3 日本の電力産業における電気事業法と独禁法の相互補完

以下では,日本の電力産業における電気事業法と独禁法が二重規制となる場合,両法の相互補完の具体的な在り方を検討する。前提として,ここで検討する政府規制は,主に経済的な規制である。産業特性に基づく技術的な事業規制および環境の保全などの社会的規制は,横断的な競争法規制に依拠するわけではなく,専ら分野ごとの事業法に依拠すべきだからである。

---

761) 渡辺・前掲注729) 121頁。

(1) 電気事業法上の不当な差別的料金と独禁法上の差別対価

ア．発電分野——卸供給における不当な料金設定

発電分野では，一般電気事業者が卸供給料金を不当に設定すると，電気事業法第22条によって，経産省の変更命令が発動される。しかし，一般電気事業者が，特定の卸売事業者のみ（例えば，発電電力の一部を新規参入者に卸売したり，直接需要家に供給することにより新規参入することが可能である卸売事業者）に対して，卸供給料金を低く設定すると，独禁法の差別対価に該当しうる。したがって，形式的にみると同じ行為に対して，事業法上の不当な差別料金と，独禁法上の差別対価という2つの規制が適用される可能性がある。

イ．託送分野

——託送料金（またはインバランス料金）を不当に設定する行為

電気事業法は，一般送配電事業者に，託送供給に係る料金（託送料金）および「インバランス料金」その他の供給条件について，託送供給約款を定め，経済産業大臣に届け出ることを義務付けている。一般電気事業者が託送料金（またはインバランス料金）を「不当に差別的」に設定して，新規参入者が託送供給を受けることを著しく困難にするおそれがあれば，経済産業大臣は，変更命令を発動する。一方，一般送配電事業者は特定の競争者に対して高い託送料金（またはインバランス料金）を設定した場合，公正競争阻害性が認められると，独禁法上の差別対価に該当しうる。また，一般電気事業者が，当該特定の競争者を支配・排除するため，託送料金を不当に高く設定することにより，新規参入者の経営活動を困難にさせる，または最終的に新規参入者が大幅な赤字を抱えることになって小売市場における事業の継続が危ぶまれる状況になるおそれがあるとすれば，私的独占にも該当しうる。

しかし，両法は，異なる趣旨・目的や規制基準に基づき発動される。電気事業法の規制は，一般電気事業者が正当な理由なく，卸売事業者の利益を損なって，卸売事業者を差別することそれ自体を禁止しているのである。一方，独禁法上の差別対価は，卸供給料金を差別的に設定すること自体を独禁法上の違法行為とするものではなく，それによって，小売分野の新規参入者を排除しようとすることが問題であり，公正かつ自由な競争を維持するという独禁法上の観点から禁止している。両法は，異なる観点から相互補完して規制する必要があ

る。

(2)　送配電線の託送供給拒否と独禁法上の私的独占または単独の取引拒絶

　経済産業大臣は，一般送配電事業者が正当な理由なく託送供給を拒んだとき
は，その一般送配電事業者に対し，託送供給を行うべきことを命ずることがで
きる。一方，独禁法上は，一般送配電事業者による託送手続の不当遅延または
連系線等の設備利用の拒否等により，新規参入者の事業活動を困難にさせると，
取引拒絶に該当しうる。競争を実質的に制限する場合には，私的独占に該当す
ると解することも可能である。

　形式的にみると，一般送配電事業者の託送供給拒否という行為に対して，事
業法と独禁法の二重規制が生じるが，事業法の違法基準と独禁法上の判断基準
が異なると考えられる。電気事業法における一般電気事業者のネットワークに
よる小売託送供給制度の立法趣旨は，事業者間の対等かつ有効な競争の実現で
ある[762] ため，電気事業法には，一般送配電事業者に託送供給という義務を課
しているので，正当な理由がない場合，他の事業者に対して託送供給を拒絶す
る行為自体があれば電気事業法に違反する。独禁法上の規制は，電力産業にお
ける公正かつ自由な競争を維持するという競争基準に基づき，すべての小売事
業者が公平に小売市場に参入できるように行われているものである。

(3)　電気事業法上の不当な差別的取扱いと独禁法上の取引条件等の
　　　差別的取扱い

　まず，経済産業大臣は，一般電気事業者の供給約款には「特定の者に対して
不当な差別的取扱いをする」場合に，当該供給約款を認可しない。また，一般
送配電事業者は，託送供給約款において「特定の者に対して不当な差別的取扱
いをする」場合，経済産業大臣は，当該一般送配電事業者に対し，相当の期限
を定め，その託送供給約款を変更すべきことを命ずることができる。さらに，
一般送配電事業者が，託送供給の業務について，特定の電気供給事業者に対し，
不当に優先的な取扱いをし，若しくは利益を与え，又は不当に不利な取扱いを

---

762)　資源エネルギー庁電力・ガス事業部・前掲注739) 213頁。

し，若しくは不利益を与えれば，経済産業大臣は，当該行為の停止又は変更を命ずることができる。そのうち，「不当に優先的な取扱いをし，若しくは利益を与え，又は不当に不利な取扱いをし，若しくは不利益を与える行為」とは，送配電部門の個別ルールの差別的な適用，送配電部門が所有する情報の差別的な開示・周知，需要家への差別的な対応，託送供給料金メニュー・サービスの提供における差別的な対応などの行為が挙げられる[763]。

一方，一般電気事業者は，発電電力の一部を新規参入者に卸売したり，直接需要家に供給することにより新規参入することが可能である卸売事業者のみに対して，差別的な卸供給条件を設定したりすると，取引条件の差別的取扱い（一般指定4項）に該当し独禁法に違反するおそれがある。また，一般電気事業者は，小売分野の新規参入者に対して差別的託送条件を設定することと同様に差別的取扱いに該当し独禁法違反になるおそれがある。

両法の規制には，以下のような相違がある。電気事業法に規定されている違法要件とは，一般電気事業者が特定の電気供給事業者にある種の「不利益」を与えるということである。つまり，電気事業法上の差別的取扱いとなる行為は，一般電気事業者の差別的取扱いが他の事業者の事業活動へ与える影響を違法性の判断基準としている。独禁法は，他の事業者の事業活動に対する影響のみを考えるだけではなく，電力産業全体における維持されるべき公正かつ自由な競争秩序というより広い視点から出発する。一般電気事業者の差別的行為が，そのライバルとする新規参入者の市場参入を阻害し，または「自らの新規参入を断念せざるを得なくさせる」[764]ことを防ぐことが，独禁法規制の最も重要な目的である。

(4) 最終保障約款の義務付けおよび独禁法上の取引拒絶，優越的地位の濫用

一般電気事業者は，誰からも電気の供給を受けることができない特定規模需要家に対する電気の料金その他の供給条件について最終保障約款を定め，さらにこれを定め又は変更しようとするときは，経済産業大臣へ届けなければなら

---

763) 公正取引委員会・経済産業省「適正な電力取引についての指針」20頁（2011.9.5）。
764) 同上28頁。

ない旨を定めている[765]。しかし，もし一般電気事業者が定める最終保障約款について，公表された標準メニューと比べて，不当に高いものである場合には，最終保障約款により供給を受ける需要家の利益を著しく阻害するおそれがあることから，電気事業法上の変更命令が発せられる。これに対して，一般電気事業者は電気の供給を受けていない自由化された需要家に対して，電力供給を拒否し，あるいは，電気料金を高く設定すると，独禁法上の取引拒絶，優越的地位の濫用等に該当するおそれがある。

　しかし，両法の規制目的は異なると思われる。電気事業法に一般電気事業者に最終保障約款義務が付くのは，需要家の電力使用に対する最低限の保障，誰でも電力を使用できるような電力産業のユニバーサル・サービスを確保するためである。しかし，独禁法上の係る禁止規定は，優越的地位にある一般電気事業者が，その地位を濫用して，一方的に供給条件を決定して，弱い地位にある需要家に不利益を与えることを規制するための規定である。

第3節　中国の電力産業における「政府規制優先主義」

　2008年に中国の反壟断法が施行されてから，反壟断法を中心とする中国の競争法体系は，事業者の独占的な行為を規制し，公正な市場競争秩序を維持するという目的の下で，各事業者の市場活動を規制することについては一定の成果を上げている。しかし，現在まで中国の競争法体系が一般的な産業の競争制限行為への適用は相当数あり，規制の実効性も高く実現されているといえるが，従来から国有企業によって経営されている電力・石油・鉄道などの自然独占産業に適用された例がまだ少ない。本書第3章の考察によると，中国の競争法体系には電力産業などの規制産業に対する適用除外の規定がなく，競争法が電力産業における競争制限的な行為に対して当然に規制できるとするのが通説である。それにもかかわらず，現況をみれば，電力産業で行われた競争制限的な行為を規制する際に，競争法の適用は依然として政府規制または産業政策に

---

765)　資源エネルギー庁電力・ガス事業部・前掲注739) 172頁。

よって制限および拘束されていることがある。強い国有企業に対する規制においては，競争法より政府規制を優先的に適用する場合が多い。一般的な企業に対する競争法の適用現状と比較して，電力産業などの規制産業に対しては「政府規制優先主義」が採られている。

1 「政府規制優先主義」の原因

中国の電力産業における規制として，「政府規制優先主義」が採られている。その理由は主に以下のように挙げられる。

(1) 電力産業における数多くの国有企業の存在

本書の第2章で考察したとおり，中国の電力産業は，競争メカニズムを導入するため，政・企分離，発送電分離など一連の電力改革措置を行ったが，電力産業を営む企業の大半が中央政府所有または地方政府所有の国有企業であるという状態は従来から変わっていない。これらの国有企業は政府から様々な支援を受けているので，資金や設備などの面で一般的な民間企業と比べ物にならない強い力を有する。中国経済の約3割を担っている国有企業は，「政府の付属物」であるといわれている[766]。

また，中国政府は，国有経済を維持するため，特に国家の安全に関わる根幹産業に対して，特別な規制制度を実施し，国有企業に対しては，民間企業と比較して政策的または税制上の優遇をしている。国有企業は，特別な規制機関である国資委が管理，監督し，国有企業の役員・経営陣の任命，株式や資産の売買，国有企業に関する法令の起草等は国資委が担っている。国有産業に対する規制については，競争法の執行機関が国資委などの規制機関の産業政策を尊重しなければならないとされている。反壟断法執行機関が，国有企業を特殊な存在として扱い，反壟断法の執行において国有大手企業を優遇しているのではないかという疑問も，反壟断法の実効性に影響を与えている。

例えば，国有企業が企業結合を行う際に，同企業結合が国資委の規制政策に

---

766)　茅于軾「中国における経済改革の展望」国際シンポジウム「中国経済の挑戦——2つの罠をどう超えるか」（2014.2.11）。

よって認められたため，反壟断法の届出標準を満たしても，同法による申請を
行わないケースはある。電力産業における競争制限行為は，政府の関与の下で
行われた場合が多い。中国では，強い国有企業が大量に存在する現状の下，前
述の中国産業における事例にみられるように，競争法の執行機関は，国有企業
が行った競争制限行為を取り扱わないことが多い。国有企業に対して，反壟断
法が実際には機能していないので，規制が空洞化するとの懸念がある。つまり，
全国に多数存在する国有企業が競争法規制を超えた特別な存在とされており，
国有産業である電力産業に対する競争法の適用には依然として様々な阻害要因
が存在しているといえる。今後，反壟断法が真の「経済憲法」になれるために
は，国有企業と民間企業との競争の平等性および競争法の適用の公平性を向上
させることが重要なポイントである。反壟断法は，市場競争規則として国有企
業，民営企業，自国の企業，多国籍企業を問わず，参入しているすべての企業
を平等に扱わなければならない[767]。

(2)　電力産業の改革における政府規制の主導的な役割

　元々競争が存在してなかった分野に競争メカニズムを導入し，競争市場を構
築するという政策目標を実現する際に，最初は，競争法規制ではなく，政府が
積極的に従来の規制を見直し，緩和して，規制産業の特性に相応しい具体的な
改革の措置を採って，細緻な論証を行い，競争を促進する法改正を推進するこ
とが必要である。競争法規制の運用が規制緩和・規制改革を通して開かれた自
由競争が侵入する分野の存在に依存しているからである。そうすると，政府規
制のこのような主導的な「創始の精神」を発揮するのが，規制産業における競
争環境の構築にとってより重要である[768]。

　中国の電力産業に対する規制は，主に政府規制および産業政策の実施を中心
とする。政府規制が競争的な電力市場を構築することに主要な役割を果たして
いる。中国の電力産業の体制改革が政府規制によって主導的に行われている。
中国が建国して以来，電力産業は，国民経済の根幹的産業として，完全に政府

---

767)　王暁曄（韓巍訳）「中国反壟断法の施行3年と法治国家」新世代法政策学研究17号264
　　頁（2012）。
768)　土田和博「規制改革と競争政策──電力自由化の比較法学的検討」日本国際経済法学会
　　編『国際経済法講座Ⅰ　通商・投資・競争』404頁（法律文化社，2012）。

規制の下でコントロールされている。政府規制のみでは投資不足，低効率性などの短所があることが認識され，市場メカニズムが重視されるようになるにつれて，政府規制機関は，積極的に規制の見直しを始め，規制機関が主導的に独占体制を打破し，競争を導入する目標を実現するための規制改革を展開し始めた。確かに，競争法は，主に，競争制限行為が行われた後に競争回復および競争制限行為を止める機能を発揮し，積極的に新しい競争市場を構築することには一定の限界がある。電力改革を通して，従来競争がなかった分野に競争を導入するためには，政府が一定程度の役割を果たさざるを得ない。競争市場の成立がまだ完全ではない状態では，競争法が活性化する段階には達していない。

(3) 電力産業に対する競争法実施の独立性の欠陥

電力産業の規制機関と競争法執行機関が一体化しているという特徴があるので，競争法の執行において独立性が確保できず，他の行政機関の影響にさらされやすい[769]。すなわち，国家発展改革委員会は，電力産業における中央レベルの規制機関のうち最も重要な規制機関である一方，反壟断法の執行機関[770]（発展改革委員会，商務部，工商行政管理総局）の１つでもある。具体的には，国家発展改革委員会は，「価格司」と「価格監督検査与反壟断局」という２つの規制機関を設置している。前者は，価格のマクロ的なコントロールおよび規制産業に対する価格規制を担当し，後者は，価格独占行為の調査・処分を担当している。したがって，電力産業の電気料金規制は，国家発展改革委員会の２つの下部機関によって規制されている。また，国家発展改革委員会に所属している能源局は，マクロ的な立場から，電力産業の産業発展の計画および産業政策の実施，電力体制改革に係る機能を担当している。

---

769) 徐士英（韓懿訳）「中国反壟断法の執行に関する諸問題」新世代法政策学研究３号96頁（2009）。

770) 中国反壟断法の執行機関の設置は，「二段階，多機関の法執行体制」を採っている。「二段階」とは，反壟断法の業務を行う組織であって，調整の職責を負う反壟断委員会と，具体的に法執行の職責を負う執行機関（国務院反壟断執行機関）の２段階を指す。前者は「協調的」な行政機関に過ぎないが，後者は準司法的権限を持っている行政機関である。「多機関」とは，反壟断法の執行権限を単一の統一した「執行機構」が担うのではなく，いくつかの職権部門が共同で執行権限を担うことである。発展改革委員会，商務部，工商行政管理総局がそれぞれ係る反壟断法規定の運用を行うことである。徐・前掲注769) 96頁。ここでいうのは，後者の具体的な執行権限を持つ３機関である。

　さらに，2003 年に設立した独立かつ専門的な電力規制機関である電力監管委員会は，設立当初には，電力市場の公平な競争を維持し，市場の状況を踏まえた価格主管部門に対する電気料金に係る提案などの権限を付与された。また，その下部機関である市場監管部は，市場価格のコントロール行為に対して調査する権限を有していた。配電監管部は，配電事業者が無差別かつ公平に配電網にアクセスさせることを監督する権限を有していた。しかし，2013 年 3 月に，電力監管委員会は能源局に再編され，結局，国家発展改革委員会の所属に移された。

　そうすると，国家発展改革委員会の内部には，価格に係る政府規制と競争法規制の両法の規制権限を有することになる。しかし，価格独占行為の調査・処分機能と政府規制料金の設定では，基本的な出発点および規制の目標が根本的に異なる。よって，国家発展改革委員会は産業規制料金を設定する一方で，価格独占行為に対する競争法の規制機能を担当する仕組みは，競争法の執行機関の独立性を減殺してしまうおそれがある。

　2018 年 3 月，中国では国務院（中央政府）機構改革が行われた。反壟断法に関する業務は新たに設ける「国家市場監督管理総局」が一元的に管理する。つまり，これまで担ってきた競争当局の役割―国家工商行政管理総局，国家発展改革委員会の価格監督検査や反独占に関する法執行，商務省の事業者集中や反独占に関する法執行ならびに国務院反壟断（反独占）委員会弁公室などの反独占に関する職責が整理・統合され，国務院直属機構とする国家市場監督管理部門によって引き継ぐということになった。元々，独立性を有し権威のある新しい専門機関の設立という主張をする学者も少なくないので，今後その独立性と権威性が確実に実現されるか否かは中国政府の改革の決意次第であると思う。

（4）　電力産業における競争法規制の補充性

　前章の分析によると，競争法は，電力産業などの規制産業で行われた競争制限的行為を適用除外とするかどうかについて，明確に定めていないが，通説は，競争法の規定は，これらの産業にも同様に適用されるべきであるとしている。しかし，電力法およびその実施細則などの事業規制法規，および専門的な政府規制機関が存在するので，電力産業に政府規制と競争法規制の 2 種類の規制

が併存することになる。電力産業に対する規制の現状からみると，電力産業で行われた競争制限的行為に対して，競争法を適用する余地があるとしても，実際には競争法の執行機関は何もしない場合が多い。

政府規制の存在が大きいため，競争法があまり重視されず，補完的な地位にとどまっているといえるのであろう。具体的には，以下の3つのケースから競争法の執行が十分に行われていないことが窺える。

① 産業政策が存在していないにもかかわらず，競争制限的行為が存在していても，競争法の執行は積極的に発動されていなかった（一例として，第3章の山東省魏橋事件（2012年5月）の場合）。この場合，産業政策との抵触は存在しないので，競争法が執行されるべきでありながら何もされなかったのは，競争法の執行機関自身の問題であるといえる。これは執行機関と違法企業との情報の非対称性が存在したり，執行経験が欠如していたり，執行機関が違法行為に対して鈍感であることなどと関連があると考えられる。こうした問題を解決するために，執行機関自らの執行力および権威性を向上するほかないと思われる。

② 政府規制機関の産業政策が存在するため，これを配慮して，当該産業政策にしたがって行われた競争制限行為に対して，審査さえ行われないことがある（注305）で言及した中国電網買収事件（2010年）等）。電力産業に対して規制権限を持つ規制機関は，中央レベルだけではなく，地方レベルにおいても多数存在し，それらの規制機関が行政政策，政令等の形で公布した産業政策も多数存在する。よって，競争法の実施は一層制限されている状況に置かれざるを得ない。

③ 競争法の執行機関は，ある競争制限行為に対して審査は行われたが，審査において競争法の違法性を判断する際に，産業政策が存在していることを考慮要素として，競争法に違法とならないと判断する場合も多い。例えば，2009年に商務部が行ったコカ・コーラ社による中国匯源果汁集団の買収禁止命令という決定は，競争政策によるものではなく，産業政策によるもので，中小企業と国家ブランドを保護するためであるといわれている[771]。競争法の執行機関がある違法行為を判断する際に，完全に独立して決定するわけではない。実務上は，執行機関は他の規制機関，特に国務院（または国務院の所属部・委員

会――国資委・発改委など）の決定を非常に「尊重」している。現実的には，規制機関相互の力関係などを背景に，産業政策が存在しているという前提の下で，競争法の執行機関が専ら競争法の観点から分析して，これらの規制機関の決定と異なる意見を出すことは難しいとされている[772]。

2007年に反壟断法が公布されて以降，現在まで5年間の実施状況をみると，顕著な成果を収めているといえる。しかし，競争法が一般的な産業に行われた競争制限行為に対する執行力は強いが，電力産業などの特殊産業に対する執行の実効性が非常に弱い。これらの規制産業において，依然として政府規制が中心として機能していて，競争法の実施には様々な制限が加えられるので，補充的な地位にある。これらの産業に対する競争法の適用状況の改善および執行を強化することは，今後中国の競争法が克服すべき最も重要な課題であろう。競争法が真の市場経済の基本的なルールになることへの道はまだ遠いといわざるを得ない。

2 「政府規制優先主義」という過渡期の不可避性

(1) 電力産業における産業政策の慣用性

現在の中国では，電力産業における「政府規制中心主義」および競争法の補充的地位という状態は，避けようがないと思われる。

日本の独禁法の歴史を鑑みると，独禁法が制定された日本においても，産業政策が競争政策より優先的に適用されていた時期がある。1947年に，原始独禁法は，日本政府と占領軍総司令部との共同作業によって起草され，その内容は，財閥解体・集中排除政策との関連もあって峻厳なものであった（制定時）が，占領解除後は，当時の政治・経済情勢を反映し，一転して大幅な緩和改正や適用除外法の拡大，公取委の著しい法運用の停滞といった事態をみることになる（停滞期）[773]。1947年アメリカ占領下でアメリカ法を移植し制定された独

---

771)　王暁曄（韓巍訳）「中国反壟断法の施行3年と法治国家」新世代法政策学研究17号258頁（2012）。

772)　上海交通大学の侯利陽先生とインタビューした時に，このような意見も示された（2013.12.2）。

773)　平林英勝『独占禁止法の歴史（上）』1頁（信山社，2012）。

禁法は，当時市場が未成熟であったことや戦時統制経済の後遺症により「産業政策」に圧倒され，しばらく後退を続けた[774]。しかし，市場が成熟し始めた1970年代からその役割が再認識された[775]。1960年代後半からの消費者物価問題を契機に，独禁法は次第に再生に向かい，八幡製鉄・富士製鉄合併事件を経て，第1次石油危機における大企業批判を背景に，1977年に強化改正が実現することによって再生は頂点に達する（再生）[776]。また，1980年代の日本経済の国際化の過程でその閉鎖的・非競争的体質が問題となり，競争法・政策は，1990年代以降の経済改革の中心的な位置を占めるに至っている[777]。しかし，独禁法が重視され始める以前には，産業の保護・育成，国際競争力の強化のための企業経営の安定・強化・合理化などの目的で設けられた適用除外制度が存在していた。

電力産業などの規制産業についてみると，2000年以前は，電力産業が独禁法の適用除外とされている時期も存在した。その後，独占禁止法の旧21条・22条の削除，および電気事業法の改正によって，従来の電気事業法と独占禁止法の関係に変化が生じた。日本の電力産業の規制体制においても，現在の中国のような「政府規制中心」という時期を経験したともいえる。前述のように，現在の日本の電力産業においても，競争法が完全に事業規制法より優先されているとはいえない。政府規制と競争法規制の双方には様々な問題点が残されている中国において，電力産業に対して競争法を適用するのは容易ではない。

(2) 競争法実施の初期段階に伴う問題点

本書執筆時点で，中国の反壟断法の施行から8年半しか経っていない。市場経済が未成熟な時期において，電力産業などの根幹産業に対して反壟断法がどこまで運用されるべきかについて様々な問題が存在している。特に，競争メカニズムを重視する姿勢がまだ低いレベルにとどまっている現状の下で，国家の根幹産業として，単に競争を促進して，市場参入する事業者の数を増加することが，唯一の産業目標ではない。ある行為の競争法の違法性を判断する際に，

---

774) 安田信之「アジア競争法の現状と展望」公正取引第678号2頁（2007.4）。
775) 同上。
776) 平林・前掲注773）1頁。
777) 安田・前掲注774）2頁。

国内の電力供給の安定性・継続性の確保，国際競争力の上昇，国家財政収入の保障などがより重視されるべきという見解がまだ多いといえる。例えば，中国の電力産業の合併を認める場合に企業の規模の拡大により，産業の効率性および国際競争力を上昇させるという産業政策が考慮要素の1つとして考えられる。さらに，電力産業を経営している国有企業が，既存の独占地位を維持するため，競争の導入に対して抵抗する動きもある。

　また，産業の規制機関と競争法の執行機関との関係調整が不明確で，現実には被規制産業と緊密な関係を有する強い産業規制機関が存在するので，競争法の実施がある程度牽制されると考えられる。反壟断法の立法過程で，第1回の法審議案第44条では，産業の主管の規制機関の法執行が優先するが，当該規制機関が規制を行わない時には，反壟断法の執行機関が調査・規制をすることができると規定されていた[778]。一方，反壟断法の執行機関は関連規制機関の意見を求めなければならないと規定されており，そうなると当該規制機関が何もしなければ事態が膠着するおそれがあるとして，このような規定には批判があった[779]。そこで，第2回の法審議案第56条において，反壟断法の執行機関が業界の監視・管理機関に通知する義務が定められたが，これも意見の一致が得られなかったため，結局，最終の草案では反壟断法の執行機関と業界の監視・管理機関の関係を調整する条項は削除された[780]。したがって，産業の規制機関と競争法の執行機関との関係が如何に調整されるべきかという問題は不明確なまま残されてしまった。

　これらの阻害要因の下で，競争法および競争法の執行機関は，執行の経験が欠けているなか，執行の実効性，独立性および権威性を高めなければならない。競争法が最終にどれほどの実施性が得られるか，真に反壟断法が競争保護の法的武器になるかどうかは，国の経済体制，政治体制，法執行機関の能力，関連制度，国の競争文化などを含め，多くの要因が絡んでいるからである[781]。

---

778)　徐・前掲注769) 98頁。
779)　同上。
780)　同上。
781)　王・前掲注771) 265頁。

(3)　電力産業に対する競争法運用の限界

電力産業に競争的な市場を構築することの重要性を否定するわけではないが，競争促進という目的以外にも，商品と役務の供給の安定性，環境の保全，自然独占分野の規模経済性，ユニバーサル・サービスの保障などの目的も考慮しなければいけない。したがって，競争法が「経済憲法」とされている先進国においても，電力産業に対する規制には，競争政策が，産業政策より絶対的に優先的な地位に置かれているという主張がある[782]。産業政策は，産業の発展および公益性の維持などの経済的視点と非経済的視点から行われるので，競争促進と，社会公共の利益の実現および産業発展のどちらが優先されるのか判断は容易ではない。

第4節　中国の電力産業に対する示唆
──政府規制と競争政策の相互関係の再構築

現在，中国の電力産業における改革が，日本の電力産業の自由化改革と比較して，形式で発送電分離を実現したが，競争可能な発電分野，小売分野における政府規制緩和の程度，市場参入状況，および競争法に対する重視度からみれば，両国には一定のギャップがあると思わざるを得ない。日本の電力産業の場合は，政府規制緩和のため，電気事業法と独禁法が電力産業の競争促進という目標で一致している。こうした大前提があるからこそ，日本の電力産業における事業法と独禁法の相互補完説が実現できるのである。

一方，中国の電力産業は，競争市場を構築し，新規参入を促進するということを目標にして前に進んでいるが，今の段階では，政府規制も，競争法も，様々な問題点がある。中国は電力産業を競争法の適用除外としていないが，現実からみると，政府規制が依然として中心的な規制手段で，競争法の適用が補充的な地位にとどまっている。今後，政府規制の緩和，電力法の改正および競争法の実施の強化につれて，今の日本の電力産業のように，競争制限行為に対

---

782)　孟雁北「我国反壟断法之于壟断行業適用範囲問題研究」法学家第6期51頁（2012）。

する事業法と競争法との相互関係を直視しなければならない。したがって，日本の電力産業における両法の規制状況と相互関係についての考察は，意味があると考えている。また，中国競争法の施行の経験の積み重ねおよび電力産業の体制改革の進展に鑑みれば，両法は衝突するだけではなく，競争促進という共通の目標の下で，より一層柔軟かつ積極的な規制ができる仕組みが求められる。したがって，これに関して，豊富な独禁法の執行経験を持ち，かつ規制緩和および規制改革の過程で様々な実践をしている日本の電力産業が，非常に参考になると思われる。

　以下では，中国の電力産業に対する競争法規制の完備と，電力産業の政府規制自身の見直し，または競争法規制と政府規制両法の相互関係の再構築に対する，日本から得られる示唆を検討する。

1　電力産業における政府規制自体の見直し

(1)　伝統的な政府規制の必要性の見直し

ア．基本的な考え方

　中国の電力産業における政府規制にとって特に重要な問題は，国家および規制機関の産業に対する関与の範囲の画定である。産業政策が合理的に設けられ，正当に実施されれば，規模の経済性を実現して，産業の効率性および安定性を達成することが期待できる。電力産業にとって政府規制は必要なものである。しかし，政府規制の範囲が広すぎ，過剰規制になると，競争法の適用に対して一定の制限を与えるほか，電力産業の効率性を阻害するおそれがある。しかし，電力産業の改革の進展により，電力産業への競争の導入の範囲が拡大されつつある。電力産業における伝統的な政府規制の必要性・合理性を厳密に審査して，電力産業の競争環境に応じて政府規制の範囲をチェックする必要がある。

　また，規制の手段・手法が規制の目的と合理的関連性を有するかを見直す必要がある。規制手法が目的達成に必要な範囲を超えるなど目的と手段の均衡を失っていないか，規制方法の実効性が疑わしいなど目的と手段の不整合が生じていないか，より競争制限的でない他の代替的手段・手法がないか等が検討されるべきである。その場合，単に規制の量的な多寡を問題にするのではなく，

規制の枠組み自体を競争促進型ないし競争中立型に改革していくことが重要である。また，規制の見直しは一度限りではなく，改革の効果を検証しながら反復・継続してなされる必要がある。

要するに，政府規制の目的は，競争政策的観点からの評価を踏まえるべきであり，政府規制の最初の目的（競争政策と同様な究極目的）および期待された効果が得られなかった場合には，自然独占は常に当然適法なものと考える安易な姿勢を反省し，政府規制の適否についても，経済の実体や規制手段の適否等を真摯に検討する必要がある [783]。

イ．規制緩和のポイント——小売分野における PPS 参入規制の緩和

形式的にみると，中国の電力産業は発送電分離という面で日本の電力産業より前に進んでいるが，参入規制，料金規制という政府規制の根本的な内容から分析すると，中国の電力産業の規制改革は予想された効果を示していない。日本の電力産業の改革と異なるのは，中国の電力産業に実施された発送電分離という改革措置は，そもそも，小売分野の新規参入を促進するためではないので，元の1社独占的な国家電力公司を5つの市場支配力を有する発電事業者と2つの地域独占的な電網事業者に分けただけという措置の意味が少ないと考えている。電力産業の市場化改革は，単なる形式で行うわけではなく，消費者の利益を如何に市場支配的な電力事業者の存在に伴う弊害から守るか，競争メカニズムを導入するため如何に新規参入者を促進するのかが，中国の電力産業にとって最も意義のある規制改革である。これについて，以下のような建言を提出する。

PPS の市場参入の促進　今後，電力産業の小売分野における参入規制を緩和して，小売分野の新規参入を促進する（すなわち，PPS の参入規制緩和）のは，最も重要な改革措置であると考えている。こうした規制緩和を通して，以下のような効果が期待できる。

まず，大口需要家に対する小売市場における競争を促進する。中国の電力産業では，2005 年から発電事業者と大口需要家との相対取引が吉林省・広東省で試行されてから，現在まで幾つかの大規模工場 [784] が発電事業者と契約して

---

783)　丹宗昭信「政府規制産業と競争政策」『政府規制産業と競争政策』経済法学会年報第2号 24 頁（有斐閣，1981）。

いる。こうした相対取引は，送配電分野のコストを削減して，電気料金を抑え
るための効果的な対策として，政府によって推進されている。しかし，当初予
想された効果は実現されていない。相対取引契約での電気料金が送配電網事業
者に販売する卸電気料金より低いので，発電事業者にとっては，生産された電
気を送配電網事業者に販売する方がより多く利益を得る。したがって，発電事
業者は，大口需要家に比較的に低い料金で電力を供給するインセンティブが低
い。結局，送配電網事業者によって独占的に小売事業を営むことになっている。
これに対して，仮に，大口需要家に対する供給市場に PPS が参入できれば，
大口需要家は，電力の供給先を選択することができるようになる。発電分野に
おける既存の発電事業者に対してもある程度の競争の圧力をかけて，大口需要
家の選択を拡大し，大口需要家向けの電気料金を下げることが期待できる。

　また，PPS の参入によって，送配電網事業者により独占的に小売事業を営
む仕組みを変えて，小売分野における競争を促進することが期待できる。本書
の第3章に紹介した山東省魏橋事件（2012年5月）のように，小売分野にお
ける既存の独占事業者以外の民営自家発電者が，余った電力を周辺の需要家に
供給する能力または意欲を有しているのに，「電力法」第25条の「送配電網
事業者の独占的販売」の規定が存在しているため，当該供給行為の違法性が問
われることになっている。小売分野の競争を促進し，電力産業の効率性を実現
するため，同法第25条を改正して，PPS の小売分野への参入を認める必要が
ある。

　託送供給制度およびその他の補助的な政府規制の整備　小売分野における新規参入
者 PPS の参入を促進するため，託送制度およびその他の関わる規制措置の設
計が必要である。PPS は自らの送配電線を持っていないので，大口需要家に
電力を供給するため，既存の送配電網事業者の電網を借りるしかない。託送供
給制度の整備を通して，送配電網事業者の電線網を公平に開放して，PPS に
利用させる。PPS は送配電網事業者に一定の託送料金を払い，大口需要家と
契約した通りに電力を送配電網事業者の送配電網で需要家に運送する。

784）　電力監管委員会の「電力監管年度報告（2011）」に公布しているデータによると，2011
　　年末まで，中国全国の5つの省・自治区・直轄市の総計15社（中鋼集団吉林炭素股份有限
　　公司，遼寧撫順アルミ工場，安徽銅陵有色金属集団控股有限公司，広東台山市の6社，福
　　建省の6社）が発電事業者と相対取引契約を締結した。

　しかし，託送供給制度を実現するには，以下のような補助的な政府規制を整備する必要がある。規制機関は，様々な課題に追われる。まず，PPS の安定的な供給能力を確保するため，政府規制は PPS が小売市場へ参入する基準および要件を事前に明確にすべきである。当該基準を満たす事業者の市場参入を認可すべきである。また，規制機関は，如何に合理的な託送料金の算定方法を設定するかが課題である。さらに，送配電分野を独占している送配電網事業者が自前の送配電線網を PPS に公平に開放するように，より独立性の高い監視機構およびより厳密な規制手続が必要である。最後に，PPS の電源を保障するため，卸取引市場を創設するのが必要である。電力規制機関は，PPS が卸取引市場から電力を順調に調達できるため，卸取引市場の取引方式および取引規則を設計する課題を直視しなければならない。

(2)　電力産業における政府規制に伴うリスクの重視

　前述のように，電力産業における政府規制は，経済的，技術的ないし政治的な要因で政府が規制する必要がある。しかし，電力産業における事業規制法と独禁法の相互補完の必要性を検討するため，まず電力産業で実施されている政府規制を客観的に認識する必要がある。電力産業における政府規制には様々な問題点がある。

ア．電力産業に対する価格規制の問題点

　電力産業における競争メカニズムが十分に機能しない分野において，独占価格の抑制，ユニバーサル・サービスの保障，および所得分配等の事情を考慮する必要がある場合には，政府が価格規制を実施することが社会的に有益なものであると認識されている。政府規制を通して，競争が存在していない状態の独占価格を制限して，最終的に消費者の利益を保護することが期待されている。また，異なる消費者の特性ごとに異なる価格設定をして，政府による価格規制を通して，社会全体の利益分配の不均衡を調整し，電力産業の公益性を最大限に発揮することも求められている。

　その一方，電力産業に対する規制が効率性等にどのような影響を及ぼしているかの判断が困難であることや規制によるリスクも無視することはできない。

　一般電気事業者の電気料金に対する設定　各国の規制機関がユニバーサル・サー

ビスを確保する一方，電気事業者の供給インセンティブを維持するため，でき
るだけ多様な料金決定の仕組みおよび手続きを設け，経済学を踏まえた精密な
計算によって，最も合理的な電力料金を設定しようとしている。しかし，こう
した規制の目的をどこまで実現できるのかは疑問視されている。コストにあら
かじめ電力会社の利潤を上乗せするという総括原価方式を例として検討すると，
以下のように考えられる。総括原価方式を実施するためには，規制価格の設定
に関する計算のために一定の情報が必要である。しかし，これらの情報は，規
制の対象となる電力企業自身が握っているので，規制機関は，電力企業が提出
した会計資料に依拠するほかにないという情報の非対称性の問題が存在し，電
気料金の設定の根拠となる会計資料や経営コストの計算プロセスが必ずしも十
分に明らかにされていないとの疑問が存在している。

　例えば，情報の非対称性から生じた問題として，近年中国において電力公司
の職員の高すぎる給料が度々問題になっている。電力産業の産業利潤が下がっ
たのに，電力公司の職員が依然として高い給料を得ていることが注目され，電
気料金の計算の合理性についての懸念が指摘された[785]。一方，日本の電力産業
においても，価格規制における電力会社の公正かつ適正な事業報酬を設定する
ため，経産省が様々な工夫を凝らしたが，電力会社のコストの透明性および自
らのコスト構造を見直すインセンティブが低いことが問題となっている。

自然エネルギーを導入するための価格規制　日本は自然エネルギーによる電気の
市場参入を促進するため，「電気事業者による再生可能エネルギー電気の調達
に関する特別措置法」（2011年8月26日）を公布した。自然エネルギーをエ
ネルギー源とする発電設備で経済産業大臣の認定を受けた者を用いて電気を供
給しようとする者が，電力会社に電気の供給の申込みをしたときは，電力会社
は「その内容が当該電気事業者の利益を不当に害するおそれがあるとき」その
他の正当な理由がある場合を除いて，省令で定める期間，契約の締結を拒むこ
とができない（同法16条1項）と定めている。つまり，電力会社に対して，
自然エネルギーによる電力に対して全量買取を義務づけている。

　中国においても，発送電分離が実施されてから，自然エネルギーの促進およ

---

785)　広東電力企業の検針員の年給も15万元に至ったというニュースが地元の新聞紙に披露
　　された。「反壟断法管不了石油電力？誤読！」広州日報A5版（2007.8.31）。

び経済合理性を原則として,「再生可能エネルギー法」(中国語で「可再生能源法」である。全人代常務委員会により 2005 年 2 月 28 日公布),「再生可能エネルギーの発電価格および費用分担管理実施弁法」(国家発展改革委員会により,2006 年 1 月 4 日公布),「再生可能エネルギー発展基金徴収使用管理暫定弁法」(財政部,国家発展改革委員会,国家能源局により,2011 年 11 月 29 日公布),「再生可能エネルギー電気料金付加補助金管理暫定弁法」(財政部,国家発展改革委員会,国家能源局により,2010 年 3 月 14 日公布)などの規則に基づき,再生エネルギーによる電気の上網電気料金(卸売料金)および関連する補助政策を設定した。

しかし,自然エネルギーに対する適正な買取価格の設定,自然エネルギーを利用して発電を行う者への補助金の合理的な標準の設定,および発電事業者の間の公平性を確保することは困難であった。規制機関による発電分野の価格設定は,最終ユーザー向けの電気料金に影響を与えるが,どのような価格規制を行えば消費者の利益に資するのかの判断は難しい。例えば,買取価格および補助金を高く設定すると,これが電気料金に反映させられて,最終の消費者の負担が重くなるかもしれない。また,買取制度の導入により,再生可能エネルギーの普及が加速すると,買取料金が電力インフラに追加投資および電気料金より高く設定されていることが原因で,電気料金が上昇し,消費者や企業の負担が重くなることが懸念されている[786]。一方,逆に買取価格と補助金が低く設定されると,自然エネルギーによる発電参入者のインセンティブを損ない,自然エネルギーの育成・導入は期待する効果が得られないおそれがある。

イ. 規制の失敗の危険とコスト

アメリカのように競争法が長い歴史を有し,競争法規制を重視する国と異なり,日本と中国は,政府規制に依存する傾向がある。日本と中国では,自然独占産業に対して,行政機関が,強制力を以て政府規制を運用することが当然のように行われている。図 6-1 のように,規制機関は被規制企業,新規参入者および消費者の三者の間に立つ。規制機関は三者と緊密な関係があり,その規制手段によって三者の損得が左右される。したがって,政府規制自体のリスクお

---

786) 「再生エネ新設増加,電気料金上昇の懸念,既存電源と役割分担カギ」日本経済新聞朝刊 13 頁 (2012.6.28)。

図6-1　規制機関と関係当事者の構図

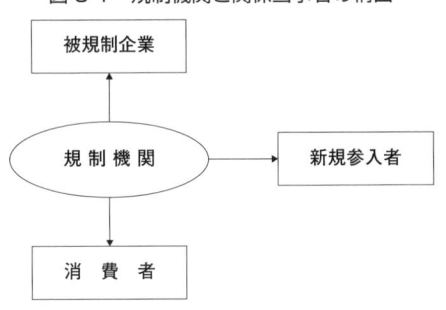

よび失敗のコストなどについても留意すべきである。

　政府規制は，元来，予測の誤りや情報不足による規制の失敗の危険を内包している が，特に参入や料金を規制する競争制限的の規制は，消費者ニーズの変化に対応できなかったり効率的な事業経営を阻害したりするほか，カルテル等の競争制限的体質を助長したり，規制が既得権化して閉鎖的な産業構造を形成したり，監督官庁の権限維持の指向と相まって不必要な規制を長期に存続させるおそれがある[787]。日本と中国のような規制機関と被規制事業者との間に従来から緊密な関係を有する国では，規制機関は，完全に独立的，公平的，科学的に規制するのは極めて困難である。

　また，規制機関の裁量が大きくならざるを得ないことから，規制のプロセスが不透明・恣意的になったり，規制の内容が過度に競争制限的になったりしがちになる[788]。そして，これらの弊害は，商品選択の幅を狭めたり不必要なコストを発生させたりして，結局は消費者の不利益や負担増をもたらすことになる[789]。

　さらに，新たな競争環境が生じたことにより，規制産業に対する従来の規制手法は，競争の導入に伴って複雑になる産業構造に対応しなければならなくなっている。特に，規制産業が競争環境に置かれた時に，市場競争に委ねるだけでは期待する競争効果が生じない場合，競争メカニズムを導入し，競争環境

---

787)　岸井・前掲注724) 373頁。
788)　同上。
789)　同上。

を構築・維持するため，従来からの政府規制をどのように見直すべきかが一層難しい問題となっている。

したがって，日本と中国のような事業規制を運用する傾向がある国において，電力産業における規制機関がどの程度競争を促進し，新規参入者の利益を確保して，最終的に消費者の利益を保護するのか，また，規制機関が一定の裁量権を持つ上で，公正かつ透明な規制を実施できるかどうか，あるいは，規制の合理性についてリアルタイムで検討・調整できるかについては疑問である。

(3) 法律レベルの規制緩和の必要性

電力体制改革の進展につれて，競争できる分野の参入規制および料金規制を緩和する必要がある。しかし，現在，中国の電力産業の料金規制および参入規制の緩和の目標は，国家の発展方針および産業政策によって明確になっているが，電力改革の実行的な改革措置の多くは，行政規章および部門規章・規則・行政指導意見，あるいは，「方針」「方案」「政策」などの法律レベルではない政策レベルにとどまっている。法律レベルの本格的な改正が遅れているので，実際にどのような効果があるか疑問とされている。例えば，中国の電力改革における最も重要な改革方案，2002 年の「5 号文件」および 2015 年の「9 号文件」では，今後の中国電力産業の改革方向および目標は明確にされているが，電力産業の基本法としての「電力法」は 1996 年に実施されてから何も改正されていないので，結局，電力体制改革方案は，政策上の宣言にとどまっている。

また，「電力体制改革方案」に基づく公布された改革措置が存在しているが，法レベルの改正が遅れるので改革措置の実効性が懸念されている。例えば，「電力監管を強化し電力業界への民間資本の投資を支持する実施意見」（「加強電力監管支持民間資本投資電力的実施意見」，行政指導意見であり，2012 年公布）では，公平かつ開放的な市場を構築しようとする方向性が提示された。同意見では，電力市場へのすべての参加者を平等に扱うとともに，民間企業の送電線網へのアクセスも差別のないようにして，一定の参入条件を満たす民間企業が大手需要家に電力を供給することを促進する方針が示されている。しかし，これらは電力改革の政策方針であり，法的レベルの改正ではない。「電力法」においては，依然として厳格な参入規制が残されている以上，民間企業の小売市

場への参入障壁は高いといえる。

　したがって，本格的に電力産業における政府規制を緩和して，民間企業の参入を促進しようとすると，法的拘束力・強制力の低い改革方案・行政方針・指導意見などのレベルの改革にとどまるわけにはいかない。

2　電力産業における競争法規制の完備に対する示唆

(1)　電力産業に対する競争法の一般的適用性の肯定

　前章の分析によると，現在中国の電力産業に対して，競争法を運用する際に，執行機関が積極的に競争法を運用していないという現状が分かる。しかし，電力産業における競争導入を目標とする体制改革の実施および競争可能な分野の存在という現実の下で，電力産業を競争法の適用除外とする根拠は存在しない。また，競争法は市場経済における「経済憲法」として，市場経済の公正かつ自由な競争秩序を構築・維持するための基本的なルールである。それにもかかわらず，現在，中国の電力産業などの規制産業に対する競争法の適用状況からみれば，競争法は真の「経済憲法」とされているわけではない。これらの規制産業に対する競争法の適用を強化することは，今後，市場経済の発展に力を尽くしている中国にとって最も重要な課題であると思われる。

　したがって，競争法は，市場活動における競争制限行為に対して基本的な法律として，「普遍的」に適用されるべきである[790]。規制産業，他の「一般的な産業」，国有産業，民間企業を問わず，明示的な適用除外に関する規定がない限り，競争法の適用を否定するわけではない。

(2)　黙示の適用除外の運用の控えと判断基準の明確化

　日本では，2000 年の独禁法の改正により，旧 21 条が削除され，自然独占産業に対しても独禁法が適用されることになり，電力産業が事業規制法のみで規制されていた状況から，事業規制法と独禁法の両方から規制される状況に変化したことから，事業規制法と独禁法の適用範囲の調整が問題となっている。

---

790)　張占江「反壟断法与行業監管制度関係的建構──以自然壟断行業内制限競争問題的規制為中心」当代法学第 1 期 116 頁（2010）。

前述のように，裁判例の基本的な立場は，適用除外は市場経済の基本的ルールである独禁法に対する例外であるからその許容には慎重であるべきであり，適用除外が必要な場合には明文の規定を設けるのが立法者の合理的な意思であるなどの理由から黙示の適用除外を認めることに消極的であるといえる[791]。よって，独禁法が明示的に適用除外を規定していない場合は，競争の余地があると解され[792]，独禁法の適用除外とすることは非常に困難である。さらに，現在独禁法の適用除外については，法律の規定や仕組みが独禁法違反行為の存在を容認しているようにみえる場合であっても，明文の除外規定によらない限り独禁法の適用は除外されないという取扱いについて「明示の適用除外の原則」が採られているとする論者もいる[793]。

これについて，中国の場合は，ある行為に対して競争法の適用除外として対応したり，産業政策と衝突しないように競争法に基づき関与しなかったりする際に，その判断基準はあまり明確にされていないように思われる。競争法の執行機関は，競争法の適用除外の許容に対して慎重に判断し，黙示の適用除外を認めることをなるべく抑制することが望ましい。また，黙示の適用除外となる場合においても，その判断基準と考慮要素が明確に示され，総合的に論証されるべきである。

(3) 競争法の条項に対する解釈の完備

中国の競争法体系は，制定されていた際に先進諸国の実施経験を参考にしながら，中国の市場経済の特殊性を踏まえて，制定されたものである。競争法の規制目的および具体的な規制内容は，当時の中国にとっては非常に重要かつ先進的であった。しかし，反壟断法を中心とする競争法体系は，条文および用語においては不明確な部分が残されている。競争法には，執行機関に一定の裁量権を与えざるを得ないが，競争法の実効性および適用性を上昇させるため，競争法に対する解釈の完備が重要な課題となっている。

---

791) 岸井・前掲注724) 375頁。
792) 土田和博執筆第10章，金井ほか編著・前掲注718) 450頁。
793) 岸井・前掲注724) 372頁。

ア. 「社会公共利益」の解釈

　前述のように，反壟断法第 15 条は，「省エネルギー，環境保護，災害救助等，社会公共の利益を実現するためである場合」に行われた「社会公共利益カルテル」を，競争法の適用除外とすると定めている。しかし，そもそも，中国の法律学では「社会公共利益」に対する解釈が十分検討されていない。特に，電力産業などの公益事業のように，ユニバーサル・サービスを保障することが当該産業の基本的な目標であるので，社会公共利益に対する解釈が不明確な状態の下で，適用除外を拡大して解釈され得る。電力産業と関連するすべての事業活動を「社会公共利益」として適用除外される可能性が極めて高いと思われる。したがって，まず，このような適用除外となる条項を客観的により精緻に解釈することが必要である。

　この点について，前述の日本の独禁法の「公共の利益」についての考え方は参考となる（本書第 5 章第 1 節第 3 項）。産業政策の存在および産業の特性を理由に，「社会公共利益」を広く解釈すると，反壟断法が骨抜きになるおそれがあるので，これらの要件を考慮する際に，曖昧に解釈するのではなく，競争法の目的に基づき公共利益の範囲を慎重に判断するほか，競争法の目的および行為の目的達成の手段の相当性などを総合的に考慮することが求められる。

イ. 「正当な理由」に対する解釈の完備

　既存の電力事業者が市場支配的地位を濫用する違法行為は深刻である。特に，送配電分野の事業者（国家電網などの電網所有者）は，独占状態における国有企業であるので，前述した問題点が存在することはいうまでもない。一方，不可欠施設を所有する独占事業者が，市場支配的地位を濫用して，取引拒絶[794]，強制的取引[795]，抱き合わせ販売および不合理な取引条件付き販売[796]，差別的待遇条件付き取引[797] などの禁止行為に該当するおそれがある。しかし，反壟断法第 17 条——市場支配的地位を有する事業者の濫用行為に関する規制には，「正

---

794)　正当な理由なく，取引先に対して取引を拒否することである。
795)　正当な理由なく，取引先が自己との間でのみ取引するよう制限し，又はその指定した事業者との間でのみ取引するよう制限することである。
796)　正当な理由なく，商品を抱き合わせて販売する，又は他の不合理な取引条件を取引に当って付加することである。
797)　正当な理由なく，同等な条件の取引先に対して，取引価格等の取引条件の面で差別的待遇を行うことである。

当な理由がない」という要件を規定している。つまり，正当な事由が認められ
ない場合，同条の市場支配的地位を濫用する行為に該当する。現在，執行機関
は市場支配的地位を有する事業者の濫用行為に該当するか否かの判断にあたっ
て，「正当な理由」の解釈は執行機関の裁量に委ねられている[798]。しかし，競
争制限的行為に対する判断の公平性および一致性を実現するため，「正当な理
由」の判断基準を明確にする必要がある[799]。

　このような問題が日本においても論じられる場合がある。日本の独禁法上の
正当化事由を巡る判例の変遷[800]およびそれに関する議論は，正当化事由につ

---

[798]　中国の競争法体系において，「正当な理由」に関する解釈は一切存在しないことではな
　　い。例えば，「価格独占禁止規定」（国家発展改革委員会，2010年12月29日公布）では，
　　「正当な理由」について幾つかの解釈が定められている。市場支配的地位を有する事業者の
　　「不当廉売行為」の「正当な理由」は，以下の場合を含む。①生鮮商品，季節性商品，有効
　　期限がまもなく切れる商品および在庫商品を処分する場合の値下げ。②債務の完済，他の
　　製品の生産，休業のための値下げ。③新商品を宣伝するため販売促進活動を行う場合。
　　④当該行為が正当性を有することを証明できるその他の理由。
　　　また，市場支配的地位を有する事業者の「取引拒絶行為」の「正当な理由」は，以下の場
　　合を含む：①取引相手に深刻な信用不良記録があり，または経営状況が持続的に悪化する
　　等の状況により，取引に比較的大きなリスクをもたらす可能性がある場合。②取引相手が
　　合理的な価格でその他の事業者から同種類の商品，代替の商品を購入することができ，ま
　　たは合理的な価格でその他の事業者に商品を販売することができる場合。③当該行為が正
　　当性を有することを証明できるその他の理由。
　　　さらに，市場支配的地位を有する事業者の強制的取引（「正当な理由なく，取引先が自己
　　との間でのみ取引するよう制限し，またはその指定した事業者との間でのみ取引するよう
　　制限すること」）の「正当な理由」は，以下の場合を含む：①商品の品質と安全を保障する
　　ため。②ブランドのイメージを維持またはサービス水準を向上させるため。③著しくコス
　　トを抑え，効率を向上させることができ，かつ消費者にその得られた利益を享受させるこ
　　とができること。④当該行為が正当性を有することを証明できるその他の理由。
　　　しかし，以上の3つの行為以外の濫用行為の「正当な理由」は，解釈されていない。また，
　　この3つの行為の「正当な理由」は，市場支配的地位を有する事業者が価格に関する手段
　　（価格割引，高すぎる販売価格または低すぎる購買価格を設定すること）を利用する場合の
　　みに考慮される。市場支配的地位を有する事業者が価格以外の手段を利用して反壟断法第
　　17条に規定されている濫用行為を行う時に，その「正当な理由」について如何に判断する
　　かは明確にしていない。
[799]　張・前掲注790）118頁。
[800]　例えば，競争の実質的制限における正当化事由については，旧来，「公共の利益に反し
　　て」の文言に託されたが（例えば，石油製品価格協定刑事事件の判示には，厳格に独禁法
　　の違法範囲を広げることが必ず消費者の利益に合致し国民経済の健全な発展に寄与すると
　　いう証拠はなく，他方で，曖昧な基準によって正当化理由を認めようとするものであって
　　無限定に認めると独禁法を根底から覆すことになるので，法益の比較衡量によって正当化
　　事由を限定的に扱った），しかし，大阪バス協会事件においては，正当化事由を「公共の利
　　益に反して」に託して検討するという従来の考え方を変えた。8条1項1号には，「公共の
　　利益に反して」という要件はないので，同事件には，正当化事由を勘案しながらもその際
　　「公共の利益に反して」という文言に依拠せず，「競争の実質的制限」を狭く解釈することに
　　よって，「公共の利益に反して」という要件のある条項（2条5項と6項）とこの要件のな
　　い条項（8条1項1号，10条，13-16条）との間の食い違いを解消した。以上，白石忠志
　　『独占禁止法』87頁（有斐閣，2006）引用。

いての判断の困難さを示している。しかし，注意すべき点は，日本の場合には，中国の反壟断法と異なり「正当な理由がなく」という要件を明示していないという点である。正当化事由という要素は，競争の実質的制限や公正競争阻害性という文言の中に読み込まれている[801]。つまり，正当化事由が存在すると認める場合には，競争の実質的制限または公正競争阻害性は満たされない，とされている。一方，中国の反壟断法では，市場支配的地位の濫用行為に対する規制について「正当な理由」という要件は明確に定められているが，その判断基準が不明確であるので，結局，競争法の適用は「正当な理由」の有無に左右される。すると，日本独禁法上の「正当化事由」と同様の問題に直面する。特に，公益事業としての電力産業に対して，厳しく競争法を適用した場合，必ずしも電力産業の効率性が高まり，国民の利益が上昇するというわけではないので，電力産業に対して競争法を軽率に適用すべきではないという者もいる。一方，電力産業の促進および公益性の維持などの曖昧な基準に基づき，電力産業に対する競争法の適用を排除して，競争法の運用を空洞化させることを回避すべきである。したがって，正当化事由を判断する際に，なるべく総合的に判断することが求められる。

　具体的にいえば，ケースバイケースで判断する必要があるが，まず，競争法の執行機関によって競争法が積極的に運用されることが不可欠である。事業法規制の存在および規制機関の決定・命令などが存在することから，直ちに正当化事由が認められるのではなく，競争法の独自の目的および判断基準に基づき，事業法規制によって認められた当該行為に対してチェックする必要がある。それを大前提として，競争法に基づき具体的に判断する際に，電力産業の規制機関と協調して，当該分野の規制機関の専門的意見を参考にしながら，厳密な論証を通して，正当化事由の有無を判断することが望ましい。

3　産業政策の策定・実施における競争法に対する尊重の増強

　今後，中国の電力産業における政府規制の見直しおよび中国の競争法体系の

---

801)　白石・前掲注800) 85頁。

完備が進んでいくが，政府規制と競争法は，電力産業の安定供給の保障および効率性の上昇という目標の実現とは矛盾するわけではない。政府規制は，特定産業の特性に基づき細かく規制することができるし，改革の進展にしたがい柔軟な対応措置を制定することができるが，規制産業の「虜」になっているため，市場全体の公平な競争秩序の維持という視点から規制するのは難しいと思われる。一方，競争法は市場経済の基本法であるので，事業者の市場活動を全体的に規制して，基本的なルールを提供しているが，産業の特定に応じて，具体的かつ柔軟的に対応することも難しいといえるであろう。一方の規制によって電力産業を完全に規制できるとは考えにくく，両者の相互補完による，有効かつ迅速な規制構造の構築が期待される。現在，中国の電力産業では，「政府規制主導主義」の下で，競争法より政府規制の方が優先的に実施されている。こうした現実を踏まえて，競争法の電力産業を含める規制産業における実効性および権威性を高めるため，産業政策（政府規制）の策定・実施の際に，基本法である競争法に対する考慮・尊重を強化しなくてはならない。

　具体的に如何に強化するかについて，日本の電力産業の政府規制と競争法の関係から，以下のような示唆を得ることができる。

(1)　両機関による共同指針の制定

　まず，電力産業の規制機関と競争法の執行機関が共同指針の制定を通して，それぞれの役割分担を明確にすることが必要である。日本の電力産業第2回目の自由化改革において，小売分野の部分自由化に伴って既存の一般電気事業者以外に，PPS（新電力）による小売市場への参入が可能になった。第2回目の自由化改革に合わせて，1999年12月に，通商産業省（当時，現経済産業省）と公正取引委員会は，共同で「適正な電力取引についての指針」[802]を策定した（現行は2011年9月5日改正版）。同共同指針には，公正かつ有効な競争の観点から電力産業における問題となる行為が具体的に例示されていることから，電力産業の政府規制機関と競争法の執行機関が共同して電力産業を協調的に規制

802）　細田孝一「適正な電力取引についての指針の公表について」公正取引第591号33-43頁（2000.1）。又は，「「適正な電力取引についての指針」を公表——公取・通産共同で」公正取引情報第1720号18-19頁（2000.1.10）。

することが可能になっている。

　当該指針は,「電気事業法を所管する通商産業省と独占禁止法を所管する公正取引委員会がそれぞれの所管範囲について責任を持ちつつ,相互に連携すること」[803] になっていることから,行政介入の未然防止・最小化と経営自主性の尊重・自主的な経営環境の整備に有益である[804]。また,当該指針は,電力産業に市場競争を導入する際に,予測できなかった行為に対する規制を行うため,電力市場の競争状況および市場構造が動態的に変化していくことに伴い,必要に応じて見直しを行っていくことになっている[805]。

　実は,日本での両法の規制機関が共同で指針を設定して,規制産業における競争制限行為に対して,競争法と事業法のそれぞれの役割を発揮し,執行機関間の相互関係を協調する方法が,中国の学者の間で注目されている[806]。しかし,留意すべき点は,中国の電力産業の規制機関は政府の各行政部門に分散されており,さらに,競争法の執行機関も単一ではないので,統一的な指針を制定することが難しい可能性があるという点である。現在中国にとっては,電力産業における生じうる行為を規制するため,両法の執行機関の間に明確的な調整ルールおよび調整する仕組みが必要である。

(2)　競争評価制度の導入

　ある産業政策が公布される前に,事前に当該政策に対する評価をする必要がある。特に,中国において,規制機関の産業政策は,法的レベルだけではなく,行政指導,指示,「行政批複」など様々な形式で実現することができる。これらの政策によって,規制機関が規制産業の産業特性を考慮した上,より専門的な視点から規制することができるが,当該産業政策が市場全体の競争秩序に対してどのような影響を与えるかについての評価まだ少ない。そこで,産業政策を策定・実施する前に,当該産業政策に対する「競争評価」を行う必要があると思われる。

---

803)　公正取引委員会・経済産業省「適正な電力取引についての指針」2頁（2011.9.5）。
804)　内田耕作「独占禁止法のインフォーマルな執行——危うさの自覚と改善の方向」彦根論叢第393号8頁（2012）。
805)　公正取引委員会ほか・前掲注803）2頁。
806)　楊東「論反壟断法与行業監管法の協調関係」法学家第1期24頁（2008）。

　日本では，2010年より，「行政機関が行う政策の評価に関する法律」第9条に基づく規制の事前評価の一部として，公取委が中心となり，「競争評価」が導入されたことが注目される[807]。ここにいう「競争評価」とは，規制の社会的費用の1つとして競争に与える影響を考慮するため，規制の導入・改廃の際に，規制官庁に対し，規制の競争への具体的影響に関する「競争評価チェックリスト」の記入を求め，その回答内容を精査して，必要に応じ回答の背景や趣旨などを確認するというものである[808]。これは直接の法的効力を有するものではないが，今後の情報の蓄積と分析・評価能力の向上などにより，競争政策の観点から規制の必要性・合理性を事前にチェックする，有効な方策の1つとなることが期待されるものである[809]。

　競争評価制度の導入によって，規制機関にある規制または産業政策を策定・導入する前に，市場競争に対する影響を考慮しなければならないので，規制機関により恣意的に行政権力を運用して，秩序なく産業政策を制定することを抑止することが期待される一方，基本法である競争法に対する尊重・重視を強化し，国の競争文化を育てることも必要であろう。

---

807)　岸井大太郎「政府規制と独占禁止法」『経済法』350-351頁（有斐閣，2013）。
808)　同上。
809)　同上。

あとがき

　政府規制と競争政策，または産業政策と競争法の相互関係，役割分担の本質とは，市場活動における「政府」と「市場」の相互関係である。電力産業のような規制産業には，従来から政府規制が存在し，競争政策の適用は考えられなかった。しかし，規制緩和および電力改革の進展した現在，電力産業における政府規制と競争政策の関係を検討する際に，どのようにして従来のような「事業法中心的ないし独占的な規制体制」における様々な弊害を抑制し，競争法の運用を強化させるかが改革のポイントであろう。

　形式的にみると，中国の電力産業は発送電分離という面で日本の電力産業より前に進んでいるが，参入規制，料金規制という政府規制の根本的な内容から分析すると，中国の電力産業の規制改革は予想された効果を発揮していないといえる。日本の電力産業の改革と異なって，中国の電力産業で実施された発送電分離という改革措置は，発電分野に競争を導入しようとする目的の下で，垂直一体化していた元の1社独占的な国家電力公司を5つの市場支配力を有する発電事業者と2つの地域独占的な電網事業者に分けて，そもそも，小売分野の新規参入を促進するための措置ではない。しかし，発送電分離を行ったとしても，発電分野への参入障壁が存在して，発送電分離が徹底しておらず，小売分野への新規参入が禁止されているので，構造分離の実施が競争促進の効果を達成したとはいえない。電力産業の市場化改革は，産業構造の形式のみに拘泥すべきでなく，既存の市場支配的な電力事業者の存在に伴う競争制限行為を規制して，新規参入の促進を通して電力産業の効率性を上昇させ，需要者の利益を保護することが，中国の電力産業にとって最も意義のある規制改革であると考える。

　また，中国政府は，競争法の目的がどこにあるか，電力産業における国有企業の存在の意義がどこにあるか，という根本的な問題を反省する必要がある。つまり，中国の電力産業は，日本の電力産業のような自由競争の段階を経ていない。数多くの国有企業は「公共の利益」という理由で直ちに政府による過剰

保護を受けている。しかし，国有企業に伴う低効率性，競争独占的地位を利用して民間企業と利益を争奪するなどの問題は，「公共の利益」を保護する趣旨と矛盾しているのではないかという批判を招いた。また，競争法は個別の企業の利益，政府自体の利益を保護することが目的ではなく，民間企業および消費者の利益に対する保護を重視すべきである。

さらに，中国の電力産業に対する改革措置の多くは法律にしたがって実施されているのではなく，行政規章・部門規章・規則・行政指導意見などにしたがって実施されているので，こうした改革措置がどの程度効果を得るかについては疑問がある。現在まで，中国電力産業には3回の改革が実施されたが，基本法としての電力法は1996年から実施されて以降何一つ改正されていないため，改革措置の多くは政策上の宣言にとどまっている。これに対して，日本の電力産業に今まで行われた自由化改革，および今後実施しようとする改革は，電気事業法の改正を中心とする点が特徴である。したがって，中国の電力産業にとって，実効的な改革を実現するためには，十分な検討の上，法律レベルの規制緩和・改革が不可欠であるといえる。

要するに，伝統的な政府規制が深く影響を与えている電力産業においては，今後，政府規制（事業法）と競争法の相互関係がより一層複雑になると考えられ，両法の関係をどのように調整すべきであるかという問題に直面しなければならない。以上の考察を通して，日本の電力産業の経験を参考に，中国の電力産業の今後の改革に多少とも役に立てることができれば幸いである。

　　　2018年8月

　　　　　　　　　　　　　　　　　　　　　　李　　慧　敏

【後記】2016年3月，中国の国務院は「公平競争審査制度」の創設に関する政府文書を公表した。今後，中国当局が着実にこの制度を実施するのか，さまざまな産業政策に対して大胆に公平競争審査を行うことができるのかが，最大の注目点となる。

参 考 文 献

【中国語文献】（ピンイン順）

賓雪花『産業政策法与反壟断法之協調制度研究』中南大学，2011 年。

陳黛「魏橋変法買電記」『大経貿』第 6 期，2011 年。

陳富良・徐濤「電力行業規制政策的変遷及稀啓示」『財経問題研究』第 2 期，2009 年。

陳思亮「論反壟断法対行政独占的規制——基于行政壟断特徴的分析」『ホロンバイル学院学報』第 4 期，2009 年。

陳忠言・張巍「反壟断法適用除外制度若干問題研究」雲南大学学報（法学版）第 3 期，2010 年。

方小敏「行政性制限競争行為的法律規制」『法学』第 2 期，2005 年。

方小敏「論反壟断法対国有経済的適用性——兼論我国反壟断法第 7 条的理解和適用」『南京大学法学評論』第 1 期，2009 年。

郭宗傑「特殊行業与領域的壟断問題——兼論反壟断法草案相関条款的設置」『法治研究』第 5 期，2007 年。

国家電力監管委員会『電力監管年度報告（2011）』2012 年。

侯懐霞「行政壟断的成因，類型及法律対策」『山西大学学報』第 6 期，2002 年。

胡鞍鋼・過勇「従壟断市場到競争市場——深刻的社会変革」『改革』第 1 期，2002 年。

胡恩同「上網電価形成機制与中国上網電価改革」復旦大学，2006 年。

胡薇薇「我国制定反壟断法勢在必行」『法学』第 3 期，1995 年。

黄勇・劉燕南「価格法与反壟断法関係的再認識以及執法協調」『価格理論与実践』第 4 期，2013 年。

蒋暁妍「国外電力行業改革及其法律規制対我国的啓示」『鄭州航空工業管理学院学報（社会科学版）』第 5 期，2011 年。

蒋志培・孔祥俊・王永昌「関与審理不正当競争民事案件応用法律若干問題的解釈的理解与適用」『人民司法』第 3 期，2007 年。

李常青・万江「価格法与反壟断法的競合与選択適用問題研究」『中国価格監督検査』第 12 期，2012 年。

李戠・崔紅衛「価格法是市場経済的基本法」『価格理論与実践』第 7 期，1994 年。

李在峰「実施価格法完善価格法律体系」『価格与市場』第 6 期，1998 年。

劉佳麗『自然独占行業政府監管機制，体制，制度功能耦合研究』吉林大学，2013 年。

劉振亜『中国電力与能源』中国電力出版社，2012 年。

龍生平『基与整体性治理的我国電力監管体制改革研究』華中師範大学，2011 年。

孟雁北「我国反壟断法之于壟断行業適用範囲問題研究」『法学家』第 6 期，2012 年。

石淑華『行政壟断的経済学分析』社会科学文献出版社，2006 年。

史際春「遵従競争的客観要求——中国反壟断法概念和対象両個基本問題」『国際貿易』第 4 期，1998 年。

史際春・肖竹「論価格法」『北京大学学報（哲学社会科学版）』第 6 期，2008 年。

譚紅琳「我国反壟断法対壟断企業的影響研究」『法制与社会』第 20 期，2009 年。

唐昭霞『中国電力市場結構規制改革研究』西南財経大学出版社，2011 年。

田紅雲・陳継祥「我国電力工業体制改革中的壟断与管制」『西南交通大学学報』第 5 期，2005 年。

王保樹「論反壟断法対行政壟断的規制」『中国社会科学院研究生院学報』第 5 期，1998 年。

王俊豪『中国壟断性産業管制機構的設立与運行機制』商務印書館，2008 年。

王俊豪『中国壟断性産業結構重組分類管制与協調政策』商務印書館，2005 年。

王俊豪・王建明「中国壟断産業的行政壟断及其管制政策」『中国工業経済』第 12 期，2007 年。

王茂林「論我国反壟断法適用除外制度」『西部法学評論』第 1 期，2009 年。

王仁富「中国競争法律体系及其協調性研究」安徽大学，2010 年。

王暁曄「行政壟断問題的再思考」『中国社会科学院研究生院学報』第 4 期，2009 年 7 月。

王暁曄「依法規範行政性制限競争行為」『法学研究』第 3 期，1998 年。

王暁曄『反壟断法』法律出版社，2011 年。

王暁曄『競争法与経済発展』社会科学文献出版社，2003 年。

韋大楽「価格法成効与完善建議」『法学雑誌』第 24 巻，2003 年。

魏科科『中国電力行業規制改革研究』華中科技大学，2010 年。

呉麗壱「煤電之争的原因及対策分析」『煤炭経済研究』第 32 巻 2 期，2012 年 2 月。

夏清・黎燦兵・江健健・康重慶・沈瑜「国外電力市場的監管方法，指標与手段」『電網技術』第 3 期，2003 年。

肖瑋「中国電力行業競争与管制的選択」『電力技術経済』第 6 期，2000 年。

徐士英『競争法新論』北京大学出版社，2006 年。

楊鳳『経済転軌与中国電力監管体制建構』中国社会科学出版社，2009 年。

楊蘭品『中国行政壟断問題研究』経済科学出版社，2006 年。

葉沢方「当前我国電力工業市場化改革的難点及対策分析」『中国工業経済』第 9 期，2001 年。

易成「論我国行政壟断的成因及対策」『当代経済』第 10 期，2004 年。

余暉「行政壟断如何終結」『中国経済時報』，2001 年 4 月 25 日。

袁文平・劉恒「体制作怪——二灘水電站的成功与困惑」『経済理論与経済管理』第 2 期，2001 年。

張徳霖「論我国現階段壟断与反壟断法」『経済研究』第 6 期，1996 年。

張傑斌「特定行業的「反壟断法」適用研究——「中華人民共和国反壟断法」評析」『北京化工大学学報（社会科学版）』第 4 期，2007 年。

張維迎・盛洪「従電信業看中国的反壟断問題」『改革』第 2 期，1998 年。

張昕竹『網絡産業——規制与競争理論』社会科学文献出版社，2000 年。

張欽「有関我国電価改革的幾点探討」『能源技術経済』第 2 期，2011 年。

張占江「電力行業的反壟断法適用研究」『経済法論叢』第 13 巻，2007 年。

張占江「自然壟断行業的反壟断法適用——以電力行業為例」『法学研究』第 6 期，2006 年。

朱智文「我国壟断行業改革問題的研究進展与評述」『経済学動態』第 1 期，2007 年。

【日本語文献】（アイウエオ順）

アジア経済研究所訳編『中国の電力・石炭・紡織・製紙工業』研究参考資料第 71 集，アジア経済研究所，1964 年。

厚谷襄児「独占禁止政策と公共料金」『ジュリスト』335 号，1965 年 12 月。

井澤裕司「自然独占の理論と電気事業──火力発電の費用関数」『電力経済研究』17号，1983年7月。

井手秀樹『規制と競争のネットワーク産業』勁草書房，2004年。

伊藤眞・松尾眞・山本克己・中川丈久・白石忠志『石川正先生古稀記念論文集　経済社会と法の役割』商事法務，2013年。

井上典之「競争制限・国家独占と規制の首尾一貫性──経済活動に対する規制と比例原則」『企業と法創造』27号，2011年。

植草益『公的規制の経済学』筑摩書房，1991年。

植草益『講座・公的規制と産業1　電力』NTT出版，1994年。

植草益『社会的規制の経済学』NTT出版，1997年。

王暁曄「中国のWTO加盟と独占禁止法の制定」『桐陰法学』第11巻2号，2005年。

王暁曄著，韓巍訳「中国反壟断法の施行3年と法治国家」『新世代法政策学研究』17号，2012年。

大橋弘「独占禁止法と経済学」『公正取引』第738号，2012年4月。

大橋弘「市場支配力と市場画定」『公正取引』第740号，2012年6月。

尾形清一「エネルギー政策における「参入」過程の構造」『政策科学』，2004年。

海外電力調査会編著『中国の電力産業──大国の変貌する電力事情』オーム社，2006年。

勝野龍平「政府規制分野および独占禁止法適用除外分野の見直しについて」『公正取引』第355号，1980年5月。

金井貴嗣・川濱昇・泉水文雄編著『ケースブック独占禁止法』（第2版）弘文堂，2010年。

金井貴嗣・川濱昇・泉水文雄編著『ケースブック独占禁止法』（第3版）弘文堂，2013年。

河上正二「公共料金について」『ジュリスト』1442号，2012年6月。

川島富士雄「中国独占禁止法の執行体制と施行後の動向」『公正取引』700号，2009年2月。

川濱昇「不可欠施設にかかる独占・寡占規制について」『ジュリスト』第1270号，2004年6月15日。

魏宏標「中国天然ガス市場自由化と不可欠施設の開放・分離規制の在り方──日本欧州の経験を中国に」早稲田大学出版部，2013年。

岸井大太郎「政府規制と独占禁止法」『経済法講座2　独禁法の理論と展開1』三省堂，2002年。

岸井大太郎「政府規制と独占禁止法」『経済法』有斐閣，2013年。

岸井大太郎・鳥居昭夫『公益事業の規制改革と競争政策』法政大学出版局，2005年。

岸本宏之「独エネルギー供給分野における市場支配的地位の濫用規制」『公正取引』701号，2009年3月。

来生新『経済法判例・審決百選』有斐閣，2010年。

橘川武郎『日本電力業発展のダイナミズム』名古屋大学出版会，2004年。

橘川武郎「電力自由化とエネルギー・セキュリティ──歴史的経緯を踏まえた日本電力業の将来像の展望」『社会科学研究』58（2），2007年2月。

龔暁毅「中国反不正当競争法とその運用状況」『公正取引』678号2007年4月。

金堅敏「超高圧（UHV）送電で世界をリードする中国」2011年1月。

桑原秀史「公益事業の規制改革と競争政策の在り方──公取委の役割をめぐって」『公正取引』第634号，2003年8月。

公益事業学会『現代公益事業の規制と競争』電力新報社，1989 年。

公正取引委員会「電力市場における競争の在り方について」2012 年 9 月。

小西唯雄・和田聡子著『競争政策と経済政策』晃洋書房，2003 年。

駒村圭吾・中島徹編『3・11 で考える日本社会と国家の現在』日本評論社，2012 年。

佐藤佳邦「米国小売電力市場の排除型行為に対する反トラスト法による規制」『電力中央研究所報告』電力中央研究所，2008 年 5 月。

実方謙二『経済規制と競争政策』成文堂，1983 年。

塩見英治『現代公益事業──ネットワーク産業の新展開』有斐閣，2011 年。

資源エネルギー庁公益事業部『電力構造改革──改正電気事業法とガイドラインの解説』通商産業調査会，2000 年。

資源エネルギー庁電力・ガス事業部　原子力安全・保安院編『2005 年版電気事業法の解説』経済産業調査会，2005 年。

資源エネルギー庁電力・ガス事業部「託送制度について」2006 年 3 月。

正田彬『全訂独占禁止法 II』日本評論社，1981 年。

徐士英著，韓懿訳「中国反壟断法の執行に関する諸問題」『新世代法政策学研究』3 号，2009 年。

白石忠志『独占禁止法』有斐閣，2006 年。

白石忠志「優越的地位濫用規制の概要」『ジュリスト』1442 号，2012 年 6 月。

泉水文雄「東日本電信電話の光ファイバ設備に関する私的独占事件最高裁判決」『公正取引』726 号，2011 年 4 月。

泉水文雄「ネットワーク産業に関する競争政策──日米欧のマージンスクイーズ規制の比較分析及び経済学的検証」『公正取引』747 号，2013 年 1 月。

泉水文雄・土佐和生・宮井雅明・林秀弥編著『経済法』有斐閣，2010 年。

戴晴編『三峡ダム──建設の是非をめぐっての論争』築地書館，1996 年。

戴龍「中国における独占禁止法・政策に関する考察──行政独占規制を中心として」『国際開発研究フォーラム』第 30 号，2005 年 9 月。

戴龍「中華人民共和国独占禁止法調査報告書（抜粋）」。

戴龍「中国における競争政策と政府規制──行政独占規制を中心に」。

高橋洋「電力自由化──発送電分離から始まる日本の再生」日本経済新聞出版社，2011 年。

滝川敏明「情報通信の事業法から競争法規制への移行」『公正取引』第 634 号，2003 年 8 月。

田島俊雄『現代中国の電力産業「不足の経済」と産業組織』昭和堂，2008 年。

田中裕明「規制緩和市場への参入と独占的地位の濫用」『神戸学院法学』第 38 巻第 1 号，2008 年 9 月。

陳乾勇「中国における「行政独占」規制の実態」『国際商事法務』第 37 期第 1 号，2009 年。

陳丹舟『中国反壟断法（独占禁止法）におけるカルテル規制と社会主義市場経済──産業政策と競争政策の「相剋」早稲田大学出版部，2013 年。

土田和博「大震災と電気事業法制のあり方」『法学セミナー』683 号，2011 年 12 月。

土田和博・岡田外司博編『演習ノート経済法』法学書院，2008 年。

土田和博・須網隆夫編著『政府規制と経済法──規制改革時代の独禁法と事業法』日本評論社，2006 年。

寺西重郎『構造問題と規制緩和』慶應義塾大学出版会，2010 年。

電気事業講座編集委員会『電気事業発達史』電力新報社，1986年。

土井教之「産業組織論と競争政策」『公正取引』735号，2012年1月。

土佐和生「情報通信の規制改革と競争政策」『公益事業の規制改革と競争政策』日本経済法学会年報23号，有斐閣，2002年。

友岡史仁「公益事業と競争法の相関関係」『公正取引』719号，2010年9月〜724号，2011年2月。

友岡史仁『ネットワーク産業の規制とその法理』三和書籍，2012年。

中川政直「官製談合規制と行政独占規制——日中比較」『関東学院法学』第20巻第4号，2011年3月。

長山浩章 『発送電分離の政治経済学』東洋経済新報社，2012年。

成田頼明・南博方・外間寛・荒秀・近藤昭三『現代行政法』有斐閣，1973年。

南部鶴彦・伊藤成康・木全紀元『ネットワーク産業の展望』日本評論社，1994年。

日本エネルギー法研究所『電気・ガス事業における規制緩和と制度改革——平成8・9年度公益事業法制班報告書』日本エネルギー法研究所，1999年。

日本エネルギー法研究所『託送をめぐる法律問題——平成12・13年度託送をめぐる法的問題班研究報告書』日本エネルギー法研究所，2002年。

日本エネルギー法研究所『電気事業と競争：その政策的課題の検討——平成12，13年度公益事業法制班報告書』日本エネルギー法研究所，2003年。

日本エネルギー法研究所『電気事業制度改革とその法的課題——2002・2003年度電力自由化をめぐる法的問題班報告書』日本エネルギー法研究所，2005年。

日本エネルギー法研究所『新電気事業制度と競争に関する課題——2004年度電力自由化をめぐる法的問題班報告書』日本エネルギー法研究所，2006年。

日本エネルギー法研究所『新エネルギーをめぐる法的諸問題——平成16・17年度新エネルギーをめぐる法的問題班報告書』日本エネルギー法研究所，2007年。

日本エネルギー法研究所『新電力事業制度と競争政策——2005・2006年度電力自由化をめぐる法的問題班報告書』日本エネルギー法研究所，2008年。

日本エネルギー法研究所『エネルギー産業における企業買収の法的諸問題——エネルギー産業をめぐる法的問題班報告書』日本エネルギー法研究所，2010年。

日本エネルギー法研究所『競争政策・独占禁止法と規制産業——2007・2008年度規制改革・競争政策検討班研究報告書』日本エネルギー法研究所，2010年。

日本経済法学会編『政府規制産業と競争政策』第2号，有斐閣，1981年。

日本経済法学会編『公益事業の規制改革と競争政策』第23号，有斐閣，2002年。

日本臨時行政改革推進審議会「公的規制の緩和等に関する答申」臨時行政改革推進審議会，1988年。

根岸哲「市場参入に対する競争制限的行政介入」『ジュリスト』第592号，1975年7月。

根岸哲・舟田正之『独占禁止法概説（第4版）』有斐閣，2010年。

野口貴弘 「電力システム改革をめぐる経緯と議論」レファレンス5月号，2013年。

八田達夫『ミクロ経済学I』東洋経済新報社，2008年。

林敏彦『公益事業と規制緩和』東洋経済新報社，1990年。

舟田正之『電力改革と独占禁止法・競争政策』有斐閣，2014年。

松下満雄『経済法概説（第5版）』東京大学出版会，2011年。

御園生等『日本の独占禁止政策と産業組織』河出書房新社，1987 年。

村上政博「独占禁止法と事業法の調整ルール──大阪バス協会事件審判審決」『ジュリスト』第 1101 号，1996 年 11 月。

村上政博「優越的地位の濫用」『公正取引』628 号，2007 年 8 月。

矢島正之『電力改革再考』東洋経済新報社，2004 年。

矢島正之『電力政策再考』産経新聞出版，2012 年。

矢部丈太郎「経済部の今年の課題──競争の市場構造の構築を目指して」『公正取引』第 507 号，1993 年 1 月。

山本哲三・佐藤英善編著 『ネットワーク産業の規制改革──欧米の経験から何を学ぶか』日本評論社，2001 年。

吉川泰宇・中島菜子・木村奉多賀「電力市場における競争の在り方について」『公正取引』746 号，2012 年 12 月。

李麗莎『電気通信事業法と独占禁止法の関係──電気通信事業分野における競争の促進に関する指針を中心に』『六甲台論集』第 49 巻第 1 号，2002 年 7 月。

林毅夫・蔡昉・李周『充分信息与国有企業改革』上海人民出版社，1997 年。(関志雄・李粋蓉訳『中国の国有企業改革──市場原理によるコーポレート・ガバナンスの構築』日本評論社，1999 年，2 頁。)

OECD. *The OECD report on regulatory reform*, 1997.（山本哲三・山田弘監訳『世界の規制改革・上』日本経済評論社，2000 年。)

「共同研究　市場支配力のコントロール──独占禁止法上の問題と電力市場についての具体的検討」『ジュリスト』1327 号，2007 年 2 月；1331 号，2007 年 4 月；1334 号，2007 年 5 月；1337 号，2007 年 7 月。

「電力システムに関する改革方針」2013 年 4 月，閣議決定。

索　引

Progress toward Liberalization in the Power Industry :

Investigating the Relationship between Governmental Regulations and Competitive Policies

LI Huimin

Since the promulgation of the *Anti-monopoly Law of People's Republic of China* in 2007, the application of competition law and competitive policies cored by the Law in the governmentally regulated industries has been the central issue discussed and studied by scholars at home and abroad. The cognition degree of the issue and actual performance are significant indicators for studying the market competition environment of a nation and the maturity of the competition policy development. The book examined the issues in the power industry from the following aspects:

First, analysis of features of the power industry and investigation of governmental regulation theories. By analyzing features of the power industry, the fundamental theory base of the governmental regulation in the power industry, the major effect on the legal system framework, and the content design of regulations, the author indicated the manifestation of the relationship between the traditional governmental regulations and the competitive policies in the power industry. Moreover, by distinguishing the moderating and reforming phases of the regulations and detailing investigation in the evolution model of the governmental regulations in the two phases, the author pointed out the transition process between the governmental regulations and competitive policies, which progressed from separation between each other, to approaching each other, and finally becoming a dual regulation.

Second, historical investigation and empirical analysis of the development history of the Chinese and Japanese power industry, specific content of governmental regulations and progress of the reform in power marketization. This part began with a comprehensive and in-depth investigation of the historical background, industrial structure, and business pattern of the power industry in China and Japan from the very beginning (from 1882 to this day for China and from 1883 to present day for Japan). Furthermore, changes in governmental regulations and market-oriented reforms in both countries' power industry were presented; emphasis was placed on not only the market-oriented reforms in the power industry, implemented in

2002 and 2015 in China, but also major reforming measures, market participation, and existing problems in the previously four times implemented liberalization reform in the Japanese power industry since 1995. In addition, the development path of the power industry in both countries was compared and analyzed from aspects of self-adjustment and development of governmental regulations, modification of the implementation direction of competitive measures, and adjustment and current situation of the relationship between governmental regulations and competitive policies.

Third, in-depth analysis based on competition law. From the competition law perspective, implementation situation, including the applicable principles, specific implementing conditions, and coordinated mechanisms and distribution of powers of the supervisory organization for regulations and the law enforcement agency of the competition law, was analyzed. In particular, based on the elaboration of the essential condition of act, the essential condition of effect and cause of justification for specific consideration of the competition law applicable to the power industry, the types of actions with exclusion and restriction of the competition results after reform implementation in the Chinese and Japanese power industry were analyzed. In addition, concrete cases in the power industry of the both countries were collected, concluded, and analyzed.

Fourth, investigation and analysis of how both countries handled the relationship between industrial and competitive policies. Based on the proposed existence of certain transitivity of the priority doctrine of the industrial policies, the author further proposed major paths and ways for reconstructing the relationship between the both. By analyzing the handling pattern of market-oriented reforms in the Chinese power industry and comparing similarities and differences between China and Japan in terms of industrial policies, competitive policies, and the relationship between them.

Finally, conclusion and countermeasures. Referring to the investigation and analysis of the above parts, this part proposed specific suggestions for the development mode and mechanism design of the regulative industry in China from the aspects of governmental regulations, industrial and competitive policies, and the relationship between them, based on the reference and investigation of the related experiences and problems in Japan by concluding and extracting different features and emphasis of handling the relationship between governmental regulations and competitive policies in the regulative industry in both countries.

Key words : power industry; liberalization; governmental regulation; competitive policies

著者紹介

李　慧　敏 （り　すいびん）

2008 年 7 月，中南財経政法大学外国語学部卒業，同大学経済管理学部管理学課程修了。
2011 年 3 月，北京師範大学法学院修士課程修了。
2015 年 3 月，早稲田大学大学院法学研究科博士後期課程修了。博士（法学）。
現在，中国科学院科技戦略諮詢研究院助理研究員。

主な論文：
「電力産業における政府規則に関する理論の発展についての考察」『法研論集』（2014 年
　第 149 期）
「電力産業反壟断法適用問題研究」『価格理論与実践』（2017 年第 8 期）
「日本競争評価制度考察及対我国公平競争審査制度的相関建議」『経済法論叢』（2017 年
　第 2 期）

早稲田大学エウプラクシス叢書　14

日中電力産業の規制改革
　－競争政策からみた自由化への歩み－

2018 年 9 月 5 日　　　初版第 1 刷発行

著　者………………………李　慧　敏
発行者………………………大　野　髙　裕
発行所………………………株式会社　早稲田大学出版部
　　　　　　　　　　　169-0051　東京都新宿区西早稲田 1-9-12
　　　　　　　　　　　電話　03-3203-1551　http://www.waseda-up.co.jp/
校正協力……………………株式会社　ライズ
装　丁………………………笠井　亞子
印刷・製本…………………大日本法令印刷　株式会社

刊行のことば

　1913（大正2）年、早稲田大学創立30周年記念祝典において、大隈重信は早稲田大学教旨を宣言し、そのなかで、「早稲田大学は学問の独立を本旨と為すを以て　之が自由討究を主とし　常に独創の研鑽に力め以て　世界の学問に裨補せん事を期す」と謳っています。

　古代ギリシアにおいて、自然や社会に対する人間の働きかけを「実践（プラクシス）」と称し、抽象的な思弁としての「理論（テオリア）」と対比させていました。本学の気鋭の研究者が創造する新しい研究成果については、「よい実践（エウプラクシス）」につながり、世界の学問に貢献するものであってほしいと願わずにはいられません。

　出版とは、人間の叡智と情操の結実を世界に広め、また後世に残す事業であります。大学は、研究活動とその教授を通して社会に寄与することを使命としてきました。したがって、大学の行う出版事業とは大学の存在意義の表出であるといっても過言ではありません。これまでの「早稲田大学モノグラフ」、「早稲田大学学術叢書」の2種類の学術研究書シリーズを「早稲田大学エウプラクシス叢書」、「早稲田大学学術叢書」の2種類として再編成し、研究の成果を広く世に問うことを期しています。

　このうち、「早稲田大学エウプラクシス叢書」は、本学において博士学位を取得した新進の研究者に広く出版の機会を提供することを目的として刊行するものです。彼らの旺盛な探究心に裏づけられた研究成果を世に問うことが、他の多くの研究者と学問的刺激を与え合い、また広く社会的評価を受けることで、研究者としての覚悟にさらに磨きがかかることでしょう。

　創立150周年に向け、世界的水準の研究・教育環境を整え、独創的研究の創出を推進している本学において、こうした研鑽の結果が学問の発展につながるとすれば、これにすぐる幸いはありません。

2016年11月

早稲田大学